口絵1　男性用ルバーハとポルティ（ズボン）
（出所：Райкова, Л. И., *Русский Народный Костюм*, Оренбург, 2008, с. 66.）

口絵 2　女性用ルバーハ
（出所：Райкова, Л. И., *Русский Народный Костюм*, Оренбург, 2008, с. 36.）

口絵3　農民女性のサラファーン
(出所：Райкова, Л .И., *Русский Народный Костюм*, Оренбург, 2008, с. 169.)

口絵4　女性用パニョーヴァ
（出所：Райкова, Л. И., *Русский Народный Костюм*, Оренбург, 2008, с. 39.）

口絵5　ココーシュニク（女性用頭飾り）
（出所：Райкова, Л. И., *Русский Народный Костюм*, Оренбург, 2008, с. 87.）

口絵 6　女性用スカート
（出所：Райкова, Л. И., *Русский Народный Костюм*, Оренбург, 2008, с. 43.）

口絵7　イカト（中央アジアの絹・綿混交織物）
（出所：Clark, R., *Central Asian Ikats from the RAU Collection*, London, 2007, p. 84.）

口絵8　トルコ赤ペイズリー模様のロシア製更紗
（出所：Meller, S., *Russian Textiles, Printed cloth for the bazaars of Central Asia*, New York, 2007, p. 45.）

**口絵 9**　中央アジア製ハラート（長い上衣）の，裏地に使われたロシア製更紗
(出所：Meller, S., *Russian Textiles, Printed cloth for the bazaars of Central Asia*, New York, 2007, p. 44.)

**口絵10　赤更紗（クマーチ）の用途**
（出所：Райкова, Л. И., *Русский Народный Костюм*, Оренбург, 2008, с. 100.）
上のルバーハ（シャツ）の白地の部分は麻織物であるが，下方の帯の部分に赤更紗（クマーチ）が使われている。クマーチは，通常の更紗と異なり，白地の衣服に赤を添える場合，部分的に使われることが多かった。

ロシア綿業発展の契機

# ロシア綿業発展の契機

──ロシア更紗とアジア商人──

塩谷昌史著

知泉書館

本書を 父 昇，そして 母 香世子に捧ぐ

# 目　次

## 第一部　モノ研究

序章　視角と方法　　5
　Ⅰ　はじめに　　5
　Ⅱ　分析の手法　　7
　　1．民俗学と歴史研究　　7
　　　a）民俗学とモノ研究　　b）庶民の観点から見た歴史
　　2．自然と人間　　12
　　　a）自然環境と歴史　　b）モノから見る，自然と人間の関係
　　3．跨境史とアジア認識　　16
　　　a）近代世界システムとアジア
　　　b）アジアの台頭と近代ヨーロッパの相対化
　Ⅲ　ロシア経済史研究における本研究の位置づけ　　22
　　1．連続説と断絶説　　22
　　2．唯物史観とロシア革命史観　　24
　　3．ソ連崩壊後のロシア史研究　　26
　Ⅳ　本書の課題と方法　　29

## 第二部　更紗の生産

第1章　ロシア綿工業の発展とアジア向け綿織物輸出　　35
　Ⅰ　はじめに　　35
　Ⅱ　ロシア綿工業の発展　　36
　　1．ロシアの最初の綿業発祥地：アストラハン　　36
　　2．サンクト・ペテルブルクと中央工業地域における綿工業の発展　　38

| | |
|---|---|
| Ⅲ　ロシアの対アジア貿易 | 42 |
| 　1．19世紀前半におけるロシアの貿易構造 | 42 |
| 　2．19世紀前半におけるロシアの対アジア貿易（1800-1860年） | 44 |
| 　　a）19世紀前半におけるロシアのアジア向け輸出 | |
| 　　b）19世紀前半におけるロシアのアジアからの輸入 | |
| Ⅳ　ロシアのアジア向け綿織物輸出 | 51 |
| 　1．ロシアが綿織物を輸出した背景 | 51 |
| 　2．アジア向け綿織物輸出の増加 | 54 |
| 　3．中央アジア綿織物市場における露英競争 | 57 |
| Ⅴ　結　び | 60 |

## 第2章　ウラジーミル県（イヴァノヴォ）における更紗生産の発展──染色工程が牽引する工業化　　**61**

| | |
|---|---|
| Ⅰ　はじめに | 61 |
| Ⅱ　ウラジーミル県前史 | 64 |
| 　1．ウラジーミル県の地理 | 64 |
| 　2．ドイツ系染色法の普及 | 67 |
| Ⅲ　染色と化学 | 70 |
| 　1．綿糸輸入と染色業の発展 | 70 |
| 　2．蒸気機関と染色 | 72 |
| 　3．媒染剤と染料 | 75 |
| Ⅳ　綿織物の流通 | 78 |
| 　1．企業と卸売商人 | 78 |
| 　2．行商人と遠隔地市場 | 81 |
| Ⅴ　染色業が牽引する生産工程の革新 | 83 |
| 　1．紡績工程と織布工程の統合 | 83 |
| 　2．三部門結合工場の具体例 | 86 |
| 　3．学校の萌芽：熟練技能から知識労働へ | 89 |
| Ⅵ　結び：ロシアと中央アジア | 91 |

## 第三部　更紗の流通

### 第3章　ニジェゴロド定期市における綿織物の取引　97
　Ⅰ　はじめに　97
　Ⅱ　ニジェゴロド定期市の特徴　101
　　1．ニジェゴロド定期市と外国貿易　101
　　2．国際商業におけるニジェゴロド定期市の位置　105
　Ⅲ　ニジェゴロド定期市における取引　107
　　1．ロシア商品　109
　　2．ヨーロッパ商品　112
　　3．アジア商品　114
　Ⅳ　アジアの結節点としてのニジェゴロド定期市　116
　　1．清の商品　116
　　2．中央アジアの商品　117
　　3．ペルシアの商品　119
　Ⅴ　定期市の取引額に占める綿織物の位置　121
　　1．綿織物取引に占める各地域の割合　121
　　2．ロシア製綿織物　122
　　3．ヨーロッパ製綿織物　124
　　4．アジア製綿織物　127
　Ⅵ　結　び　128

### 第4章　アジア商人の商業ネットワークとロシアの綿織物輸出　133
　Ⅰ　はじめに　133
　Ⅱ　ロシアとペルシア間の商業ネットワーク　135
　　1．ロシアとペルシア間の貿易前史　135
　　2．ロシアのペルシア向け綿織物輸出　137
　　3．ギリシア商人の台頭と英国更紗の拡販　140
　Ⅲ　ロシアと中央アジア間の商業ネットワーク　142
　　1．ロシアとブハラ間の貿易前史　142
　　2．ロシアと中央アジア間の貿易ルート　145
　　3．ロシアの中央アジア向け綿織物輸出　148

Ⅳ　ロシアと清間の商業ネットワーク　　　　　　　　　　150
　　　1．露清貿易の前史　　　　　　　　　　　　　　　　150
　　　2．露清貿易の貿易ルート　　　　　　　　　　　　　153
　　　3．ロシアの清向け綿織物輸出　　　　　　　　　　　156
　　Ⅴ　結　　　び　　　　　　　　　　　　　　　　　　　158

## 第四部　更紗の消費

### 第5章　アジア綿織物市場におけるロシア製品の位置　　165
　　Ⅰ　はじめに　　　　　　　　　　　　　　　　　　　　165
　　Ⅱ　タブリーズの綿織物市場（ペルシア）　　　　　　　168
　　　1．更紗市場　　　　　　　　　　　　　　　　　　　169
　　　2．キャラコ市場　　　　　　　　　　　　　　　　　170
　　　3．ペルシア市場に綿織物を輸出した商人　　　　　　172
　　Ⅲ　ブハラ綿織物市場（中央アジア地域）　　　　　　　173
　　　1．伝統的綿織物市場　　　　　　　　　　　　　　　174
　　　2．ブハラ綿織物市場へのロシア製品の参入　　　　　175
　　　3．ブハラ綿織物市場への英国製品の参入　　　　　　175
　　　4．ブハラ市場に綿織物を供給した商人　　　　　　　177
　　Ⅳ　キャフタ綿織物市場（清）　　　　　　　　　　　　178
　　　1．清製綿織物市場　　　　　　　　　　　　　　　　179
　　　2．ロシア製綿織物市場　　　　　　　　　　　　　　180
　　　3．英国製綿織物市場　　　　　　　　　　　　　　　181
　　　4．キャフタ市場に綿織物を輸出した商人　　　　　　182
　　Ⅴ　結　　　び　　　　　　　　　　　　　　　　　　　184

### 第6章　ロシア製綿織物と服飾文化の変容　　　　　　　187
　　Ⅰ　はじめに　　　　　　　　　　　　　　　　　　　　187
　　Ⅱ　ヨーロッパの経験　　　　　　　　　　　　　　　　189
　　　1．フランスにおける捺染業の発展　　　　　　　　　189
　　　2．更紗の大量生産化と外国市場　　　　　　　　　　191
　　Ⅲ　ロシアにおける服飾文化の変容　　　　　　　　　　194

1．アジア製織物のロシアへの影響　　　　　　　　　194
　　2．19世紀前半における服飾文化の変容　　　　　　196
　　3．19世紀後半における服飾文化の変容　　　　　　199
　Ⅳ　中央アジアにおける服飾文化の変容　　　　　　　201
　　1．中央アジアの繊維産業　　　　　　　　　　　　201
　　2．中央アジアの綿織物消費　　　　　　　　　　　204
　　　a）サマルカンドの事例　　b）トルクメニスタンの事例
　　　c）タシケントの事例　　　d）キルギスの事例
　　3．ペルシアの綿織物消費　　　　　　　　　　　　208
　Ⅴ　結　　　び　　　　　　　　　　　　　　　　　　210

# 第五部　結　論

## 終章　ロシア更紗とアジア商人——近代の始まり　　215
　Ⅰ　遠隔地貿易の転換　　　　　　　　　　　　　　　215
　　1．近代以前の貿易：自然環境の相違を活かした商品の取引　215
　　2．近代以降の貿易：国際的水平分業システム　　　217
　Ⅱ　ロシアの初期工業化　　　　　　　　　　　　　　220
　　1．工業化以前のロシア　　　　　　　　　　　　　220
　　2．工業化以後のロシア　　　　　　　　　　　　　222
　Ⅲ　19世紀前半の意味：近代の始まり　　　　　　　　225
　　1．工業化：自然環境の克服　　　　　　　　　　　225
　　2．憧憬：革新の原動力　　　　　　　　　　　　　228

あとがき　　　　　　　　　　　　　　　　　　　　　　233
参考文献　　　　　　　　　　　　　　　　　　　　　　243
索　引　　　　　　　　　　　　　　　　　　　　　　　253
欧文要旨　　　　　　　　　　　　　　　　　　　　　　263

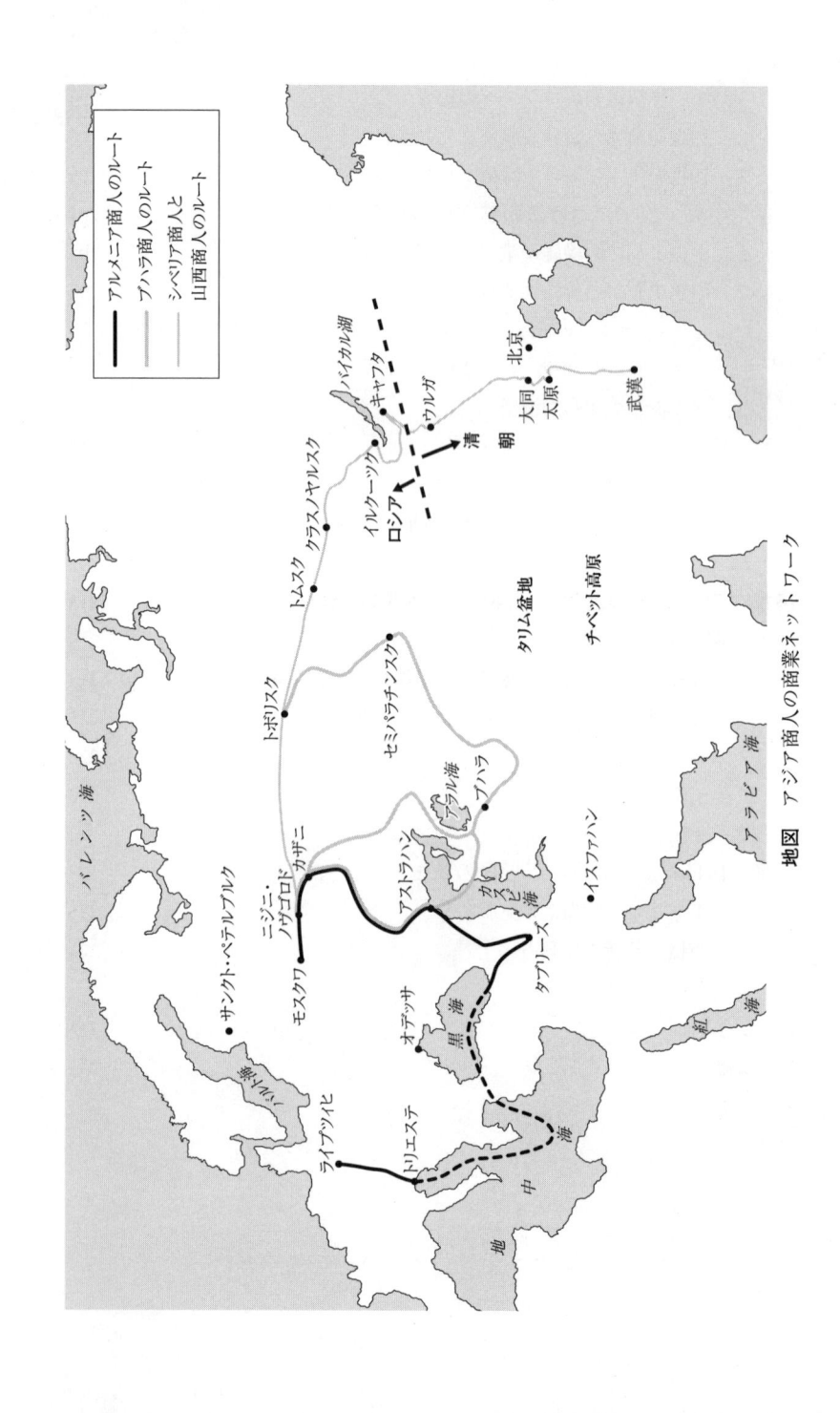

地図 アジア商人の商業ネットワーク

# ロシア綿業発展の契機

――ロシア更紗とアジア商人――

# 第一部

# モノ研究

# 序　章
# 視角と方法

## I　はじめに

　序章となる本章では，帝政ロシアの工業化を従来と異なる観点から考察するための，視角と方法を提示する。だがその前に，経済史研究における本書の位置づけと見通しについて，予め触れておきたい。歴史研究は通常，著者の生きる時代と密接な関係にあり，研究を進める際，対象地域の現実から，研究者は様々な影響を受けるが，ロシア史研究も例外ではない。1991年にソ連が崩壊した後，新生ロシアは経済体制を計画経済から市場経済に転換したが，このロシアの激変は，本書の研究に多大な影響を及ぼした。ソ連時代，ロシア経済史研究の基本的構図は，社会主義体制を準備した時期として，帝政ロシアを位置づけることだった[1]。帝政ロシア期に資本主義経済が高度に発展したとは考えにくいが，ソ連は公式に，来るべき社会主義が帝政ロシア期に準備されたと説明した。当時，ソ連の歴史研究者は，国家の歴史観（唯物史観）に異議を唱えるのは困難と考え，最終的に唯物史観に従ったため，ソ連時代の歴史研究は多かれ少なかれ政治的影響を被った。

　ソ連時代の歴史研究では，K. マルクスや V. レーニンの著作を著書の序文や結論で引用するのが慣例だったが，ソ連崩壊後，ロシア史研究の

---

[1]　このことは多くの文献で記されているが，次の文献が代表的な文献として挙げられる。Рожкова, М. К., *Очерки экономической истории России первой половины XIX века, сборник статей*, Москва: Издательство социально-экономической литературы, 1959.

環境は激変し，社会主義や共産主義の影響力が低下する。一方，歴史研究者は唯物史観に左右されず，自由に見解を表明できるようになる。ソ連時代と比べ，ロシア人研究者が欧米の研究者と交流し，外国研究に接するのが容易になり，ロシア史研究に外国の斬新な手法が導入される。ソ連時代に，帝政ロシア期の経済は消極的に評価されたが，1990年代にロシアが体制を転換し，市場経済化を進めると，帝政ロシア期の経済は，逆に積極的に評価され始める[2]。ソ連時代に国家が歴史研究に関与したことへの反発からか，帝政ロシア期に発展した市場経済を，ソ連が抑圧したと述べる見解まで，新生ロシアで現れる。私は1990年代にロシア経済史研究を始めたため，ソ連の崩壊により，自身の研究は揺るがなかったが，毎年新しい見解が現れるロシア史研究に，戸惑いを覚えたのは事実である。

　私はロシア研究に携わる中で，自身の研究に日本人だけでなく，ロシア人の関心も惹きたいと考え，どのような方法で研究に取り組めば，ロシア人研究者の関心を惹けるかを模索してきた。日本人が外国研究に従事する場合，外国人が立脚する認識基盤を，日本人は無批判に受け入れることが多いが，そうすると，日本人の研究を外国人の認識基盤に接ぎ木する形になる。この派生型研究は外国人に理解され易い側面があるものの，外国人を魅了する研究にはなりにくい。外国人の関心を惹くには，日本人が練磨した独創的方法を応用したり，外国人と異なる手法を導入することで，外国人の認識基盤をずらして受け入れ，研究を展開するのが効果的だと思われる。私はロシア研究を専門とするけれども，専門外の領域からも，できる限り日本独自の手法や視角を学び，自身の研究に応用したいと常に考えている。これまでの試行錯誤から，①モノ研究，②自然と人間，③西欧の相対化の観点が，ロシア経済史研究に応用可能と思われた。個々の視角と可能性について以下に触れてみたい。

---

　2）　象徴的なのは，1990年代に帝政期のロシアの企業家や商人に着目する文献が次々と出版されたことである。これはソ連崩壊以前には予想されなかった状況である。代表的な文献は以下の通り。Платонов, О., *1000 лет русского предпринимательства, Из истории купеческих родов*, Москва: Современик, 1995; Рабышников, М. Н., *Деловой мир России, Историко-Биографический справочник*, Санкт-Петербург: Искусство-СПБ, 1998.

## II　分析の手法

### 1．民俗学と歴史研究

#### a）民俗学とモノ研究

　本書では「モノ研究」の方法を採用するが，先ずこの方法について簡潔に説明してみたい。経済学で商品の実証研究を行う場合，生産や流通，消費の何れかの過程に焦点を当て，検討することが多いが，その方法では，個々の過程の詳細な研究は可能であるが，生産から消費に至る商品の回転（経済循環）は明らかにできない。しかし，特定の商品を選び，生産から流通，消費に到る一連の過程を考察する「モノ研究」という方法が，地域研究の方法の一つにある。この方法では，選択した商品が同一地域で生産・消費される場合，研究は容易になるが，遠隔地市場に商品が搬送された場合，生産地から消費地に至る商品の経路は広範囲にわたり，商品の回転を考察するのは困難になる。しかし，「モノ研究」という方法を採用すれば，商品の流通ルートが広範囲に及ぶ場合でも，研究者は商品と共に国境を越え，生産地から消費地に到る，全ての過程を調査しなければならない。アジア研究者の鶴見良行[3]が，この「モノ研究」を確立したが，鶴見の方法を可能にしたのは，日本民俗学の研究蓄積があったからだと思われる。

　近代化の過程で伝統文化が消え去る時期，民間伝承に基づき庶民の生活史を記録する学問，民俗学が誕生する。歴史を研究する学問として，歴史学が存在するが，歴史学では通常，公文書に基づいて統治者の観点から研究が行われるため，公文書に残ることが少ない庶民の生活史は，歴史学の対象になりにくい。日本民俗学の創始者として著名な柳田國男は，庶民（常民）から聴き取り調査を行い，近代化の過程で忘れ去られる庶民の生活史を残した。彼の記録は，今も『柳田國男全集』[4]で参照

---

　3）　鶴見良行『鶴見良行著作集1～10』みすず書房，1998～2002年。
　4）　柳田國男『柳田國男全集』筑摩書房，1997年。

できる。民俗学の発展の時期と方法は国により異なるが，近代を迎える時，庶民の生活に断絶が生じ，近代以前の生活が消え去るため，生活史を記録すべきとの社会的要請が各国で高まる。民俗学は近代ヨーロッパで発展するだけでなく，1930年代にソ連で工業化を推進する時期にも，近代以前の諸民族の生活史を記録する必要性が国内で高まり，ソ連で民族学研究が積極的に組織される。

　庶民が日常使用する「モノ」(民具)に焦点を当て，生活史を記録する方法が，民俗学の方法の一つにある。民俗学者の中で，渋澤敬三がモノの重要性を一早く認識し，民俗学に導入した。渋澤栄一の孫，敬三は渋澤家の後継者として，財界で活躍する一方，私生活では私費を投じ民俗学の発展に貢献した。渋澤は柳田國男の民俗学研究を資金面で支援するだけでなく，渋澤自身が民俗学者を自宅に集め，アチックミューゼアム(後の常民文化研究所)を組織し，全国から民具を収集するほか，漁民や漂泊民等，非農耕民に焦点を当てた民俗学を発展させる。モノは庶民の生活を表象すると同時に，地域間の関係を示す。域外に運ばれたモノは，域内と異なる用途で使用されることがある。柳田國男は晩年に「海上の道」と題する講演で，日本の海岸に流れ着いた椰子に着目し，外国と日本の関係性を考察するだけでなく，関係性の時間軸を拡張し，日本人の祖先が日本列島に辿りついた経緯を仮説として提示した[5]。

　渋澤敬三の弟子，宮本常一は柳田國男以降の世代で，日本を代表する民俗学者の一人である[6]。彼はモノを重視する渋澤の理念を継承し，柳田國男と異なる手法で，民俗学研究を志す。宮本は全国の村を周り，村の人々から聞き取り調査を行うだけでなく，農業等の有益な助言を現地の人々に行い，地域の発展に貢献した。宮本の著作に『塩の道』という，塩の歴史を扱った研究がある[7]。この研究で，彼は縄文から近世までの期間を視野に入れ，塩の生産から流通，消費に到る全ての過程を考察した。この研究は，一連のモノ(塩)の過程を検証する，「モノ研究」に含まれる。海岸で生成される塩は，遠距離の消費地に運ばれ山の民に用いられる。塩を通じて，海の民と山の民が共生関係にあったことを，宮

---

5) 柳田國男『海上の道』岩波書店，1978年。
6) 宮本常一『宮本常一著作集』未来社，1967〜2008年。
7) 宮本常一『塩の道』講談社，1985年。

本は指摘する。鶴見良行はモノ（商品）に焦点を当て、モノを通じて日本と外国の関係を明らかにしたが、この鶴見の「モノ研究」は、民俗学の方法を応用したものと思われる。

　民俗学の課題は本来、日本各地を巡り、近代化で失われる庶民の生活史を記録することにあった。外国人の生活を研究するのは、民族学や文化人類学の領域になる。鶴見良行はアジアの人々の生活を対象とし、民俗学の範疇を越えて研究を行ったため、狭義の意味で民俗学者ではないが、渋澤敬三から宮本常一に受け継がれた、モノを通じて地域間の関係を描く手法を鶴見は継承したため、広義の意味で、彼は民俗学者に含めて良いと思われる。鶴見はモノの中でも食品に着目し、食品の生産から流通、消費の過程を検証し、食品を通じて日本と外国の関係を顕在化させた。『バナナと日本人』[8]では、バナナを通じて日本とフィリピンの関係を、『ナマコの眼』[9]では、ナマコを通じて日本とアジアの関係を論じた。モノの生産から消費に到る、商品の回転を研究する「モノ研究」は、経済史に応用可能であり、意識されない諸地域の関係を、モノを通じて顕在化できると思われる。

### b）庶民の観点から見た歴史

　ここで歴史学と民俗学の関係について考えてみたい。歴史学と民俗学は個別の学問だが、交差する領域もある。歴史学本来の目的は、国民が共有可能な「物語」を創ることであり、国民統合を促すためのコンテキストを提供することである。近代国家なら国の如何を問わず、歴史学が依拠する資料は公文書になる。公文書に依拠して研究を行う歴史研究者は、通常、統治者の観点から国家の歴史を検証するため、庶民の観点が歴史学に反映されにくい。他方、庶民の生活史を対象とする民俗学では、民間伝承や民具等の、非文字資料が依拠する資料となる。民俗学は広義の意味で歴史研究の要素を持つが、民俗学研究を進める際、必ずしも公文書を利用する必要はない。歴史学では、統治者の観点から国の歴史を叙述する一方、民俗学では、庶民の観点から生活史を記録するように、

---

　8)　鶴見良行『バナナと日本人』岩波書店、1982年。
　9)　鶴見良行『ナマコの眼』筑摩書房、1990年。

両学問は対照的である。この性格の違いは学問の財源にも関連し，歴史学の研究は，主に大学等の公的機関で行われるが，民俗学の研究は，在野の意思と資金で行われることが多い。

民俗学と歴史学の研究者が積極的に交流することは少ないが，両学問の優れた融合が稀に見られる。その代表例は，1921年に渋澤敬三が私財を投じて設立した，日本常民文化研究所の活動と関わる。この研究所は，民具や民間伝承等の非文字資料を収集し，民俗学の資料集を刊行する一方，様々な文字資料も活用するように，民俗学と歴史学の交流を視野に入れた。この研究所に勤務した宮本常一は，民俗学研究のため非文字資料を積極的に活用しつつも，公文書を含む文字資料も利用した。歴史研究者の網野善彦と速水融は短期間であったが，この研究所に在籍した経験を有し，公文書に依拠しつつも，民俗学を歴史研究に応用し，統治者の観点ではなく，庶民の観点から日本史を再構築した。宮本常一と渋澤敬三の関係は，佐野眞一の作品[10]で知られるが，網野と速水が日本常民文化研究所に勤務したことは余り知られていない。網野と速水の研究に少し触れ，歴史学と民俗学の融合について考えてみたい。

網野善彦は，日本中世史を代表する研究者だが，彼の最初の勤務先は，日本常民文化研究所であった[11]。彼は，従来日本史で対象となりにくかった，非農耕民や漂流民等に着目したことで知られる。網野は常民文化研究所で漁村の調査に参加するが，この経験を通じて非農耕民に関心を示し，民俗学の成果を歴史学に導入する。網野は日本中世史を研究する際，公文書に依拠するだけでなく，絵巻を含む非文字史料も積極的に活用した。網野の著作に『日本中世の民衆像——平民と職人』[12]があるが，彼はこの研究で貴族や武士に触れず，中世庶民の生活史を研究対象とし，平民と職人の歴史について語った。この文献から網野が民俗学を意識し，庶民から見た中世史の構築に努めたことが窺われる。1982年に日本常民文化研究所が，神奈川大学付属研究施設になる時，網野は名古屋大学文学部を離れ，神奈川大学短期大学部に移籍した。晩年に『渋澤敬三著作

---

10) 佐野眞一『旅する巨人——宮本常一と渋澤敬三』文芸春秋，1996年。
11) 日本常民文化研究所の経験は，次の文献に記されている。網野善彦『古文書返却の旅』中央公論新社，1999年。
12) 網野善彦『日本中世の民衆像——平民と職人』岩波書店，1980年。

集』13)の編纂に当たる網野は，渋澤の民俗学への遺志を生涯抱き続けたと思われる。

　日本を代表する歴史人口学研究者の速水融は，江戸時代に編纂された「宗門改帳」を利用し，当時の人口動態を解明する方法を確立したが，この業績により2008年に文化勲章が授与された14)。速水の専門は江戸時代の人口史であり，彼の研究は民俗学と無縁に見えるが，彼の最初の勤務先も常民文化研究所であり，宮本常一と民俗学調査に参加した経験を有し，民俗学に対する造詣は深い。速水は日本で初めてヨーロッパの人口史研究の方法を導入し，宗門改帳に記された人口データを解析し，出生率や結婚年齢，出稼ぎ行動等，村の人口動態を明らかにした。速水の研究では，庶民の集団行動パターンが，表やグラフの形で描かれ，公文書に基づく従来の日本史研究とは異質である。人口データを扱う速水の研究手法は，数量経済史に近く，外国との共同研究が比較的容易なため，速水は国際的な共同研究を度々組織した。網野と同様に，速水も民俗学の視点を意識的に日本史研究に導入し，近世庶民の人口史を開拓したと思われる。

　西洋史研究でも，民俗学の方法を応用する例が近年見られる。西洋史の研究者がモノを研究対象に選ぶ場合，公文書だけでなく，非文字資料を積極的に利用する必要があるが，実際には非文字資料を活用する研究者は少ない。しかし，フランス史家の深沢克己は，更紗の捺染模様という非文字資料に着目し，捺染技術の観点から，ヨーロッパとアジアの関係を明らかにした15)。ペルシアの絹輸出に従事したアルメニア商人は，中東とインド間で国際商業網を構築するが，彼らが捺染技術をインドから中東（レヴァント）に伝えた。レヴァントとインドの更紗模様を対比すれば，類似性が認められるため，上記の技術伝播は明らかである。17世紀半ばフランス企業がヨーロッパで初めて更紗を生産する際，企業はレヴァントから捺染工を招き，捺染技術を会得した。これにより，イン

---

　13）渋澤敬三（網野善彦他編）『渋澤敬三著作集』平凡社，1992〜93年。
　14）速水融の業績は多数に上るが，一般向けに記した文献として，次のものが挙げられる。速水融『歴史人口学の世界』岩波書店，1997年。
　15）深沢克己『商人と更紗——近世フランス＝レヴァント貿易史研究』東京大学出版会，2007年。

ド発祥の捺染技術が，中東経由でヨーロッパに伝播する。深沢はアルメニア商人と更紗の捺染模様に焦点を当て，インドからヨーロッパへの捺染技術の伝播過程を解明した。彼の研究には，民俗学の影響が垣間見られる。

### 2．自然と人間

#### a）自然環境と歴史

　自然環境は，人間集団（共同体）の境界や文化圏を規定するだけでなく，人間集団の歴史に深く影響を及ぼすため，人類史を考察する際，自然環境は無視できない。歴史研究者は本来，研究を進める際，自然環境に関心を向けるべきだが，実際には，そうでない例の方が多い。自然環境は国民には周知の事なので，歴史研究者は読者に歴史を語る際，自然環境に配慮する必要はない。短期的な歴史や政治史を研究する場合，自然環境がこの領域の歴史に影響を及ぼすのは稀であるため，この領域の専門家は自然環境に関心を寄せない。しかし，長期の歴史を対象とし，農業や産業と関連する課題に取り組むなら，自然環境は重要な要素になる。また，歴史研究者が，国家の領域を越える広大な空間を研究対象とし，跨境史に取り組むなら，自然環境の影響に配慮する必要が生じる。本節では，自然環境の影響を重視する，優れた研究に着目してみたい。

　1950年代に民族学者の梅棹忠夫は，自然環境がユーラシアの人類史に及ぼす影響に注目し，「文明の生態史観」という歴史モデルを構想した[16]。彼は野外観察の経験に基づき，ユーラシア大陸を第一地域（日本，西欧）と第二地域（ロシア，インド，中国，イスラム）に分け，各グループの歴史に共通性が見られることを指摘した。第一地域では，商人階層を育む封建時代が見られる一方，第二地域では，中央集権的な官僚制を組織し，帝国を形成する例が多い。「文明の生態史観」が引用される際，日本と西ヨーロッパの並行進化に関心が寄せられることが多いが，梅棹が，ユーラシア大陸を横切る乾燥地帯に着目し，歴史モデルを構築したことの方が重要である。何世紀にもわたり，遊牧民の騎馬隊は世界最強

---

16）　梅棹忠夫『文明の生態史観』中央公論社，1967年。

の軍隊であり，近世ヨーロッパで銃火器が発明されるまで，遊牧民に対抗する術はなく，乾燥地帯を駆け巡る遊牧民は，第二地域に甚大な被害を与えた。第一地域の自然環境は遊牧民に対し自然の外壁となり，遊牧民の侵入を阻むため，第一地域の商人は遊牧民の破壊から免れ，富を蓄積し近代化を促した。

　遊牧民がロシアを約200年統治した時期は，「モンゴルの頸木」と呼ばれる。ロシアが遊牧民の支配から脱し，近隣の乾燥地帯を領土に組み入れる時期が，ロシアの近代と考えられる。ロシアはヨーロッパの銃火器を導入した後，ユーラシアの乾燥地帯に進出し，遊牧民を撃退し，領土を拡大する。万里の長城が示すように，中国でも，何世紀にもわたり遊牧民は脅威であり，中国の歴史は，遊牧民の侵入と漢民族の対抗という連鎖の過程と考えられる。遊牧民が中国に侵入すると，甚大な被害を中国国内にもたらしたため，遊牧民の管理は，中国の統治者にとって重要な課題となる。露清貿易は中国で「北方貿易」と呼ばれるが，ロシアと遊牧民が，この「北方」に含まれる。「北方貿易」の中国側の目的は，貿易の相互利益にはなく，遊牧民の侵入を防ぐ安全保障にあった[17]。梅棹の生態史観は今も，ユーラシアの乾燥地帯が人類史に及ぼした影響について示唆を与える。

　歴史研究者は自国あるいは外国の歴史を研究するが，国境を越えた領域は通常，対象から除かれる。フランス史家なら，フランス史を研究するのが自然であるが，20世紀を代表するフランス史家，ブローデルは自国の領土を越えた歴史研究を志向し，オスマン帝国や他のヨーロッパ諸国を含め，地中海周辺に生活する，広範囲に及ぶ人間集団の歴史を研究した。現在，国境を越える歴史研究が世界的に注目されるが，ブローデルは跨境史の先駆者である。彼は地中海周辺の自然環境に配慮し，著書『地中海』[18]の三割を地中海の気候，山河等，環境の説明に当て，地中海を巡るドラマを描写した。16世紀に地中海の統治者がイスラム教徒からキリスト教徒に変わるが，ブローデルは自然環境と人間集団の関係を通じて，この歴史的転換を叙述した。彼は国境を越える歴史研究を開拓す

---

17) この点については，高宇氏と劉建生氏との対話を通じて学んだ。
18) ブローデル，F.（浜名優美訳）『地中海1〜10』藤原書店，1999年。

るだけでなく、地理学を歴史研究に応用し、自然環境が人間社会の歴史に及ぼす影響を考察した。この地理学の歴史への応用がブローデルの研究が卓越する理由である。

『地中海』の刊行後、半世紀経つが、自然環境に配慮して歴史を研究する研究者は今も少ない。短期の事件史や政治史を対象とするなら、公文書に依拠するだけで歴史研究は成立し、自然環境を無視しても差し支えない。ロシア史研究者の多くは、自然環境を所与として研究を進めるが、近年ロシア史研究が細分化し、郷土史化する傾向も、自然環境の軽視を促す。しかし、人間が自然環境の多くを管理下に置く現在も、自然環境が人間社会に及ぼす影響が零になったわけではない。近代以前、自然環境は農耕・牧畜の基礎となり、商品の生産可能性と流通手段を規定した。例えば、河川交通に利用されたロシアの大河、ヴォルガ川は冬季に凍結するため、船舶の航行は夏季に行われた。いかなる地域でも長期の歴史を研究し、経済構造の変化を対象とするなら、自然環境は無視できない。このため、ブローデルの方法は現在も歴史研究に有効である。

### b）モノから見る、自然と人間の関係

日頃何気なく使用するモノの観点から歴史を振り返ると、モノの知られざる過去が明らかになり、読者の関心を掻き立てるため、モノから見る歴史が近年、出版事業として確立された。モノから見る歴史の先駆けは、日本では、角山栄の『茶の世界史』[19]になると思われる。通常、歴史研究では人間が中心になるが、『茶の世界史』では茶が主役となり、茶の観点から、大英帝国の歴史が語られる。この研究で、角山は紅茶の発酵過程に着目し、同一の茶葉でも発酵法が異なれば、緑茶や紅茶など、異なる茶に加工できることを明らかにした。同様の研究に、川北稔の『砂糖の世界史』[20]が挙げられるが、これは砂糖から見た中南米とヨーロッパの関係史であり、砂糖のプランテーションが中南米に移植される過程に焦点が当てられる。ヨーロッパ人が中南米で現地人を奴隷として、酷使する負の歴史にも、川北は触れる。モノから見る歴史は出版事業で

---

19) 角山栄『茶の世界史——緑茶の文化と紅茶の社会』中央公論社、1980年。
20) 川北稔『砂糖の世界史』岩波書店、1996年。

成功を収め，チョコレート，ジャガイモ，コーヒー等を題材とする歴史研究が続く。

　モノから見る歴史には一定の意義があり，それがユニークな手法であることは間違いない。だが，この研究手法では，モノと人間の社会的側面に関心が寄せられることが多く，自然環境とモノの関係は，軽視される傾向にある。自然環境とモノの関係は，工業製品なら希薄になるが，農産物なら逆に緊密になる。通常，乾期と雨季が明確に分かれる地域は農耕に適するが，砂漠地帯では栽培植物が制限されるように，栽培植物はどの地域でも成長するとは限らず，一定の気象条件が必要になる。近代以前，自然環境は商品の生産と輸送手段を決定づけたため，自然環境と流通も緊密な関係にあった。私は以前から，自然と人間の関係に関心を寄せ，モノを通じて両者の関係を考察したいと考えてきた。自然と人間の関係に焦点を当てたモノの研究は，既に存在するため，以下にその代表例を紹介してみたい。

　農耕の対象である栽培植物は，天然の植物とは異なり，人類が長年にわたり知恵を出し，改良した人工物である。栽培植物は人類の移動に伴い，他地域に伝播するが，地理的条件が農耕を規定するため，植物の伝播には，自ずと限界がある。遺伝子レベルで植物を研究すれば，植物の改良の程度と伝播を特定できる。植物学者の中尾佐助は『栽培植物と農耕の起源』で，栽培植物から見た人類史に着目し，人類がどのように植物を改良・伝播させてきたかについて，地球規模で考察した[21]。他の植物学者と異なり中尾は，栽培植物の研究に止まらず，栽培植物に纏わる，様々な農耕に関係する物事（植物の品種，栽培技術，土地制度，宗教儀礼等）を「文化」と捉え，「文化」全体を包括する概念として「農耕文化複合」を提唱した。中尾はこの観点から，栽培植物の来歴を調べ，地球上の諸地域を複数の文化圏に分類した。この研究は，後に日本を含む「照葉樹林文化圏」の議論に繋がる[22]。

　経済史家の川勝平太は，中尾の研究手法を経済史に応用し，栽培植物である棉花の視点から日本の工業化を検証した[23]。川勝は先ず遺伝子レ

---

21) 中尾佐助『栽培植物と農耕の起源』岩波書店，1966年。
22) 上山春平編『照葉樹林文化――日本文化の深層』中央公論社，1969年。
23) 川勝平太『日本文明と近代西洋――「鎖国」再考』日本放送出版会，1991年。

ベルで棉花の伝播史を調べ、棉花の原種である、四種全てがインドに由来することを突き止める。この四種はエジプト棉とアジア棉の二種に大別できるが、エジプト棉はインドから西方に、アジア棉はインドから東方に伝播した。中世以降、中国・朝鮮経由で日本に移植される棉花は、インドから東方に伝播したアジア棉である。エジプト棉を紡いで織布すると薄手の綿織物に、アジア棉を紡いで織布すると厚手の綿織物になるように、棉花の種は、織布後の綿布の質を決定づける。川勝は棉花の伝播史を概観した後、中尾の「農耕文化複合」を拡張する形で、複数のモノの集合が各地の文化圏を構成するという概念、「物産複合」を提唱する。川勝は棉花の伝播史と「物産複合」に基づき、明治期の日本市場における、英国製綿織物と日本製綿織物の競争関係を検討した。

明治期に英国製綿織物が日本に輸入される際、英国製品は日本製品と競合関係にならなかったが、川勝は、この点に着目し要因を分析する。棉花の伝播史によれば、日本に移植されたのはアジア棉であるため、この棉花を紡いで織布すると、厚手の綿織物になる。他方、英国が利用した棉花はエジプト棉であり、これを基に織布すると薄手の綿織物になるため、明治期に日本製綿織物と英国製綿織物の品質は異なった。英国製綿織物の肌触りは絹織物に近く、日本の消費者は絹織物の代替材として、英国製綿織物を利用し、日本製綿織物と用途を分けたため、英国製綿織物と日本製綿織物は日本市場で競合関係に到らなかった、と川勝は結論づけた。川勝の研究から明らかなように、従来、ロシア経済史で軽視された綿織物の品質や用途に着目し、異なる観点からロシア綿工業史を再検討するなら、見過ごされてきた帝政ロシアの工業化の特徴が把握できると思われる。

### 3. 跨境史とアジア認識

#### a) 近代世界システムとアジア

長年、英国の工業化をどのように理解するかが、経済史の主要課題であり、これに付随して、後発国が英国の先行例から学び、どのように工業化を実現すべきか、という問いも重要であった。前者の課題について日本では、従来、大塚久雄の研究が代表的見解であった。彼は西洋経済

史研究を専攻し，毛織物産業に焦点を当て，毛織物産業がスペインからオランダを経て英国に移る過程を検証し，農村工業に由来する英国の「国民的生産力」を工業化の成功要因に挙げた[24]。後発国の工業化の問題では，ドイツ歴史学派に由来する発展段階論が中心になるが，後に米国でガーシェンクロン[25]やロストウ[26]等が時代に合わせる形で発展段階論を修正した。日本では，赤松要の議論[27]が発展段階論の系譜に属するが，アジア諸国が日本を起点に次々と工業化を遂げる様子を，彼は「雁行形態論」として理論化した。しかし，第二次大戦後，英国経済が停滞すると，英国の工業化を巡る議論や，英国をモデルとする発展段階論の議論は説得力を失う。

　1960年代に日本が高度経済成長を遂げ，1970年代に東アジアや東南アジアの経済が発展する一方，米国の多国籍企業がヨーロッパやアジアで目覚ましい国際的事業を展開するようになり，時代を認識するための，新しい歴史観が必要になる。この時期，ウォーラーステインの「近代世界システム」論が登場した[28]。彼は16世紀の西ヨーロッパを起点とする「近代世界システム」（国際的水平分業体制）を分析枠組とし，このシステムの世界的拡大を研究した。「近代世界システム」論は，西ヨーロッパ経済を全体として捉える視点を提供し，大西洋経済圏の興隆を議論の俎上に置く点で，従来の工業化論や発展段階論を乗り越えた。「近代世界システム」論では世界を中心，半周辺，周辺の三地域に分類するが，富が半周辺・周辺から中心に還流するメカニズムが説明される点で，「近代世界システム」論には従属理論の影響が窺える。この分析枠組により，ヨーロッパの分業システムが国境を越え，世界中に拡大する流れを，ウォーラーステインが描いたことは評価されて良い。

　この「近代世界システム」論の枠組に基づき，グローバルなモノの生

---

24)　大塚久雄『近代欧州経済史入門』講談社，1996年。
25)　Gerschenkron, A., *Economic backwardness in historical perspective: a book of essays*, Cambridge: Belknap Press of Harvard University Press, 1962.
26)　ロストウ，W. W.（木村健康，久保まち子，村上泰亮共訳）『経済成長の諸段階』ダイヤモンド社，1961年。
27)　Akamatsu K., A Historical Pattern of Economic Growth in Developing Countries, *Developing Economies*, Preliminary Issue 1, Tokyo, 1962.
28)　ウォーラーステイン，I.（川北稔訳）『近代世界システムⅠ・Ⅱ』岩波書店，1981年。

産・流通の歴史を研究する試みが欧米で行われる。現在，諸外国で事業を展開するグローバル企業は，諸地域から原料・部品を調達し，複数の拠点で製品化し世界市場に販売する。グローバルに部品を調達し，組立・販売する企業のネットワークは，経営学で「サプライ・チェーン」（供給連鎖）と呼ばれる。これは，現代の企業経営を理解する上で，重要な概念である。欧米の歴史研究者は，グローバルな歴史研究に「供給連鎖」の概念を応用する際，「供給連鎖」という言葉を直接転用せず，「商品連鎖」(commodity chain) という用語に改め，国境を跨ぐ商品の生産・流通に関わる歴史を研究した[29]。歴史研究者は「商品連鎖」の概念を南米史の研究に応用し，『銀からコカインまで』を著し，ゴム，バナナ，タバコ，コーヒー等の商品の国際流通史を分析した[30]。

ところで，「近代世界システム」論は，「近代世界システム」に包摂されない独自のシステムが，アジアに存在したのではないかという問題関心を高める形で，日本に影響を及ぼした。1980年代以降，日本の研究者は，アジア的システムの存在を様々な形で探求し，仮説を提示した。この仮説の中で，濱下武志の「朝貢貿易システム」に関する研究は，世界的に優れた業績である[31]。彼は清朝時代の海関に焦点を当て，海関を中心とする市場圏や，清朝の貿易を検討する一方，香港上海銀行を経由する銀流通や，在外華僑による東南アジアから清朝への送金など，清朝の金融に関わる実証研究も行った[32]。濱下は清朝の貿易と金融の研究に基づき，近代世界システムに包摂されない，アジア的システムとして，朝貢貿易を提示した。この朝貢貿易論は，清朝の貿易メカニズムを明らかにし，近代以降，この貿易システムが清朝の外国貿易に大きな影響を与えた事を示した。

杉原薫も，近代世界システムに包摂されない，アジア的システムを提

---

29) Gereffi, G., Korzeniewicz, M., *Commodity Chains and Global Capitalism*, Praeger, 1994.

30) Topic, S., Marichal, C., Frank, Z., *From Silver to Cocaine, Latin American Commodity Chains and the Building of the World Economy, 1500-2000*, Durham: Duke University Press, 2006.

31) 濱下武志『近代中国の国際的契機』東京大学出版会，1990年。

32) 濱下武志『中国近代経済史研究――清末海関財政と開港場市場圏』東京大学東洋文化研究所，1989年。

唱する[33]。S. B. ソウルは以前，英国を基軸とする多国間貿易の研究に取り組み，重層的な貿易構造を解明した[34]が，杉原はアジア域内貿易の研究にソウルの方法を応用し，東南アジアの多角的貿易構造を明らかにし，近代世界システムとは独立して，アジア独自の貿易システムが機能したことを実証した。従来のアジア経済史研究では，ヨーロッパとアジア間の貿易に焦点が当たり，貿易額の少ないアジア域内貿易は，研究対象になりにくかったが，1980年代に東南アジア経済が発展し，アジア域内貿易の研究に関心が向けられるようになる。杉原は19世紀後半から20世紀初頭の期間，英国の貿易統計に基づいて，東南アジアの域内貿易を検討し，アジア域内貿易が拡大したことを明らかにした。杉原の研究は濱下や川勝の議論と共に，「アジア間貿易」の議論に含められ，内外で注目された。濱下と杉原の研究は，近代ヨーロッパを相対化するが，ロシアと中央アジアの関係を検討する際，この相対化の観点は参考になる。

### b）アジアの台頭と近代ヨーロッパの相対化

20世紀に「アジアの貧困」は解決すべき課題と考えられたが，この課題は既に克服され，今では「成長するアジア」が常識となった。20世紀後半，日米欧の先進諸国が世界経済を牽引したが，近年，先進諸国の経済成長が緩慢になり，代わって新興経済群が世界経済を牽引する。米国の投資銀行ゴールドマン・サックスは，BRICs（ブラジル，ロシア，インド，中国）の経済発展の展望を2001年の報告書で記した[35]が，今から振り返れば，各国の経済成長は予測と異なるものの，報告書の見通しは的中し，BRICsは新興経済群を意味する用語として定着した。中国の経済成長は中でも顕著であり，中国のGDPは日本のGDPを超えた。2009年にBRICsはG20の構成国となり，世界経済の課題に責任を負う。現在，世界経済の中心が，欧米からアジアを中心とする新興経済群に移行しつつある。

---

33) 杉原薫『アジア間貿易の形成と構造』ミネルヴァ書房，1996年。
34) ソウル，S. B.（堀晋作・西村閑也訳）『世界貿易の構造とイギリス経済：1870-1914』法政大学出版局，1974年。
35) O'Neil, Jim, Building Better Global Economic BRICs, *Global Economics Paper*, No. 66, Goldman Sachs, November, 2001.

従来，世界史の重心は，近代ヨーロッパに置かれ，西欧の発展を強調する形で世界史が編集された。「近代世界システム」論は斬新であるが，近代ヨーロッパを基軸とする点で西欧中心史観であることに変わりはない。新興経済群の経済成長が，先進諸国を凌駕する状況が常態になると，近代ヨーロッパが更に相対化され，西欧中心史観を修正する機運が高まるに違いない。ヨーロッパの経済発展を工業化の観点から振り返る時，18世紀後半以降のヨーロッパに焦点が当たるが，ヨーロッパの歴史家も認めるように，中世以前にはアジアが世界の中心であり，ヨーロッパは周辺地域だった。世界史の中心軸を15世紀以前に戻し，アジアの歴史を五百年や千年単位で構想すれば，中世以前にアジアが繁栄した後，近代に成長の中心が西欧に移るものの，21世紀に再び成長の中心がアジアに回帰する経路が想定できる。この経路でアジアの過去の繁栄と現在の繁栄を結び付け，近代ヨーロッパを相対化すれば，西欧中心史観と異なる世界史が構想できる。

　世界史の修正に取り組む，近年の代表的研究として，フランクの『リオリエント』[36]が挙げられる。彼は当初，開発経済学を専門とし，従属論の立場から南米経済に焦点を当て研究を行った。ヨーロッパが南米から富を収奪した，植民地支配の負の遺産が，南米経済が発展するための障害になった，とフランクは考えた[37]。ウォーラーステインと同様に，フランクは1990年代に途上国研究から，世界システム論に移り，千年以上の単位で世界経済史を研究し，世界システムを論じた。世界システムの研究を通じてフランクは，西欧中心史観から脱却し，アジア中心の世界史を構想した。彼は『リオリエント』で1400～1800年に着目し，貿易史の観点から商品と銀の流通を考察し，近世アジアの繁栄と発展途上のヨーロッパに触れる。中世から近世にかけてアジアが世界経済の中心であり，ヨーロッパは19世紀以降に発展したに過ぎない，とフランクは結論づけた。

　ここで，工業化の一要因であるインド更紗を例に挙げ，アジアとヨー

---

36) フランク，A.G.（山下範久訳）『リオリエント：アジア時代のグローバル・エコノミー』藤原書店，2000年．

37) フランク，A.G.（西川潤訳）『世界資本主義とラテンアメリカ：ルンペン・ブルジョワジーとルンペン的発展』岩波書店，1978年．

ロッパの関係が覆る過程を振り返ってみたい。16世紀以降，ヨーロッパの東インド会社がインド更紗を本国に輸出した後，インド更紗の需要が高まり，ヨーロッパは慢性的な貿易赤字に陥った。ヨーロッパは貿易赤字を解消するため，インド更紗の輸入代替に着手するが，捺染技術の習得と綿布調達が障害となる。更紗生産の要である捺染は，アジア発祥の技術であり，これをヨーロッパに移転するのは困難を極めた。最終的に，フランス企業が中東から染色工を招き，その熟練技術を言語化することで，捺染技術の粋を会得したが，フランスが習得した捺染技術は，ヨーロッパ中に伝播した。地理的に棉花栽培に不向きなヨーロッパは，米国や中東から棉花を輸入することで，棉花供給の問題を解消し，蒸気機関の導入で，紡糸と織布の大量生産化を実現する。ヨーロッパの成功要因は，国際的な水平分業の確立と新技術の導入にあった。インド更紗の輸入代替に成功して以降，ヨーロッパは急速に発展し，アジアとヨーロッパの関係は逆転する。

　ヨーロッパとアジアの逆転は，ロシアと中央アジアの関係にも該当する。現在，ロシア経済が発展する一方，中央アジア経済は緩慢であるが，両地域の経済関係は，長期的にロシアに優位で，中央アジアが劣位だったわけではない。古来，農耕に適した中央アジアでは農業が発展する一方，中国とヨーロッパを繋ぐ通商ルート，シルクロードが中央アジアを貫いたため，中央アジアは貿易の結節点となり経済的に繁栄した。17世紀以前，ロシアの輸出商品は毛皮程度しかなく，農業と商業で豊かな中央アジアは，ロシアよりも経済的に繁栄していたと思われる。キプチャク・ハン国に従属したロシアは，長期にわたり中央アジアの騎馬軍に抵抗できなかったが，18世紀末にロシアがヨーロッパの近代銃器を導入すると，ロシアと中央アジア（遊牧民）の関係は逆転する。現在，様々な領域で西欧の相対化が進むが，ロシアと中央アジアの関係を再検討する際，近代ヨーロッパの相対化という観点は重要になる。

## Ⅲ　ロシア経済史研究における本研究の位置づけ

### 1．連続説と断絶説

　本節では，本書の研究がロシア経済史研究に，どう位置づけられるかについて触れてみたい。どの国の歴史であれ，長期の歴史を捉える場合，時代区分が設定される。歴史研究では，時代区分の中で歴史を研究する「断絶説」と，時代区分を超えて歴史を研究する「連続説」の立場に大別できる。「断絶説」と「連続説」は，ともに歴史の異なる立場であり，どちらが正統か，とは言えない。いかなる国でも，以前の体制を批判的に捉え，現体制を肯定する側面が元来，国史研究にある。とりわけ体制転換が生じた場合，その特徴が鮮明になる。日本史を例に挙げるなら，明治維新以前（江戸時代）の歴史は否定的に，明治維新以降は肯定的に捉えられた。また，太平洋戦争終戦以前の昭和史を否定的に，終戦以降の現代史（昭和・平成史）は肯定的に理解される。このような立場に立つ研究は，多かれ少なかれ「断絶説」に属する。
　近年，経済学の領域で「新制度派経済学」（New Institutional Economics）が勢いを増している[38]。「新制度派経済学」は，主流派経済学（新古典派経済学）に対するアンチテーゼとして，あるいは，凋落した「マルクスの経済学」に代替する，新しい経済学として台頭してきた。「新制度派経済学」に，「経路依存性」（path dependency）という重要な概念がある。これは，ある国に体制転換が生じても，既存の慣習や伝統等が影響を及ぼすため，新しい経済制度が導入されても，すぐには機能せず，前体制の遺制を継承する形で，次世代の体制が形成されるという見解である。主流派経済学では，市場を整備し価格を自由化すれば，即座に市場経済が機能すると想定するが，ソ連崩壊後のロシアでは，事は想定通りに運ばなかった[39]。価格を自由化しても，ソ連時代の遺制や

---

　　38）　経済史研究で新制度派経済学を実践しているのは，ノースである。代表的文献は次の通り。ノース，D. C.（竹下公視訳）『制度・制度変化・経済成果』晃洋書房，1994年。
　　39）　これについて適切な見解を示した研究として次の文献が挙げられる。青木昌彦『経

人々の慣習行動のため，市場経済は即座に機能せず，逆に新興財閥（オリガルヒ）は経済混乱に乗じ，国内経済を掌握しようとした[40]。ロシアの市場経済化の経験から，経路依存性の概念は妥当な考え方だと思われる。

　歴史を研究する場合，「断絶説」と「連続説」のどちらを選んでも構わないが，歴史研究者の多くは「断絶説」に立脚する。「断絶説」には，以前の体制を否定的に捉え，現体制を肯定する側面がある。他方，連続説は，時代区分を超えて歴史を一貫して捉えるため，現体制に批判的な歴史，あるいは，復古主義的歴史と見られることもある。「連続説」の観点から歴史を研究する者は，比較的少数派である。しかし，国の体制が変わる時，「断絶説」の叙述が覆ることがあることは想起されて良い。「断絶説」の立場から捉える歴史は，決して普遍的なものではなく，当面，共有される暫定的了解に過ぎない。本書では「連続説」の観点から，19世紀のロシア経済史を再検討する。「連続説」の観点から，帝政ロシアを研究する場合，「経路依存性」の概念は有効な理論的支柱となるが，それは結果として，唯物史観に懐疑的姿勢で臨むことになる。

　なぜロシア革命が実現したのか，あるいは，どのように社会主義国家ソ連が成立したのかという問いが，ロシア史研究では，従来，重要な関心事項であった。この課題に焦点を当て，帝政ロシアの歴史現象から，ロシア革命に到る過程に関心が寄せられる一方，ロシア革命に直接，繋がらない現象は捨象されてきたように思われる。ロシア革命を中心とするソ連の歴史観（ロシア革命史観）は，K. マルクスや V. レーニンが依拠した唯物史観に基づき形成された。その基本的枠組は，K. マルクスと F. エンゲルスが共同で著した『共産党宣言』[41]に描かれている。『共産党宣言』で，人類の歴史は階級闘争の歴史と考えられ，封建時代には領主と農奴が，資本主義時代には資本家と労働者が階級闘争を行い，この闘争を通じて，次の経済体制（生産関係）が弁証法的に現れると記さ

---

済システムの進化と多元性：比較制度分析序説』東洋経済新報社，1995年，154-189頁。
　40）　1990年代以降のロシア経済を概観するには，次の文献が有益である。吉井昌彦・溝端佐登史編著『現代ロシア経済論』ミネルヴァ書房，2011年。
　41）　マルクス，K., エンゲルス，F.（大内兵衛，向坂逸郎訳）『共産党宣言』岩波書店，1951年，39頁。

れた。歴史研究者の多くが唯物史観を受け入れたが，この唯物史観はソ連の歴史研究で神聖な歴史観となった。

唯物史観をロシアに適用すれば，農奴解放（1860年）以前が封建制の時代になり，その時期に領主と農奴の階級闘争が行われたことになる。農奴解放からロシア革命（1917年）までは資本主義時代になり，資本家と労働者の階級闘争が行われたと考えられる。このため，ロシア史研究の主要な関心が労働運動の歴史に向けられた。ロシア革命により，資本主義が終焉してソ連が成立し，社会主義が実現したと，ソ連では理解された。ソ連時代に唯物史観は絶対であり，この史観への批判は許されなかった。ソ連時代には農奴解放を基点に，封建制の時代と資本主義の時代に区分され，「断絶説」の観点からロシア史研究が行われた。農奴解放を軽視して，ロシア史を理解する視座は，封建制と資本主義の時代を曖昧にし，唯物史観を批判することに繋がる[42]。そのため，ソ連では連続説は受け入れられなかった。しかし本書では，19世紀のロシア経済史を工業化の観点から一貫して捉えようとするため，唯物史観や，そこから派生したロシア革命史観に，懐疑的姿勢で臨むことになる。

## 2．唯物史観とロシア革命史観

通説では，ロシアの産業革命は1880～90年代に起こったとされる。工業製品の生産量に着目すれば，この時期に飛躍的に生産量が増えるため，通説の見解は妥当だと思われる。しかし，これまでロシアの工業化が，封建制（農奴制）とされる，19世紀前半に由来することには余り着目されなかった。むしろ，ロシアの工業化が封建制により，マニュファクチュア（工場制手工業）段階に止まった，否定的側面が強調された。唯物史観では，農奴制と資本主義は，別の時代になる。ロシアの工業化を「連続説」の観点から研究すると，封建制と資本主義の時代区分が曖昧になり，唯物史観の構図が揺らぐことになる。そのため，農奴制と資本主義の二つの時代を超えて，工業化を連続的に捉えるアプローチは，ソ

---

[42] 封建制から資本主義への移行に関する研究は，ソ連時代の経済史研究で主要な課題の一つであった。代表的文献は次の通り。Шунков, В. И., *Переход от феодализма к капитализму в России, Материалы Всесоюзной дискуссии*, Москва: Наука, 1969.

連時代には認められなかった。後の章で見るように，ウラジーミル県の綿工業は，農奴制時代から資本主義時代まで一貫して発展し続ける。農奴制下でもロシア綿工業は発展し，それを礎に，19世紀後半に飛躍的に発展したことは否定できない。

　ロシア史研究では多くの場合，特定人物・団体の行動や言説等，定性分析が中心になり，数量分析は少ない。歴史研究者で経済学を修め，経済統計を収集し，長期の経済動向を捉える研究者は稀である。現在も含め，ロシア史研究で数量データは軽視される。歴史家に統計分析を求めるのは無理としても，人口や工場の数等，単純な数量を押さえるのは容易なため，本来，実践すべきだが，実際には，数量データの確認は疎かにされる。ロシア革命以前，帝政ロシアは帝国であり，官僚機構を通じて，全国各地から首都に情報を集約し，ペテルブルクで帝国全体の意思決定が行われた。このことを今一度想起する必要がある。帝政時代に，ロシアの情報収集能力は高く，当時の経済統計は同時代のヨーロッパ諸国と比べても遜色なかった。帝政ロシアの大蔵省が作成した資料は，その代表例であり，今もペテルブルクの図書館等で閲覧可能である[43]。ロシア大蔵省の経済統計は豊富にあるが，ソ連時代，唯物史観に反する経済統計は活用されなかった。

　ところで，マルクスは『資本論』[44]で労働価値説に依拠した。この概念は『資本論』の基本的な考え方になる。これは，労働者が自己の労働を原料に投下することで，商品の価値が生まれるという概念である。『資本論』は商品の価値に，使用価値と交換価値の二種類があると想定する。労働が商品に投下され，商品の価値が生まれ，それが交換価値に反映される。生産領域で労働者が商品の価値を生み出し，流通領域で商人は商品の価値を生み出さない，と考えられた。労働価値説と唯物史観の影響から，価値を生み出さない商人は労働者より劣り，資本家である企業家は，階級闘争で労働者の敵と考えられたため，ソ連の経済史研究で，革命以前の商人や企業家を積極的に取り上げるのは困難であった。

---

　43）ペテルブルクのロシア国立図書館，ロシア科学アカデミー図書館，ロシア国立歴史文書館には，帝政ロシア時代の大蔵省作成文書が所蔵されている。
　44）マルクス，K. 著，エンゲルス，F. 編（向坂逸郎訳）『資本論㈠』岩波書店，1969年，73-75頁。

経済史家ロシュコヴァのように，19世紀のロシア資本主義の発展を研究するため，商人や企業家に焦点を当てる例はあった[45]が，唯物史観と矛盾する内容は避けられた。

　唯物史観では，生産力の発展に応じて，生産関係が移行することが中心になり，領主と農奴，資本家と労働者等の生産関係が重視される。そのため，経済循環の生産領域に専ら焦点が当てられた。しかし，商品の経済循環では，商品が商人を通じて消費者に販売されて初めて，経済循環が完了する。ソ連時代に，生産領域に過度の関心が寄せられる一方，流通や消費の領域は軽視された。商品生産に制約があった時代，生産領域の重要性は明らかであり，経済史研究で生産領域が重視されたのは当然である。しかし，歴史研究は，研究者の生きる時代と密接に繋がり，歴史を見る視点は現在を反映する。商品が過剰になり，マーケティング戦略が商品販売に必要な現在，流通や消費の領域が生産よりも重要になる。本書では，唯物史観から離れ，モノ（商品）を通じて，人間と自然の関係を考察する。その際，従来，見過ごされてきた流通や消費の領域に焦点を当てる。

## 3．ソ連崩壊後のロシア史研究

　1991年のソ連崩壊は，ロシア史研究に多大な影響を及ぼした。封建制から資本主義を経て社会主義に移行するという唯物史観は，ソ連政府の公式見解だった。ソ連の歴史研究者は政府見解に倣い，唯物史観に従った。しかしソ連が崩壊すると，1990年代にソ連の継承国家ロシアは，計画経済から市場経済に転換し，国有企業を民営化した。これは明らかに社会主義から資本主義への後退であり，この時点で唯物史観と，それに付随するロシア革命史観の正当性は消滅した。その後，新生ロシアでは，ソ連時代を否定的に捉え，帝政ロシアを積極的に評価する傾向が強まる。象徴的なのは，レーニン像が倒される一方，ピョートル大帝像が建立されたことである。ソ連時代に政府は宗教活動を抑えたが，ソ連崩壊後，

---

　45) Рожкова, М. К., *Экономическая политика царского правительства на среднем востоке во второй четверти XIX века и русская буржуазия*, Москва: Издательства академии наук СССР, 1949.

社会主義の崩壊を反映し，ロシア正教が復活した。19世紀と同様に，ロシア正教はロシア国家の精神的支柱となる。唯物史観とロシア革命史観は，現実の動きを背景にロシア史研究で勢力を失い，帝政ロシアの歴史が書き換えられることになる[46]。

　すでに触れたように，ソ連時代に商人や企業家を研究するのは困難だったが，1990年代にロシアの市場経済化の進展を受け，市場やビジネスへの関心が高まる。今では，『ハーバード・ビジネスレビュー』のロシア語版が書店に並ぶ。この状況を反映し，帝政ロシア時代の市場や企業家，商人の研究は盛んになる。ソ連時代に唯物史観の観点から，帝政時代の商人や企業家は否定的に描かれたが，今では逆に，積極的に評価するのが自然になった[47]。帝政ロシア時代の市場や企業家の歴史研究には，企業や銀行から研究助成が行われ易く，この分野の研究は活発である。現在，経済史や商業史の領域は，ロシア史研究で最も活発な分野の一つと言える。ロシア科学アカデミー・ロシア史研究所（モスクワ）の所長ペトロフが，経済史を専門とすることも，経済史の興隆を象徴する[48]。経済史の方法は，唯物史観から欧米の経済学に変わり，新制度派経済学も導入されつつある。

　新しい観点から，帝政ロシアの歴史を再検討する際，19世紀に刊行された文献と経済統計が重要になる。現在，当時の経済文献の多くが復刻され，容易に入手できる[49]。ソ連時代の文献にも，示唆深い研究があるが，唯物史観の影響が及ぶため，言及する際には注意が必要である。ロシア経済史研究で意外に見過ごされているのが，帝政ロシア時代の新聞や雑誌等の定期刊行物である。当時の定期刊行物には，生のデータや事

---

46) 帝政ロシア像を書き換えようとした代表的文献は次の通り。Миронов, Б. Н., *Социальная история России*, том. 1 и 2, Санкт-Петербург: Дмитрый Буланин, 1999.

47) 例えば，次の文献が挙げられる。Барышников, М. Н., *Деловой Мир России, Историко-биографический справочник*, Санкт-Петербург: Искусство-СПБ, 1998.

48) ペトロフ氏が最近関わったプロジェクトの成果は次の通り。Ананьич, Б. В., Дальман, Д., Петров, Ю. А., *Частное Предпринимательство в Дореволюционной России: этноконфессиональная структура и региональное развитие, XIX-начало XXв.*, Москва: РОССПЭН, 2010.

49) 帝政ロシア期の経済学については，次の文献が参考になる。小島修一『ロシア農業思想の研究』ミネルヴァ書房，1987年; 小島修一『二十世紀初頭ロシアの経済学者群像』ミネルヴァ書房，2008年。

実が未加工のまま掲載されている[50]。つまり，唯物史観の影響が及んでいない。ロシアの文書館で公文書を閲覧するのが理想的なロシア史研究の方法だが，公文書を閲覧するには過度に時間を要する。他方，当時の定期刊行物はペテルブルクの図書館に集約され，短時間で閲覧可能であり，図書館で必要箇所をデジタル画像に容易に変換できる。だが，ロシア人でも，（モスクワを含む）地方の居住者にとって，ペテルブルクの図書館で定期刊行物を閲覧するのは容易でない。そのため，ロシア史研究で定期刊行物の利用は，研究の盲点になっている。

　ロシア史研究で，数量データが余り使用されないと述べたが，数量データを駆使し，長期の経済動向を研究するグループが，ソ連時代からロシアに存在する。それは，1960年代にモスクワ大学歴史学部のコヴァリチェンコを始祖とする集団である[51]。彼らはソ連で初めて数量データを収集し，回帰分析を使い，長期の経済動向を解明した。同時代にペテルブルクのミローノフも，コヴァリチェンコの数量分析を取り入れる。ミローノフはソ連時代，経済史研究に取り組んだが，ソ連崩壊後に社会史研究に移る[52]。しかし彼は今でも，数量データの分析から客観的に読み取れる傾向を抽出し，通説に挑んでいる。モスクワ大学歴史学部ではソ連崩壊後，ボロドゥキンがコヴァリチェンコの学風を継承した[53]。1990年代末に彼は，モスクワ大学内にロシア経済史センターを設立し，経済史研究者の全国ネットワークを組織した[54]。この研究センターは，4年に一度開催される国際経済史学会に毎回，研究者を派遣している。ロシ

---

50) 定期刊行物を調べる際には，次の文献が参考になる。Российская национальная библотека, *Газеты Дореволюционной России 1703-1917 Каталог*, Санкт-Петербург, 2007; Скачков, П. Е., *Библиография Китая, систематический указатель книг и журнальных статей о книге на русском языке 1730-1930*, Москва: Государственное социально-экономическое издательство, 1932.

51) Ковальченко, И. Д., Милов, Л. В., *Всероссийский аграрный рынок, XVIII-начало XX века, опыт количественного анализа*, Наука: Москва, 1974.

52) ミローノフの近著として次の文献が挙げられる。Миронов, Б. Н., *Благосостояние населения и революции в имперской России*, Москва: Новый хронограф, 2010.

53) ボロドゥキンの近著に次の研究が挙げられる。Бородкин, Л. И., Коновалова, А. В., *Российский фондовый рынок в начале XX века, факторы курсовый динамики*, Санкт-Петербург: Алтейя, 2010.

54) 経済史センターは，ロシア科学アカデミー・ロシア史研究所（モスクワ）と共同で，毎年，年報（эжегодник）を出版している。

ア経済史センターの研究成果は，非常に参考になる。

　前節で民俗学と歴史学の融合に触れたが，非文字資料中心の民俗学と，公文書中心の歴史学の融合例は，ロシアでは少ない。しかし，双方の学問に研究蓄積があるため，研究者に熱意があれば，研究蓄積を利用する形で融合を進められる。私はモノの観点からロシアの工業化を研究するため，ソ連（ロシア）民族学の成果（綿織物消費の研究）[55]を経済史研究に活かし，ロシア史研究と民族学研究を融合させようと考えている。ところで，ソ連時代には外国人に，訪問場所や面会者への制限が課せられた。だがソ連崩壊後，軍事関連の場所を除けば，ロシア国内で外国人への移動制限は取り除かれる。1999～2007年の期間，私は本務校の用務で，一年の半分ほどシベリアに滞在したが，その間，ロシアの様々な都市を訪れ見聞を広めた。私達日本人の，ロシア研究者の中堅世代は，ロシア国内を自由に移動した最初の世代に当たる。このロシアにおける現地体験が，本書の研究に活かされる。

## Ⅳ　本書の課題と方法

　以上の流れを踏まえ，本書の課題と方法について触れてみたい。本書では19世紀前半の初期工業化，とりわけ綿工業の発展に焦点を当て，帝政ロシア期における工業化の再検討を行う。1870～80年代に，ロシアで産業革命が起こったと通説で説明される[56]が，19世紀後半に初めてロシアで工業化が進展したわけではなく，19世紀前半にロシア綿工業は萌芽的に成長した。この時期，ロシア製綿織物は国内市場に供給されるだけでなく，アジア市場にも輸出されたが，ヨーロッパには輸出されなかった。従来ロシアはヨーロッパと比べて後発工業国と位置づけられ，ロシア製綿織物がヨーロッパに輸出されなかった事実に焦点が当てられたた

---

　55)　例えば，民俗学の服飾研究を基にした，次のような百科事典がある。Соснина, И., Шагина, И., *Русский традиционный костюм, иллюстрированная энциклопедия*, Санкт-Петербург: Искусство, 1998.

　56)　例えば，次の文献を参照。Yatsunsky, V. K., "The Industrial revolution in Russia", in Blackwell, W. L. (ed.), *Russian Economic Development from Peter the Great to Stalin*, New York: New Viewpoints, 1974.

め，ロシアの初期工業化は積極的に評価されなかった。だが，後続の章で展開するように，ロシアに農奴制が残存した19世紀半ばに，ロシア綿工業の生産力は国際的水準にまで成長を遂げる。本書では，アジア向け綿織物輸出の観点から，なぜ19世紀前半にロシア綿工業が発展したのか，という問題を設定する。

　この課題に取り組むに当たり，民俗学研究を背景に日本で培われた「モノ研究」の方法を採用する。「モノ研究」では，対象とするモノ（商品）を選び，モノの生産から消費に到る全ての過程を，一連の繋がりのある連環として考察する。また「モノ」を通じて地域間の関係を明らかにすると同時に，人間と自然の関係も検討対象に加える。ロシアにも民族学は存在するが，経済史研究者は民族学研究に関心を示さないため，「モノ」研究の方法を経済史研究に応用する研究は，今回が初めての試みだと思われる。従来の経済史研究では生産（供給）面に焦点が当たり，流通や消費の面に関心が向けられることは少なく，流通や消費に関心が向いても，考察範囲は国内に限られ，国外の考察は対象外とされた。本書では，綿織物の生産〜流通〜消費を一連の連環と捉え，企業家による綿織物生産，商人による綿織物取引，消費者による綿織物利用を，可能な限り資料に基づき検証し，綿織物を通じて諸地域間の関係や，自然と人間の関係を考察する。

　既に触れたように，帝政ロシア期には官僚制が整備され，ロシア帝国全体の経済データは膨大に収集され，統計集や報告書が刊行された。19世紀に，ロシアのように統計資料を整備した国は少ない。ロシア製綿織物の回転（循環）を検証する際，「モノ」研究の方法だけでなく，経済史の方法と併用し，帝政ロシア期の統計を可能な限り活用し，長期変動を明らかにする。近年，ロシアで文書館が外国人に開放され，利用が容易になり，公文書に基づく研究書が刊行されるが，公文書に過度に依存すると，膨大な事実の中に溺れ，ロシアの全体像を見失う。最近，ロシア史研究が細分化の道を辿り，郷土史化が進むが，公文書への依存傾向と無縁でないと思われる。日本人研究者は，外国人だからこそ，当時の定期刊行物と経済統計を駆使して，ロシア人研究者が取り組みにくい，帝政ロシアの構造変化や長期変動を明らかにする研究に挑むべきである。本書では，19世紀ロシア経済の構造変化を，当時の定期刊行物と統計資

料を基に捉えたい。

　19世紀前半に商人や農民に普及した，ロシア製綿織物の生産，流通，消費を検討することは，すなわち，庶民の生活史を考察することになる。従来のロシア経済史研究の誤りは，綿織物を一様な商品であり，用途も同一と考えたことにある。経済史研究者の多くは，綿織物の実物を確認せずに，研究を進めてきたと思われる。本書では，従来の研究の反省に立ち，経済統計を利用するだけでなく，非文字資料（写真，絵画，モノ）の重要性を認め，これらの資料を積極的に活用する。綿織物を実際に観察すれば，綿織物のデザインは時代により変化し，デザインの種類が増えることは，すぐに分かる。私はロシア製綿織物の現物や図版を，実際に内外の図書館や博物館で確認する一方，古美術商を訪ね，ロシア製綿織物の美術市場における位置を窺った[57]。本書の内容に現実感（actuality）を感じ取ってもらえるとすれば，実際の確認経験が本書に活かされたと言える。

　経済史研究者として，もう一つ重要と考えるのが現地体験である。経済史の研究者が歴史文書や非文字資料を利用するのは必要な作業だが，それだけでは，歴史を再構築するには十分でない。外国人研究者は，現地事情に疎いのが普通であり，資料の読解だけで対象地域を理解するのは困難である。そのため，外国の歴史研究者は対象地域を実際に訪れ，史跡を確認し，現地の人々から話を聞いた方が良い。私はロシアの大都市だけでなく，ニジニ・ノヴゴロドやアストラハン，ウラン・ウデ等，地方都市も訪れた。また，ロシア製綿織物の輸出市場となる，タブリーズ（イラン），ブハラ（ウズベキスタン），太原（中国）も訪ね現地を確認した。この現地体験により，研究対象の自然環境が明確に理解でき，資料だけでは分からなかった点が氷解した。歴史を再構築する際，現地体験は有益である。「モノ」研究と経済史の方法を併用し，19世紀前半にロシア綿工業が発展した要因を，本書で再検討し，帝政ロシア経済の構造変化を明らかにする。

---

[57] これについては，文化服飾学園の道明美保子氏，ギャラリー・チューリップの山本理香氏に御協力いただいた。

# 第二部

## 更紗の生産

# 第 1 章

# ロシア綿工業の発展とアジア向け綿織物輸出

―――――――

## I　はじめに

　19世紀の経済史において，綿工業の発展は各国の工業化を検討する際の重要なテーマだが，ロシアでも綿工業は当時の基幹産業であり，ロシアの工業化を考察する際に無視できない研究対象になる。19世紀初頭にロシアでは，西ヨーロッパからの綿糸輸入を起点として綿工業が勃興し，19世紀前半に民間主導で急速に発展する[1]。

　19世紀前半にロシア綿工業の発展に伴い，ロシア製綿織物は外国に輸出されるが，輸出先はアジア市場に限定され，ヨーロッパ市場には輸出されなかった。この事実に対し，ロシア製綿織物は，ヨーロッパ製綿織物よりも質的に劣るため，ヨーロッパ市場に輸出することができず，後進地域のアジアにのみ輸出先を見出したと，通説で説明されてきた[2]。

---

　1)　De Tegoborski, M. L., *Commentaries on the productive forces of Russia*, Vol. 2, London, 1856, p. 60.
　2)　例えば，M. ゲイトリーは，「一般に西欧で生産された綿製品よりも劣っていたため，ロシア製綿織物はヨーロッパ市場の一部を掌握する機会はほとんど無かった」(Gately, M. O. The Development of the Russian Cotton Textile Industry in the Pre-Revolution years, 1861-1913, dissertation of the Graduate school of the University of Kansas, 1968, p. 39) と記しており，同様な記述は以下の文献にも見られる。有馬達郎『ロシア工業史研究』東京大学出版会，1973年，129頁，254頁；Blackwell, W. L., *The Beginnning of Russian Industrialization 1800-1860*, Princeton University Press, 1968, p. 43; Fitzpatrick, A. L., *The Great Russians Fair Nizhini Novgorod, 1840-90*, St. Martin's Press, 1990, p. 63. 通説では，ロシア製綿織物が西ヨーロッパ市場に輸出できなかった理由が説明されるが，なぜアジアに輸出できたかは説明さ

通説は一面の真理をついており，当時のヨーロッパ製品とロシア製品を，番手という基準で比べればロシア製品の方が確かに劣っていた。

しかし通説を前提とするなら，ヨーロッパ製綿織物がアジア市場に輸出された場合，ロシア製品は品質の点でヨーロッパ製品と競合できず，アジアの販売市場を失うと考えられる。このような推論が事実と符合するかどうかについては，既存研究で検討されてこなかったように思われる。また，なぜロシア製綿織物がアジアに輸出可能であったかについても，通説では関心が払われてこなかったように思われる。本書では，19世紀前半にロシアのアジア向け綿織物が，どの程度輸出されていたかを確認した上で，当時ロシアにとって最も有力であった，中央アジアの綿織物市場における，ロシア製品の位置を検討し，通説の問題点を指摘したい。

## II　ロシア綿工業の発展

### 1．ロシアの最初の綿業発祥地：アストラハン

綿織物は棉花を原料とし，その原料を加工して製品に仕上げるが，棉花はどこででも栽培できるわけではなく，一定の気候条件を満たさなければ栽培できない。棉花の種類によっても異なるが，棉花の生育圏は基本的に南北緯30～40度であり，古来，栽培地域は限定され，棉花栽培地域で紡糸から織布まで行うのが普通であった[3]。一方，気候に恵まれず，棉花栽培が不可能な地域では，綿織物を生産する場合，棉花あるいは綿糸を輸入せざるを得ず，棉花や綿糸の費用に加え輸送費が付加された。そのため棉花栽培が不可能な地域では，綿織物は高価になり，極く一部の階層が奢侈品として着用したと考えられる。

ロシア（ヨーロッパ・ロシア）は寒冷な地域であり，棉花栽培に適した条件を満たさない。18世紀のピョートル大帝以来，ロシア国内で植物

---

れていない。

3）　庄司麟次郎『棉花』日本紡績研究所，1938年，2頁。

学者を動員し，棉花栽培を成功させようと，何度も国家プロジェクトを行ったが，全て失敗に終わった[4]。ロシアで綿織物を獲得しようとすれば，外国から綿織物を輸入するか，半製品である綿糸を輸入し，国内で織布および捺染を行い，生産するほかなかった。ロシアの近隣諸国で棉花栽培が可能な地域として，中央アジア，ペルシア，オスマン帝国が挙げられるが，これらの地域では，古くから棉花栽培だけでなく，栽培した棉花をもとに綿織物を生産し，綿織物は国内市場に供給されるだけでなく，近隣地域にも輸出された[5]。ロシアが最初に綿織物と出会ったのは，西ヨーロッパの製品ではなく，中央アジア（ブハラ）とペルシアの製品であり，これらの地域から16世紀以来，綿織物を輸入したため，ロシアのアジア製綿織物輸入の歴史は長い[6]。ロシアの最初の綿工業は，アジア製綿糸を輸入し，その綿糸を織布し，捺染する形で始まる。

17世紀のアストラハンで，ロシアで最初の綿織物の生産が始まった。この地はカスピ海沿岸にある通商上重要な港であり，当時この港を通じて，ロシアとアジア間の貿易が活発に行われ，アジア製綿糸を輸入するのが比較的容易な場所であった[7]。当時のアストラハンでは，インド商人の資本を利用し，ペルシアと中央アジアから輸入された綿糸をもとに，工場で綿織物を生産する形で，ロシア初の綿工業が始まる。このアストラハンで確立された生産形態が成功を収め，18世紀半ばにヴォルガ川の沿岸地域（カザン〜ヴァトカ地域）に拡大し，アジア製綿糸の輸入に依存するものの，織布業と捺染業が発展し，綿織物の一部の自給化に成功する[8]。

18世紀半ばから19世紀初頭まで，ヴォルガ川の沿岸地域がロシア綿業の中心であった。だが，18世紀末に英国から安価な綿糸の輸入が急増す

---

4) Тер-Авнесян, Д. В., К истории Хлопководство в СССР, Греков, Б. Д. (редактор), *Материалы по истории земледелия СССР*, Москва: Изд-во Академии наук СССР, 1956, с. 573. ロシアで棉花栽培が可能になるのは，19世紀後半にロシアが中央アジアを併合して以後のことである。

5) これらの地域は現在もなお棉花栽培が盛んな地域である（馬場耕一『コットンの世界』日本綿業振興会，1988年，154-198頁）。

6) Брокгауз, Ф.А., Ефрон, И. А., *Энциклопедический Словарь Россия*, Санкт-Петербург, 1898, с. 285.

7) Michael O. Gately, p. 10.

8) *Ibid.*, p. 12.

ると，ロシア綿工業の地理的配置と綿織物の生産形態が大きく変わる。18世紀半ば以降，西ヨーロッパでは技術革新により，綿糸と綿織物を安価に生産できるようになり，18世紀末に英国から相当な綿糸と綿織物がロシアに輸入され始める。1790年頃が大きな転機になり，その頃までロシアは主に綿糸をアジア，特に中央アジアに依存していたが，それ以後，英国から綿糸および綿布を輸入するようになり，アジアからの綿糸輸入は相対的に減少する[9]。

19世紀初頭からヴォルガ川岸の綿工業地域の停滞が始まり，代わってサンクト・ペテルブルクと中央工業地域（主にモスクワ県とウラジーミル県）が綿工業の中心地になる。新たな綿工業の中心地は，ヴォルガ川の沿岸地域と異なり，西ヨーロッパから積極的に技術を導入し，近代的綿工業を発展させる[10]。二つの新興地域は当初は，英国から綿糸を輸入し綿織物を生産したが，19世紀前半を通じて紡績業を発展させ，原綿を輸入する以外は，綿糸と綿織物の国内生産を実現する。ペテルブルクと中央工業地域は共に，新興工業地域であるが，綿工業の特徴が両地域で異なるため，次節で簡潔にその違いを記してみたい。

## 2．サンクト・ペテルブルクと中央工業地域における綿工業の発展

19世紀前半を通じてサンクト・ペテルブルク（写真1-1）は紡績業を発展させ，国内の綿糸生産額で常に首位を維持し，紡績業の中心地となる。19世紀初頭にロシア最初の紡績工場である，官営アレクサンドル工場がペテルブルクに設立される。この工場は，西ヨーロッパから紡績機械を輸入して造った，最初の近代的工場である。この工場の成功により，ロシア綿工業の基盤が形成され，1830年代半ばまで，アレクサンドル工場が国内最大の綿糸生産を誇り，後に建設される綿紡績工場の模範となる[11]。1830年代半ばにペテルブルクに三大紡績工場が建設され，ペテル

---

9) Яцунский, В. К., Крупная промышленность России в 1790-1860гг, под редакцией Рожкова, М. К., *Очерки экономической истории России первой половины 19 века*, Москва: Изд-во социально экономической литературы, 1959, с. 127.

10) Там же, с. 128.

11) Yatsunsky, V. K., "The Industrial Revolution in Russia", in Blackwell, W. L. (ed), *Russian Economic Development from Peter the Great to Stalin*, New York: New Viewpoints,

第 1 章　ロシア綿工業の発展とアジア向け綿織物輸出　　　　39

写真1-1　サンクト・ペテルブルク

ブルクが国内の紡績業での地位を不動にする。三大紡績工場の規模は当時，ロシア最大であり，これらの工場の設立以後，綿糸の原料である原綿輸入が急増し，ロシア綿紡績業発展の一つの画期となる[12]。

　モスクワ県（写真1-2）とウラジーミル県を中心する工業地域を，中央工業地域と呼ぶ。この地域にロシア綿工業のもう一つの中心地が存在し，ペテルブルクとほぼ同時期に急速に発展するが，綿工業の特徴はペテルブルクと異なった[13]。18世紀末に中央工業地域で綿工業が始まる際，当地では外国から綿糸を輸入し，それを綿布に加工し，捺染を行うというように，まず捺染業と織布業から発展する[14]。1820年代，中央工業地域に紡績工場が多数設立される。中央工業地域の紡績工場の規模はペテ

---

1974, p. 115.
　12）　Яцунский, В. К., с. 176.
　13）　有馬達郎『ロシア工業史研究』174-175頁。綿工業は紡績業，織布業，捺染業から成るが，ペテルブルクは紡績業に，中央工業地域は織布業と捺染業に秀でた。また，ペテルブルクが主に貴族向け等の高級品を生産したのに対し，中央工業地域は主に大衆向け製品を生産した。
　14）　Яцунский, В. К., с. 127.

ルブルクに比べて小さく，中央工業地域の工場全ての紡錘を合わせても，官営アレクサンドル工場の規模の方が大きかった[15]。1840年代後半に織布-捺染企業が設立され，3部門結合工場が稼働して以降，中央工業地域の紡績業が転機を迎える。以後，3部門結合工場が中央工業地域で主流となり，ペテルブルクの工場の生産規模に近づく[16]。

写真1-2　モスクワ

　ここで指標を基に，19世紀前半を通じて，ロシア国内全体でどの程度，綿工業が発展したのかを確認してみたい。綿工業の発展を評価する際，綿紡績工場に従事した労働者の数と，綿糸輸入量，原綿輸入量の三つが通常使われる。この三つの指標の変化を検討することで，ロシア綿工業の発展を数値で確認してみたい（グラフ1-1）。ロシア綿工業の労働者数の変化に着目すると，19世紀前半を通じて19倍と，急速に増加しており，ロシアの加工産業（обрабатывающая промышленность）全体の増加率の6倍を遥かに上回る[17]。加工産業労働者に占める綿工業の割合は，1804年に9％と僅かな割合に過ぎなかったが，1860年に約27％に急速に上昇し[18]，加工産業の中で綿工業は，最多の労働者を雇用するようになる。次に綿糸輸入量に着目すると，19世紀初頭から綿糸輸入量は増加し始め，1801～05年を基準とすれば，1840年代前半に約10倍に成長する[19]。だが，この時

---

15) Yatsunsky, V. K., p. 116.

16) Яцунский, В. К., с. 178. 3部門結合工場とは，一つの工場の中に紡績，織布，捺染の三工程を統合した工場であるが，この種の工場は，ペテルブルクで設立されず，中央工業地域独特の形態であった。

17) Хромов, П. А., *Экономическое Развитие России в 19-20 веках, 1800-1917*, Москва: Гос. изд-во полит. лит-ры, 1950, с. 27-32.

18) Там же, с. 27-32.

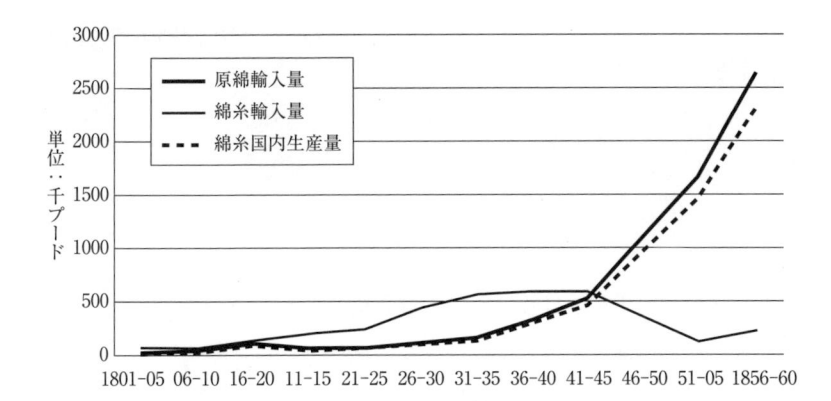

第1章 ロシア綿工業の発展とアジア向け綿織物輸出　　41

**グラフ1-1** 原綿・綿糸輸入量と綿糸国内生産量（1801〜1860）

注1）　このグラフは，1801〜1830年については，有馬達郎『ロシア工業史研究』東京大学出版会，1973年，119頁より，1831〜1860年については，Яцунский, В. К., 'Крупная промышленность России в 1790-1860гг.', *Очерки экономической истории России первой половины 19 века*, Москва: Издательство социально-экономической литературы, 1959, c.182 より引用。
注2）　数字は各年平均を表している。

点で綿糸輸入量はピークを迎え，以後減少を続ける。1840年代後半に，ロシアは綿糸の輸入代替に成功し，国産綿糸の供給が安定するため綿糸輸入量が減少した。最後に原綿輸入に着目すると，19世紀初頭から原綿輸入量は一貫して増加し，1801〜05年の原綿輸入量を基準とすれば，1850年代後半に，約332倍にまで増加する[20]。

　では次に，当時のロシア綿工業の生産力の世界的位置づけを，紡錘数で確認してみたい。1850年代初頭にロシアの紡錘数の合計は，世界第5位[21]を占め，ロシアを上回る国は，英国，フランス，米国，オーストリアのみであった。英国の紡錘数がロシアの20倍と突出しているほかは，先進諸国との差は2〜4倍に過ぎなかった。綿糸生産量でも英国がロシアの10倍と突出しているだけで，その他の国々との差は，2倍程度に過ぎず[22]，綿工業の生産力に焦点を当てるなら，ロシアと先進工業諸国との生産力格差は，英国を例外として，後進諸国と比べて小さかったと思

---

19）　有馬達郎『ロシア工業史研究』119頁
20）　有馬達郎，同上書，119頁
21）　De Tegoborski, M. L., p. 60.
22）　*Ibid*, p. 61.

われる。ロシアは，この綿工業の生産力を背景にアジア向け綿織物輸出を推進する。

## Ⅲ　ロシアの対アジア貿易

### 1．19世紀前半におけるロシアの貿易構造

　従来，19世紀前半のロシアとアジア間の貿易に焦点が当てられることは少なかった。ロシアの外国貿易全体に占める，アジア貿易の割合は，約10％と微々たるものであり[23]，貿易額全体から見れば，アジア貿易の割合は小さいため，これまで注目されてこなかったと思われる（グラフ1-2）。貿易額の割合では，ロシアと西ヨーロッパの貿易が大きいため，貿易に関する研究では実際に，ロシアと西ヨーロッパの貿易，中でもロシアと英国，あるいはドイツに焦点が当てられた[24]。

　19世紀にロシアは工業化を実現するが，ロシアの貿易構造は，ロシアよりも早く工業化を遂げた西ヨーロッパの貿易構造と異なり，独特の特徴を示していた。従来の研究によればロシアの貿易は，西ヨーロッパには後進国型貿易構造を，アジアには先進国型貿易構造を示した[25]。つまり，ロシアは西ヨーロッパ，特に英国やドイツに食料・原料等の農産物を輸出し，西ヨーロッパからは工業製品および原料を輸入し，後進国型貿易構造を示した。逆にロシアはアジアに金属製品や綿織物等の工業製品を輸出する一方，アジアからは食料・原料を輸入し，先進国型貿易構造を示した。19世紀のロシアは貿易相手が西ヨーロッパとアジアとで，全く対照的な特徴を示した。

　19世紀ロシアの貿易構造に関して，もう一つの特徴がある。それは，

---

　23)　Blackwell, W. L., pp. 431-433.
　24)　例えば，Kahan, Arcadius, *The Plow, The Hammer and The Knout: an economic history of eighteenth-century Russia*, Chicago: University of Chicago Press, 1985. あるいは鈴木健夫「イギリス産業革命と英露貿易」，『「最初の産業国家」を見る目』早稲田大学出版部，1987年がある。
　25)　有馬達郎「19世紀末のロシアの貿易構造の特質」，『新潟大学教養部紀要』第12集，1981年，16-17頁．

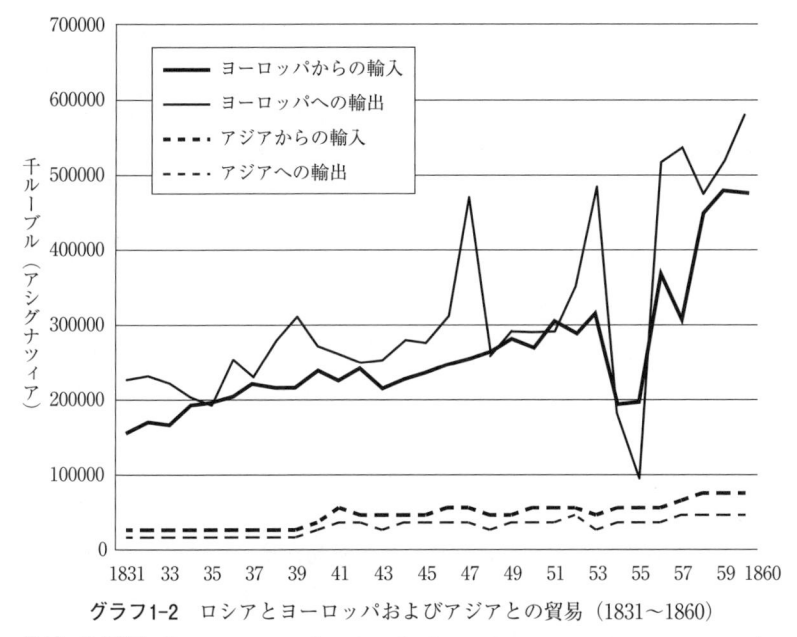

第1章　ロシア綿工業の発展とアジア向け綿織物輸出　　43

**グラフ1-2　ロシアとヨーロッパおよびアジアとの貿易（1831～1860）**

注1）　この表は，Департамент внешней торговли, *Государственная внешняя торговля в разных ее видах, за 1831-1860*, Санкт-Петербург, 1832-1861 より作成。

注2）　1831～39年までがアシグナツィア（ассигнация）であり，1840年以後が銀ルーブルとして貿易統計にデータが掲載されているが，1銀ルーブル＝3.5アシグナツィア・ルーブルとして銀ルーブル（1840～1860）のデータをアシグナツィア・ルーブルに変換し，グラフを時系列で示した。

19世紀全般を通じて，ロシアの貿易収支は長期的に安定し，輸出額が輸入額を上回り，黒字を示したことである[26]。ロシアの西ヨーロッパとの貿易は，後進国型貿易構造を示したが，常に黒字を維持した。他方，ロシアのアジアとの貿易は，先進国型貿易構造を示したが，常に赤字を示した。つまり，ロシアはアジアとの貿易で出た赤字を，西ヨーロッパとの貿易で生じる黒字で補填したのである。

ここで19世紀前半にロシアは，西ヨーロッパとの貿易で何を輸出し，何を輸入していたかを確認しておきたい[27]。19世紀前半にロシアの西ヨーロッパへの輸出商品では，亜麻，大麻，獣脂が重要であり，19世紀初

---

26）　De Tegoborski, M. L., pp. 193-198.

27）　Attman, Artur, "The Russian market in world trade, 1500-1860", *Scandinavian Economic History Review*, vol. XXIX, No. 3, 1981, p. 202.

頭に，これらの商品がロシアの輸出額の半分を占めた。19世紀前半を通じて穀物輸出が成長すると，1850年代に亜麻，大麻，獣脂の伝統的輸出商品を凌ぎ，穀物がロシアの代表的商品となる。一方，19世紀初頭にロシアは西ヨーロッパから，砂糖に代表される食料品や，綿糸等の製品原料を輸入したが，19世紀前半を通じて綿織物原料の原綿や，機械等の資本財の輸入が増加する。

19世紀前半におけるロシアとアジアの貿易については，次節で詳細に検討するが，ここでは西ヨーロッパと比較するため，アジアとの貿易内容を簡単に記しておきたい[28]。19世紀初頭にロシアは主に皮製品と金属をアジアに輸出したが，19世紀半ばに綿織物や毛織物等の完成品が増加する。一方，アジアからの輸入については，19世紀初頭に綿織物や絹織物等の完成品輸入が多かったが，19世紀半ばに清の茶に代表される食料品輸入が増える。

以上が，19世紀前半におけるロシアの貿易構造の特徴である。ロシアの貿易額全体から見れば，ロシアとアジアの貿易額は確かに僅かな割合であり，重要性が低いと判断することもできる。しかし，アジアはロシアの工業製品を輸入した唯一の地域であり，19世紀前半のアジアとの貿易は，ロシアの工業化の進展を明確に反映するため，ロシアの工業化を検討する際，重要になると思われる。では次に，19世紀前半におけるロシアとアジアの貿易内容を詳細に検討していきたい。

### 2．19世紀前半におけるロシアの対アジア貿易（1800-1860年）

19世紀前半には，ロシア国内で初期工業化が進行するが，それはロシアとアジアの貿易内容にも影響を与えた。19世紀初頭から1850年代末までの貿易内容の変化を検討すれば，ロシアとアジアの関係が劇的に変化したことが確認できる。本節では，1800～1860年までのロシアとアジアの貿易を輸出と輸入に分け，この時期の工業化が貿易の内訳にどのような影響を及ぼしたかを，貿易内容の変化から概観してみたい。

---

28) Blackwell, W. L., op. cit, pp. 432-433.

## a）19世紀前半におけるロシアのアジア向け輸出

19世紀前半（1800-1860年）を通じて，ロシアのアジア向け輸出は4倍以上に増加し，輸出は活況を呈する[29]。しかし，この時期を通じて，ロシアの輸出商品が全て同じ割合で増加したわけではなく，商品により増加率は異なった。ここでは19世紀の代表的な4品目，すなわち，皮製品，金属，完成品から綿織物と毛織物を取り出し，その変化を確認したい（グラフ1-3）。

皮革と毛皮から成るロシアの皮製品は，ロシアの伝統的な輸出商品であり，19世紀以前からアジアに輸出されていた。19世紀初頭に皮製品はアジア向け輸出全体の80％以上を占め[30]，ロシアの最も代表的な輸出商品だった。だが，時期が経過するにつれ，皮製品は1840年に24.7％，1860年に13％と，貿易全体に占める割合は低下し，19世紀半ばには代表的な輸出商品ではなくなる[31]。ロシアの伝統的な輸出商品として，もう一つ金属がある。金属も19世紀初頭から輸出されており，代表的輸出商品であった。アジア向け輸出に占める金属の割合は1802年に3.8％，1840年に5％，1860年に4.4％と，19世紀前半を通じて常に4％前後で安定した割合を維持し，著しい変化は見られない[32]。

最後に，工業製品を示す完成品を取り上げたい。皮製品や金属と異な

---

29) *Ibid.,* pp. 432-433.

30) Рожкова, М. К., *Экономическая политика царского правительства на среднем востоке во второй четверти XIX века и царская буржуазия*, Москва: Изд-во Академии наук СССР, 1949, с. 38, 68, 69, 182. 本書で度々引用するロシュコヴァ（Рожкова, М. К.）は，ロシアでは旧ソ連時代に活躍した経済史家，リャシチェンコ（Лященко, П. И.），フローモフ（Хромов, П. А.）と並ぶ代表的学者だが，残念なことに日本では余り知られていない。彼女の代表的な著作と生涯に関して，次の研究ノートを作成した。塩谷昌史「ロシュコヴァの現代的意義について」，『東北アジア研究』第4号，東北大学東北アジア研究センター，2000年，109-126頁。

31) Департамент внешней торговли, *Государственная внешняя торговля в разных ее видах, за 1831-1860*, СПБ, 1832-1861.「様々な視点から検討した（ロシア）国家の外国貿易」は，19世紀前半を通じて毎年刊行された貿易統計である。この統計資料の1831～1860年版は，有馬達郎氏の御尽力によりマイクロフィルム化，あるいは，コピーされたものが農林水産政策研究所（旧農林省農業総合研究所）に所蔵され，閲覧可能な状況にある。本書では，1831～1860年の統計データと，その加工は，この研究所で閲覧した貿易統計に基づく。

32) 1802年の数値は，Рожкова, М. К., *Экономическая политика царского правительства на среднем востоке во второй четверти 19 века и царская буржуазия*, с. 38, 68, 69, 132 に，1840年と1860年については，*Государственная внешняя торговля в разных ее видах, за 1831-1860*, СПБ, 1832-1861 に基づく。

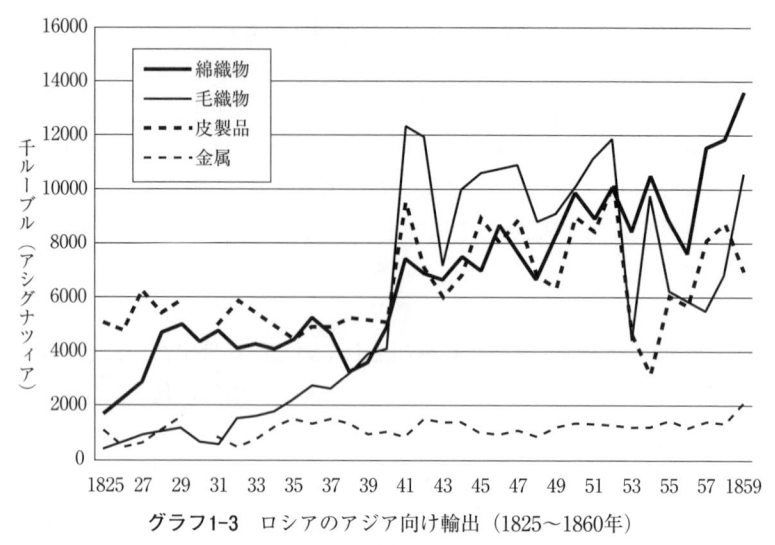

**グラフ1-3　ロシアのアジア向け輸出（1825〜1860年）**

注1）　このグラフは1802〜1830年については Рожкова, М. К., Экономическая политика царского правительства на среднем востоке во второй четверти XIX века и русская буржуазия, Москва, 1948, c. 38, 68, 69, 182 より, 1831〜60年については, Департамент внешней торговли, Государственная внешняя торговля в разных ее видах, за 1831-1860, Санкт-Петербург, 1832-1861 より作成。

注2）　1802〜1839年までがアシグナツィア（ассигнация）であり，1840年以後が銀ルーブルで，元のデータは貿易統計に掲載されている。1銀ルーブル＝3.5アシグナツィア・ルーブルとして，銀ルーブル（1840〜1860）のデータをアシグナツィア・ルーブルに変換し，時系列でグラフを示した。

注3）　選択した主要輸出品「綿織物」，「毛織物」，「皮製品」，「金属」について説明しておきたい。「綿織物」の項目には，「完成品」の「綿製品」（бумажная изделия）を挙げた。本稿では，毛織物との対応を考慮して，（бумажная изделия）を「綿織物」と訳している。「毛織物」の項目には，同じく「完成品」の「ロシアで生産された毛織物」（сукно Российских фабрики）を挙げており，「毛織物」にはポーランド製の毛織物は含まれていない。「皮製品」の項目には，「原料・中間製品」の皮（кожи）と「様々な商品」の「柔らかな古着」（мягкие рухляди）を合計した額を挙げている。「皮」（кожи）にはロシア革（юфть），なめし皮（разные выделанные кожи），仕上げ半ばの皮（сырые невыделанные кожи）が含まれている。「金属」の項目には，「原料・中間製品」の「原料としての金属」（металлы не в деле）を挙げた。「原料としての金属」の中には，「銅」（медь），「鉄」（железо），「その他の金属」（разный），「金糸」（пряденное золото）が含まれている。

り，19世紀初頭にアジア向け輸出に占める完成品の割合は10％未満であり，従来はロシアの代表的な輸出品目ではなかった。だが19世紀前半を通じて，ロシア国内で進行する初期工業化を反映し，完成品の割合は1840年に53％，1860年に61.7％と上昇し，1860年に完成品が伝統的輸出品目を超え，アジア向け輸出で代表的品目になる[33]。

19世紀前半に輸出された完成品の中で，綿織物（хлопчатобумажные

изделия）と毛織物（сукно）の二つが代表的製品になる。19世紀初頭に両製品とも輸出されていないか，輸出されていても僅かな額に過ぎなかった。しかし，1830年以降，両製品の輸出は急速に成長し，二つの製品だけでアジア向け完成品輸出の70％を超え，皮製品に代わりロシアの主要輸出品目になる[34]。完成品の中で綿織物は最重要製品になるが，1807年頃までアジアに輸出されていなかった。1825年以降，綿織物輸出は急速に増加し，アジア向け輸出全体に占める綿織物の割合は，1840年に24％，1860年に29％と上昇し，輸出全体に占める比重は劇的に高まる[35]。1820年代前半を基準にすれば，ロシアの綿織物生産は，1840年代前半に2倍に，1850年代後半に3倍に成長し[36]，ロシア綿工業は飛躍的に発展する。アジア向け綿織物輸出の成長は，明らかに国内の綿工業の発展と相関関係にあり，綿織物輸出は国内の綿工業の発展に支えられて増加する。

　毛織物は，ロシアの完成品を代表する，もう一つの製品であった。綿織物とは異なり，19世紀初頭に毛織物は既にアジアに僅かだが輸出されていた。だが1832年以降，毛織物輸出は急速に高まり，アジア向け輸出全体に占める毛織物の割合は，1840年に20％，1860年に22.3％に達し，綿織物に次ぐロシアの代表的輸出商品になる[37]。国内の毛織物業に注目すると，19世紀前半に企業数は約3倍に，労働者数は2倍以上に増加する[38]。毛織物輸出もロシア国内の毛織物業の発展に支えられて成長する。

　19世紀前半のロシアのアジア向け輸出に占める輸出品目の変化をまとめると，ロシアの伝統的輸出商品である皮製品と金属は，19世紀初頭に示した割合を維持するか，あるいは失うように，輸出品目としての重要性は高まらなかったが，綿織物や毛織物等の完成品は伝統的輸出商品に代わり，ロシアの代表的輸出商品になる。19世紀初頭にロシアの完成品はアジアに輸出されなかったか，輸出されたとしても僅かな額であったにもかかわらず，ロシア国内における初期工業化の進行を反映し，19世

33）　*Государственная внешняя торговля в разных ее видах, за 1831-1860.*
34）　Там же.
35）　有馬達郎『ロシア工業史研究』129，255頁
36）　同上書，119頁
37）　*Государственная внешняя торговля в разных ее видах, за 1831-1860.*
38）　Хромов, П. А., *Экономическое Развитие России в 19-20 веках,* с. 27-32.

紀半ばに最重要の輸出品目として前面に躍り出る。

### b）19世紀前半におけるロシアのアジアからの輸入

19世紀前半（1800-1860年）を通じて，ロシアのアジアからの輸入額は4倍以上に増加する。この時期，ロシアのアジアからの輸入額は，常に輸出額を上回り，貿易収支は入超を記録し続ける。ロシアのアジアからの輸入については，食料品，原料・中間製品，完成品の三項目に分類し，各項目の変化を検討したい。各項目の変化を具体的に示すため，それぞれの項目から茶，綿糸・原綿，綿織物を取り上げ表にまとめた（グラフ1-4）。

三項目の中では食料品が最重要であった。アジアからの輸入全体に占める食料品の割合は最大であり，1802年に25.3％を示し，1840年に35.1％，1860年に42％と一貫して上昇を続ける[39]。食料品の内訳は，茶，砂糖，香辛料，果物等であった。清の茶は輸入全体の約30％を占め，アジアの食料品の中でも，輸入額に占める茶の割合が最大であり，茶の輸入が食料品全体の輸入額を押し上げたと言える。

次にアジアからの完成品輸入を取り上げる。アジア向け輸出の項で既に触れたように，19世紀初頭にロシアの工業はまだ発展しておらず，ロシアの誇るべき完成品（изделие）は無かった。逆にロシアは，アジアから多くの完成品を輸入していた。この完成品輸入の中で，綿織物が最も代表的な品目であった。19世紀前半を通じて，完成品輸入に占める綿織物の割合は60％を常に超え，輸入された完成品は綿織物と考えても誤りではない[40]。ロシアがアジア製綿織物を輸入したことは，近代的綿工業がロシアに先駆けてアジアで発展したことを意味しない。古来アジアに綿業が在来産業として存在し，ロシアは伝統産業の製品としてアジア製綿織物を輸入した。18世紀末以降，ロシアは西ヨーロッパから綿織物を大量に輸入するため，綿織物輸入全体に占めるアジア製品の割合は低

---

39）1802年の数値は，Рожкова, М. К., *Экономическая политика царского правительства на среднем востоке во второй четверти 19 века и царская буржуазия*, с. 38, 68, 69, 132 に，1840年と1860年については，*Государственная внешняя торговля в разных ее видах, за 1831-1860* に基づく。

40）*Государственная внешняя торговля в разных ее видах, за 1831-1860.*

第 1 章　ロシア綿工業の発展とアジア向け綿織物輸出　　49

**グラフ1-4　ロシアのアジアからの輸入**

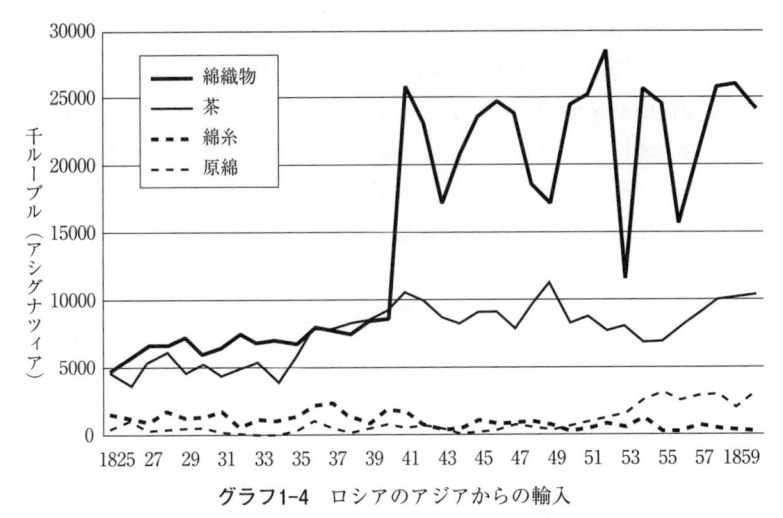

注 1 ）　この表は，1802～1830年については，Рожкова, М. К., *Экономическая политика царского правительства на среднем востоке во второй четверти XIX века и русская буржуазия*, Москва, 1949, с. 40, 72, 186 より，1831～60 年 に つ い て は，Департамент внешней торговли, *Государственная внешняя торговля в разных ее видах, за 1831-1860*, Санкт-Петербург, 1832-1861 より作成。

注 2 ）　1802～1839年までがアシグナツィア（ассигнация）であり，1840年以後が銀ルーブルで，元のデータは貿易統計に掲載されている。1 銀ルーブル＝3.5アシグナツィア・ルーブルとして，銀ルーブル（1840～1860）で掲載されたデータを，アシグナツィア・ルーブルに変換し，グラフを時系列で示した。

注 3 ）　選択した主要輸入品「綿織物」，「茶」，「綿糸」，「原綿」について説明しておきたい。「綿織物」の項目には「完成品」の「綿製品」（бумажные изделия）を挙げた。グラフ1-3の注でも説明したように，本稿では（бумажные изделия）を「綿織物」と訳している。「茶」の項目には「食料品」の「茶」（чай）を挙げた。「綿糸」の項目には「原料・中間製品」の綿糸（пряденные бумаги）を挙げている。「綿糸」には「白色綿糸」（белые пряденные бумаги）と「染色綿糸」（крашенные пряденные бумаги）が含まれる。「原綿」の項目には「原料・中間製品」の「原綿」（хлопчатые бумаги）を挙げた。

下するが，一定程度の輸入は継続される。しかし時期が下るにつれ，アジアからの輸入に占める完成品の割合は，1802年の46.4％から，1840年に34.7％，1860年に18.7％と減少し重要性を失う[41]。

最後に，半製品（полуфабрикаты）・原料（сырье）の項目に移ろう。主に絹原料，綿糸，原綿が半製品・原料の項目に含まれる。これは，工

---

41）　1802年の数値は，Рожкова, М. К., *Экономическая политика царского правительства на среднем востоке во второй четверти 19 века и царская буржуазия*, с. 38, 68, 69, 132 に，1840 年と1860年については，*Государственная внешняя торговля в разных ее видах, за 1831-1860* に基づく。

業製品を生産する際の原料を意味する。アジアからの輸入に占める半製品・原料の割合は，1802年に19.3％，1840年に15.3％，1860年に10％と，やや減少傾向を示す[42]。ロシアの工業化が進展するにつれ，半製品・原料輸入の必要性が高まるため，この項目の割合が上昇するのは自然であるが，この時期にロシアは，主に欧米に工業原料を依存したため，国内の工業化に伴い，アジアから半製品・原料の輸入が急増することはなかった。

19世紀前半のアジアからの輸入の特徴をまとめたい。ロシアの輸入を食料品，半製品・原料，完成品の3項目に分類すれば，清の茶を代表とする食料品が，この時期を通じて最も成長した。19世紀初頭に，輸入全体に占める食料品の割合は25％程度だったが，1860年頃に約40％に上昇する。他方，食料品とは逆に，綿織物に代表される完成品の輸入割合は減少する。これは，19世紀前半にロシア国内で初期工業化が進み，国内で完成品が自給可能になり，ロシアはアジアから完成品を輸入する必要がなくなったことを意味する。逆に，アジア向け輸出の項で触れたように，ロシアの完成品輸出，特に綿織物と毛織物の輸出が急成長する。アジアからの半製品・原料の輸入は時期全体を通じて，やや減少した。

19世紀前半のロシアとアジア間の貿易を通じて，輸出では，綿織物と毛織物など完成品が急速に増加し，輸入では，綿織物に代表される完成品が急速に減少したことが明らかになった。これは，ロシアが急速に工業国としての性格を示すようになったことを意味する。完成品の輸出入では，輸出に占める綿織物の割合の増加と，輸入に占める綿織物の割合の減少が顕著であり，ロシア綿工業の発展により，綿織物の輸出入の関係が逆転した（グラフ1-5）。

---

42) 1802年の数値は，Рожкова, М. К., Экономическая политика царского правительства на среднем востоке во второй четверти 19 века и царская буржуазия, с. 38, 68, 69, 132 に，1840年と1860年については Государственная внешняя торговля в разных ее видах, за 1831-1860 に基づく。

第1章　ロシア綿工業の発展とアジア向け綿織物輸出　　　51

**グラフ1-5　ロシアとアジアとの綿織物貿易（1831～1860）**

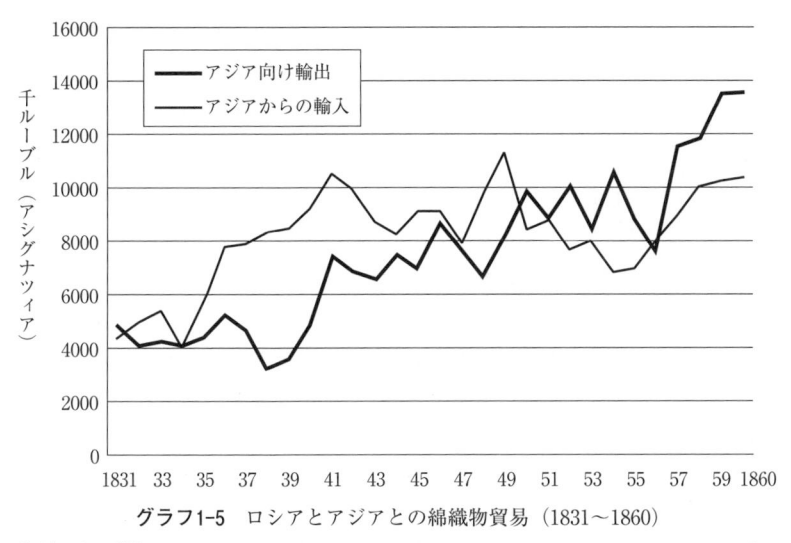

注1）　この表はДепартамент внешней торговли, *Государственная внешняя торговля в разных ее видах, за 1831-1860*, Санкт-Петербург, 1832-1861. より作成。
注2）　1831～39年までがアシグナツィア（ассигнация）で，1840年以後が銀ルーブルで，元のデータは貿易統計に掲載されているが，1銀ルーブル＝3.5アシグナツィア・ルーブルとして，銀ルーブル（1840～1860）のデータをアシグナツィア・ルーブルに変換し，グラフを時系列で示した。

## Ⅳ　ロシアのアジア向け綿織物輸出

### 1．ロシアが綿織物を輸出した背景

　19世紀前半を通じて，ロシア製綿織物が国内の綿工業の成長を反映し，ロシアのアジア向け輸出の中で，代表的な輸出商品として割合が高まったことを，Ⅲ節で指摘したが，ここで綿織物の輸出額の成長について確認しておきたい。まず，アジア以外の地域も含めた，ロシアの綿織物輸出額全体の伸びは，本格的に綿織物輸出が始まる1825年から1860年に，約3倍に増加する[43]。しかし，アジア域外のロシア製綿織物の輸出額は小さく，特に1831年以後は，ロシアの綿織物輸出の90％以上がアジア向

---
43）　有馬達郎『ロシア工業史研究』129，255頁。

けであり，ロシアの綿工業がどれほど生産を高めても，西ヨーロッパへの輸出は全く成長しなかった[44]。

　ここで，なぜロシアは19世紀前半にアジア向け綿織物輸出を開始したのかを，考えてみたい。従来の停滞したアジア像を前提とすれば，アジア地域の国民所得は非常に低いため，ロシアがアジア地域に綿織物を輸出したところで，その輸出から得られる利益は小さいため，ロシアは綿織物の国内市場が飽和した後に，余剰綿織物の販売市場としてアジア市場を念頭に入れ，輸出を促進したと考えるのが自然である。だが，この推論は事実と矛盾する。実際には，ロシア製綿織物が十分国内市場に供給される前に，アジア向け輸出が始まった。例えば1850年代初頭，ロシア国民一人当たりの綿布消費量は0.87ポンドであった。同時期の最大の綿織物生産国は英国だったが，英国国民の一人当たり綿布消費量は8.00ポンドであり，ロシアと英国の差は9倍に達した[45]。英国と比べてロシアの綿布消費量は少ないため，綿織物が十分にロシア全体に供給されたとは考えにくい。そうだとすれば，ロシア製綿織物は国内市場で飽和する前に，アジア向け綿織物輸出が始まったことになる。では，なぜロシアはアジアに綿織物を輸出したのか，という疑問が生じる。この問いに答えるには，19世紀前半のロシアの国内事情を説明する必要がある。

　19世紀前半にはロシアに農奴制が存続しており，農奴解放直前の時期（1858～59年）でさえ，ロシア人口全体に占める農奴は約40％[46]と大きな割合を占めた。農奴には領主から農奴身分を買い戻したり，農奴企業家として事業を起こす裕福な者もいたが，そのような農奴は少数派であり，農奴全体として購買力は低かったと思われる[47]。19世紀前半にロシア綿工業の発展により，綿織物は従来と比べれば格段に安価になり，農民層が購入できるまで消費者層の幅が広がった。だが，農村の自給自足中心の経済と，市場経済の未発達が，更なる消費者層の拡大の障害となり，

---

44）　同上書，129，255頁。
45）　De Tegoborski, op. cit., p. 61.
46）　岩間徹編『ロシア史』山川出版社，1979年，297頁。
47）　増田富壽『ロシヤ農村社会の近代化過程』御茶の水書房，1858年，232頁。19世紀前半に黒土地帯の農奴の70％以上，非黒土地帯の41.1％が賦役農であったため，農奴が日常生活で通貨を利用していた可能性は低く，大部分の農奴は消費財を貨幣で購入できる環境になかったと考えられる。

綿工業は生産能力を十分に発揮できなかった。そこで，ロシアの企業家は，国内市場で吸収されない余剰綿織物を販売するため，アジア向け輸出に着手したと考えられる。

1833年に当時の大蔵大臣 E. カンクリンが，ロシアの将来の展望について報告書をまとめている。その中で，ロシアの企業家は，国内市場が狭いため工業製品が十分に売れないと不満を述べており，販売市場を確保するため，ロシアは今後アジア向け製品輸出に取り組むべきだとカンクリンは書いている[48]。このアジア向け製品輸出は，ロシアの工業製品全体の問題として触れられているが，国内市場での綿織物の販売不振も，もちろん念頭に置かれていると見てよい。綿工業だけでなく他の産業を含め，19世紀前半にロシアは初期工業化を実現したが，その工業化のスピードは速く，国内の生産力は国内需要を遥かに上回り，生産余剰が生まれた。そこで政府は，工業化のスピードを抑える政策を実施する一方，他方で，アジア向け工業製品輸出を促進するため，ロシアの企業家のアジア向け工業製品輸出に関わる事業を，間接的に支援する[49]。

狭隘な国内市場を遥かに上回る生産力を備えた，ロシア綿工業にとって，アジア市場は，余剰製品を輸出可能な地域という理由で重要な意義を持っていた。綿工業の生産は，紡績，織布，捺染の三工程から成るが，捺染業に占めるアジア向け綿織物の輸出額の割合は，1860年に約20％を示し[50]，アジア市場は，ロシア綿工業にとって明らかに重要な市場であった。

---

[48] Рожкова, М. К., 'Русские фабриканты и рынки среднего востока во второй четверти 19 века', *Исторические Записки*, т. 27, 1948, с. 143.

[49] Там же, с. 143. ロシア政府は工業化のスピードを抑えるため，全ロシア工業展示会の開催を，従来の2年に1度から4年に1度に変更する一方，国外向け工業製品の輸出事業を支援するため，ロシアの企業家がペルシア・オスマン帝国との貿易会社を設立することを承認する。

[50] Blackwell, W. L., p. 424 と有馬達郎『ロシア工業史研究』129, 255頁より算出。アジアに輸出された綿織物は更紗が中心だったため，国内の捺染業の生産額と，アジアに輸出された綿製品の総額を比較するのが適切だと考えられる。

## 2．アジア向け綿織物輸出の増加

　これまでアジア地域を全体として論じてきたが，ここでアジアをいくつかの地域に分類し，ロシアの綿織物が，それぞれの地域に，どの程度輸出されたのかを検討してみたい。本書では，ロシアの綿織物が輸出されたアジア地域を，①ペルシア・オスマン帝国，②中央アジア，③清の三つの地域に分類する。ロシアのアジア向け綿織物輸出で，それぞれの地域がどのような位置づけにあったのかを示したい（グラフ1-6）。なお，1840年に紙幣ルーブルがアシグナツィアから銀ルーブルに変更されるため，グラフでは，銀ルーブルの値をアシグナツィアに換算し，時系列で変化が見えるようにした。19世紀前半にロシアの綿織物輸出に占める三地域の地位は，時間の経過と共に変わるが，中央アジアが最も安定した地位を維持する。ロシアから中央アジアへの綿織物輸出額は変化するものの，時期全体として約50％以上を占める[51]。ロシアの中央アジア向け輸出は時期によって，アジア向け綿織物輸出の70％に達することもあり，中央アジアはロシアの最重要の販売市場だった。

　1820年代後半にペルシア・オスマン帝国地域は，綿織物輸出の50％近くを占め，重要な販売市場だった。だが，1830年代以降ペルシア・オスマン帝国向け輸出は減少し続け，1840年代以後は5％未満となり，ペルシア・オスマン帝国市場の重要性は失われる[52]。清の市場は逆の傾向を示しており，1820年代後半に清向け輸出は，アジア向け綿織物輸出に占める割合は5％に満たなかったが，1840年代から1850年代前半に，中央アジアと並んで50％程度を占め，市場として重要性が高まる[53]。しかしそれ以降，割合として清の重要性は再び小さくなる。19世紀前半にロシアは国内の余剰綿織物を販売するため，①ペルシア・オスマン帝国，②中央アジア，③清への輸出を積極的に試みたが，清国内の反乱という経

---

　　51)　*Государственная внешняя торговля в разных ее видах, за 1831-1860.*

　　52)　Там же. 1840年代以降，ロシアのペルシア・オスマン帝国向け綿織物輸出が減少したのは，この地域に英国の綿織物が積極的に輸出され，その影響により，ロシア製綿織物が販売市場を失ったことによる。ペルシア・オスマン帝国向け綿織物輸出の減少は経済的要因であった。

　　53)　Там же.

第1章　ロシア綿工業の発展とアジア向け綿織物輸出

**グラフ1-6**　ロシアのアジア向け綿織物輸出（1831～1860）

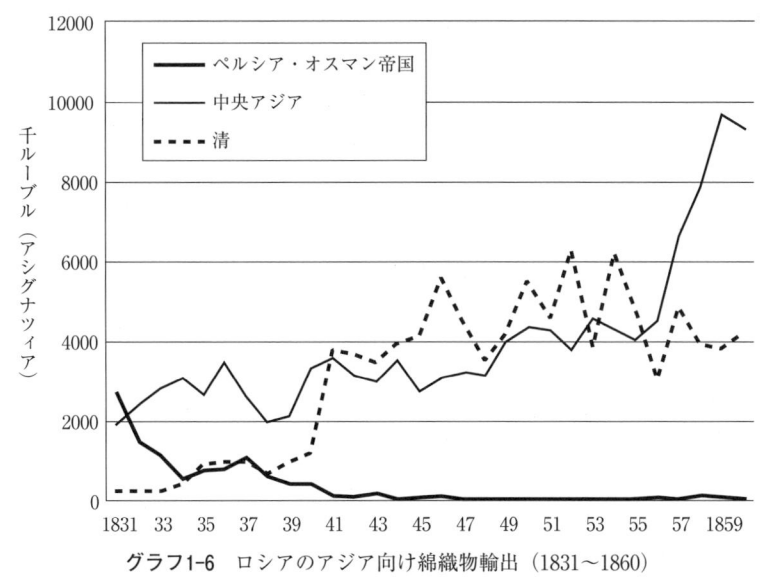

注1）　1831～1860年については，Департамент внешней торговли, *Государственная внешняя торговля в разных ее видах, за 1831-1860*, Санкт-Петербург, 1832-1861. より作成。

注2）　1831～1839年までがアシグナツィア（ассигнация）で，1840年以後，銀ルーブルとして，元のデータは貿易統計に掲載されているが，1銀ルーブル＝3.5アシグナツィア・ルーブルとして，銀ルーブル（1840～1860）のデータをアシグナツィア・ルーブルに変換し，グラフを時系列で示した。

注3）　本稿ではアジアを便宜上三地域に分類したが，ロシアの貿易統計で三地域に分類されているわけではなく，筆者が独自に加工したものである。ロシアの綿織物輸出がアジアの各国別に示されるのは，1833年以降であるため，それ以前にロシア綿織物がどの国にどの程度輸出されたかを正確に把握することはできない。しかし，政府貿易統計には，どの税関を通じて綿織物が輸出されたかは掲載されているので，1831年と1832年については税関を手掛かりにして，アジア向けの綿織物輸出を分類した。ロシアのアジア向け輸出データは主に四つの税関別，すなわち，①「カスピ海経由」（по Каспийскому морю），②「カスピ海からセミパラチンスクまでのアジア陸上境界経由」（по Азиатской сухопутной границе, от Каспийского моря до Семипалатинска），③「キャフタ貿易経由」（по Кяхтинской торговле），④「グルジア経由の貿易」（Торговля по Грузии）に分けて掲載されている。主に①のカスピ海経由はペルシアに，②のアジア陸上境界の経由は中央アジア地域に，③のキャフタ貿易は清に，④のグルジア経由貿易はオスマン帝国に輸出されていたので，①と④の綿織物輸出額を「ペルシア・オスマン帝国」に，②を「中央アジア地域」に，③を「清」に本稿では分類した。1833年以後には政府貿易統計にアジア向け綿織物輸出データが国別に掲載されており，8項目に分類されている。すなわち，「アジア系トルコ」（в Азиатскую Турцию），「ペルシア」（Персию），「ヒヴァ汗国」（Хиву），「キルギス草原」（Киргизскую），「ブハラ汗国」（Бухарию），「コーカンド汗国」（Кокантъ），「清（中国）」（Китай），「その他」（разныя места）に分類されて掲載されている。本稿では「アジア系トルコ」と「ペルシア」を「ペルシア・オスマン帝国」に，「ヒヴァ汗国」と「キルギス草原」と「ブハラ汗国」と「コーカンド汗国」を「中央アジア」にまとめた。「清」は，政府統計の「清（中国）」の項目をそのまま掲載している。

済外的要因や，ペルシア・オスマン帝国での外国製綿織物との競争等の影響を被り，ロシア製綿織物の主要な市場は，結果として中央アジアのみとなる。このことは，ロシアにとって中央アジアが，例外的に好条件を備えていたことを意味しない。次節で検討するように，1830年代に英国製綿織物が中央アジアに輸出されたため，ロシア製綿織物は実際に現地の販売市場を失う可能性もあった。だが，ロシア製綿織物は現地市場で競争力を維持した。その理由の一つとして，ロシアの企業家が，現地の消費者の嗜好に配慮した点を指摘しておきたい。

ロシアから中央アジアに輸出された綿織物は主に更紗（ситец）であり[54]，既に染色済みの製品であったため，更紗のデザインは製品の販売を左右する上で重要な要因となった。ロシアの企業家が綿織物を輸出する際，更紗のデザインは最も配慮すべき要素の一つだったと考えられる。ロシアの企業家は実際に，更紗のデザインに特に配慮して，国内市場向け綿織物とは別に，アジア向けに特化した製品を開発し，その製品を輸出した。モスクワ在住のアストラハン商人，A. コドルベーエフが，中央アジア向け綿織物の開発をロシアで最初に試みた。1829～30年に彼は，当時中央アジアで生産された綿織物をモデルに，中央アジアの消費者の嗜好に特化した綿織物製品を考案し，モスクワのグチュコフ工場で生産を開始する[55]。

また時期は下るが，ウラジーミル県で綿紡績工場を経営するバラノフとズーボフは，1844年にロストフ商人と共に，ロシアの工業製品を中央アジアに輸出する会社を設立する。彼らは事前にロシア政府の了解を得ずに，独自のイニシアチブで貿易業務を企画し，ヒヴァで通商活動を始め，後にブハラで貿易を行い，タシケントとコーカンドでも取引を拡大

---

54) Owen, T. C., "Entrepreneurship and the Structure of Enterprise in Russia, 1800-1880", in Guroff, G. and Carstensen, F. V. (eds) *Entrepreneurship in Imperial Russia and the Soviet Union*, Princeton University Press, 1983, p. 77.

55) Рожкова, М. К., Русские фабриканты и рынки среднего востока во второй четверти XIX века, c. 147. グチュコフ工場で染色された綿製品のデザインは，ブハラの織物の1種類バフタ（бахта）を模倣したものと思われる。ウラジーミル県のイヴァノヴォでは，すでに18世紀後半に高価なアジア製綿織物のデザインは，ロシアの職人により様々な装飾芸術に応用され，特にアジアの絹織物模様「アブローヴィ（абровый）」のデザインの模倣は18世紀後半に普及する。アジア製綿織物のデザインの特徴は，色模様を縦筋あるいは市松模様で配置することにある。

し，1846年に15万ルーブルのロシア工業製品を輸出した。彼らは中央アジア向け綿織物輸出を促すため，中央アジアの消費者層に製品が受け入れられるよう，現地で魅力的と思われるデザインを基に，現地に特化した製品をウラジーミル県の工場で生産する[56]。このようにロシアの中央アジア向け綿織物輸出は，好条件に巡り合って偶然に成長したのではなく，ロシアの企業家の努力も，輸出を促す重要な要因の一つだったと考えられる。

### 3．中央アジア綿織物市場における露英競争

19世紀前半に中央アジアは，ロシア綿織物の重要な輸出先だった。だが，中央アジアに綿織物を輸出したのはロシアだけでなく，英国もロシアに遅れて中央アジアに輸出を開始する。19世紀初頭より英国はインドを植民地化し，更にその勢力をカシミール地域やアフガニスタンに拡大するが，1830年代からカシミールとカブール経由で現地の商人を通じて，英国製綿織物を中央アジアに輸出し始める[57]。英国製綿織物の中央アジア向け輸出の開始により，ロシア製綿織物が中央アジアで販売市場を失うのではないかと，ロシアは当初危機感を抱いた[58]。1830年代にロシア綿工業はまだ綿糸を完全に自給生産できず，英国から相当量の綿糸を輸入していた。当時，ロシア綿工業は英国綿工業の生産力とは比較にならず，ロシア製品が英国製品との価格競争力で競合できない状況が生じても不思議ではなかった。

---

56) Там же, с. 162. 19世紀半ばに，バラノフ工場が生産した綿織物は，主に農民の需要に応えるものであり，赤色を基調とした更紗が代表的だった。だが，中央アジアで人気のある綿織物は赤-ピンク模様の付いている藍色の捺染デザインであった（Арсеньева, Е. В., *Ивановские Ситцы XVIII-начала XX века*, Ленинград: Художник РСФСР, 1983, с. 32）。中央アジアでロシア更紗がどのように使用されたかは，第7章で検討する。当時のロシア農民は主にルバシカ（рубаха），サラファーン：ロシアの女性用民族衣装（сарафан），前掛け（передник）等に利用した。19世紀前半に，ロシア農民は肌着や夏服は麻布を基に，家庭で自給するのが普通であり，彼らは更紗を下着でなく上着として使用した。19世紀の農民の服装については次の文献が参考になる。Соснина, Н., Шагина, И., *Русский традиционный костюм*, Санкт-Петербург: Искусство-СПБ, 1998.

57) Рожкова, М. К., *Экономическая политика царского правительства на среднем востоке во второй четверти 19 века и русская буржуазия*, с. 220.

58) Там же, с. 229.

しかし，当初のロシア側の危惧とは逆に，1830年代の中央アジア市場で，ロシア製綿織物が実際には価格の上で英国製品よりも優位に立つ[59]。それは，ロシア綿工業の生産力が急成長したというよりも，中央アジアがインドおよびアフガニスタンから山脈により隔てられているため，流通コストがかかったからではないかと思われる。ロシアの外国貿易局の年次報告によれば，英国製品がロシアの中央アジア向け綿織物輸出に否定的な影響を与えたのは，1830年代に一度限りである[60]ことから，この時期，ロシア製品に対する英国製綿織物の影響はほとんど無かったと考えられる。

ところが1840年代に事情は変わり，英国製綿織物の価格がロシア製品よりも安価になり，ロシア製綿織物輸出に悪影響を与える[61]。既に触れたように，この時期ロシアの中央アジア向け綿織物輸出は一貫して成長しており，英国製綿織物の影響が無かったかの印象を与えるが，この中央アジアは，更にカザフスタンと中央アジア諸汗国に分けられる。ロシア製綿織物の輸出が伸びたのは，主にカザフスタンであり，中央アジア諸汗国に注目すれば，1840年代から1850年代にロシア製綿織物輸出は減少する（グラフ1-7）。しかし英国製品により，ロシア製綿織物は壊滅的影響は被らず，一定程度の輸出を維持する。

ここで注意しなければならないのは，中央アジアの綿織物市場は一様ではなく，英国製品とロシア製品が複数の綿織物市場で競合したことである。ロシアが打撃を被ったのは，綿織物の中でもモスリン（кисея）であり，更紗（ситец）ではなかった[62]。中央アジア諸汗国にはイスラム教徒が多く，男性が頭にターバンを巻く習慣があり，そのターバンを作る際の布地として，モスリンが使用されることが多かった。当初，ロシアからもモスリンを中央アジア諸汗国に輸出したが，英国モスリンは高番手綿製品の一つであり，当時のロシア製モスリンは，品質の点で英国製品と競合できず，ロシアは結果としてモスリンの販売市場を失った。

---

59) Там же, с. 226.

60) Там же, с. 224.

61) Рожкова, М. К., *Экономические связи России со Средней Азией 40-60е годы 19 века*, Москва: Академии наук СССР, 1963, с. 52, 60.

62) Там же, с. 99.

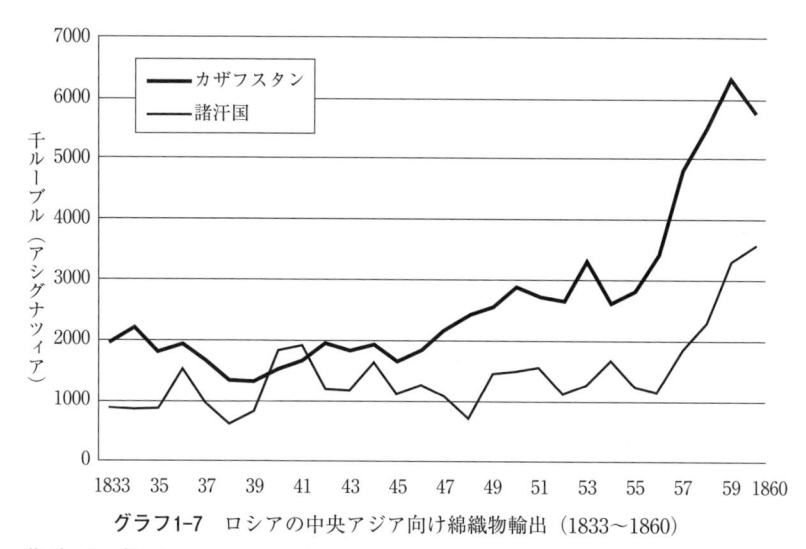

第 1 章　ロシア綿工業の発展とアジア向け綿織物輸出　　59

**グラフ1-7　ロシアの中央アジア向け綿織物輸出（1833〜1860）**

注1）　この表は Департамент внешней торговли, *Государственная внешняя торговля в разных ее видах, за 1831-1860.* より作成。

注2）　1833〜1839年までがアシグナツィア（ассигнация）で，1840年以後が銀ルーブルで，貿易統計に元のデータが掲載されている。1銀ルーブル＝3.5アシグナツィア・ルーブルとして，銀ルーブル（1840〜1860）のデータをアシグナツィア・ルーブルに変換し，グラフを時系列で示した。

注3）　グラフ1-6の注でもすでに触れたように，1833年以後には，貿易統計にアジア向け綿織物輸出のデータが国別に掲載されており，8項目に分類されている。すなわち，「アジア系トルコ」（В Азиатскую Турцию），「ヒヴァ汗国」（Хиву），「キルギス草原」（Киргизскую степь），「ブハラ汗国」（Бухарью），「コーカンド汗国」（Коканть），「清」（Китай），「その他」（разныя места）に分類され，掲載されている。グラフ1-7では，「キルギス草原」を「カザフスタン」として，「ヒヴァ汗国」，「ブハラ汗国」，「コーカンド汗国」をまとめて「諸汗国」として分類した。

　だが更紗市場でロシア製品は，英国製品の影響を受けないどころか，現地の消費者は英国製品よりもロシア製品を好み，市場での安定した地位を築く。したがって，ロシア製品は，英国製品によりモスリン市場で販売不振に陥るが，更紗市場では英国製品により壊滅的影響を被らず，一定程度の輸出を維持した。1850年代後半以後，ロシアの中央アジア諸汗国向け綿織物輸出は急成長し，ロシア製品に対する英国製品の影響は見られなくなる[63]。

---

63）　Там же, с. 99.

## V 結 び

　中央アジアの綿織物市場で，ロシアが安定した地位を得たのは，ロシア製品が英国製品より優れていたというよりも，ロシアの方が現地の消費者の嗜好を把握し，市場に適した製品を開発した要因が大きいと思われる。特に更紗市場で，英国製品よりロシア製品が好まれたのは，現地の消費者がロシア製品のデザインを受け入れたことを示す。それは，ロシアの企業家が，アジア向けに特化した綿織物開発に努めたから可能になったと思われる。主にロシアの中央工業地域が，中央アジアに更紗を輸出したが，当地の企業家は国内向け製品とは別に，中央アジアの嗜好に特化した製品を生産した。このことが，ロシアが中央アジア向け綿織物輸出で，安定した地位を得た大きな要因になったと思われる。
　以上のように考えると，通説の説明は十分ではない。特に，ロシア製綿織物が中央アジア市場で英国製品と競合した事実を，説得力をもって説明できない。したがって，なぜロシア製品はアジアの消費者に支持されたのかを，事実に基づき検討する必要がある。本章では，中央アジアの綿織物市場の更紗市場で，ロシア製品の方が英国製品より消費者に好まれ，安定した地位を得たことを指摘した[64]。次章では，ロシアの中央工業地域の企業家がどのように綿織物生産を発展させるに到ったかを，ウラジーミル県を例に検討し，彼らがペルシアや中央アジアに更紗を輸出した背景を探ってみたい。

---

64) 本章では，ロシアのアジア向け綿織物輸出の経済的側面に焦点を当てるため，政治的側面は扱わなかったが，中央アジア向け綿織物輸出を論じる際，政治的側面は軽視できない。中央アジアは，カザフスタンと諸汗国に大別できるが，1847年にカザフスタンは実質的にロシアに征服される。諸汗国は，コーカンド汗国，ブハラ汗国，ヒヴァ汗国の三つに分けられる。1853年にコーカンド汗国の北部がロシアにより陥落し，その後，1865年に首都タシケントが陥落し，1868年にロシアの保護国となる。同様に，1873年にヒヴァ汗国が，1876年にブハラ汗国が，ロシアの保護国となる。19世紀後半に中央アジアはロシアの植民地になるが，19世紀前半にその前兆がすでに現れる。ロシアの中央アジア向け綿織物輸出が，純粋に商業的目的により成長したと考えるのは難しい。しかし，19世紀のロシアと中央アジアの関係はこれまで，余りにも政治的側面のみで論じられることが多かったため，経済的側面に注目することも必要だと思われる。

# 第2章

## ウラジーミル県（イヴァノヴォ）[1]における更紗生産の発展
――染色工程が牽引する工業化――

## I　はじめに

　18世紀末にロシアの首都，サンクト・ペテルブルク（以下，ペテルブルク）で綿工業が成長し始める。19世紀前半にモスクワ県やウラジーミル県でも綿工業が発展し，ペテルブルク，モスクワ県，ウラジーミル県の三地域がロシア綿工業の拠点となり，初期工業化が進行する[2]。従来，ロシア綿工業史を考察する際，モスクワとウラジーミルを含む，中央工業地域に焦点を当てるか，ロシア綿工業全体を取り上げる手法が一般的であった。ウラジーミル県の綿工業が，郷土史として研究対象になることはあっても，ロシア全体の中で位置づけられることは少なかった[3]。

---

　1）これは，現在のウラジーミル州だけでなく，イヴァノヴォ州やモスクワ州の一部を合わせた広大な領域を含んでいた。
　2）ロシア全体の綿工業の概観については，次の文献が参考になる。Blackwell, W. L., *The Beginnings of Russian Industrialization 1800-1860*, Princeton University Press, 1968; Yatsunsky, V. K., 'The Industrial Revolution in Russia', in William L. Blackwell (ed.), *Russian Economic Development from Peter the Great to Stalin*, New York: New Viewpoints, 1974; Яцунский, В. К., 'Крупная промышленность России в 1790-1860 гг'., под редакцей Рожкова, М. К., *Очерки экономической истории России первой половине XIX века*, Москва: Издательство Социально-Экономической Литературы, 1959.
　3）郷土史の観点から，ウラジーミル県の綿工業を考察した代表的文献は以下の通り。Гарелин, Я. П., *Город Иваново-Вознесенск или Бывшие село Иваново и Вознесенский посад (Владимирской Губернии)*, Часть I, Шуя: Лито-типография Я. И. Борисоглебского, 1884; Балдин, К. Е., Кохова, Л. А., *От кустарного села к индустриальному Мегаполис, Очерки истории текстильной промышленности в селе Иванове-Городе Иваново-Вознесенске*, Иваново: Новая

ウラジーミル県の綿工業の発展は，国際的に見てユニークな事例であり，染色技術の伝播や跨境史の観点から，当該地域の綿工業を再検討する意義は十分にある。

　綿工業の発展を考察する際，第1章で触れたように，紡錘数や織機数のデータに焦点を当て，紡績や織布の生産能力を数量的に検討することがある[4]。綿工業の生産能力を理解する上で，この種のデータは重要だが，生産者側のデータにのみ依拠すると，綿工業の分析対象が供給面に偏り，流通や消費の側面が捨象され，綿工業の包括的理解から遠ざかる。従来のロシア綿工業史研究では，流通や消費の側面に関心が寄せられることは少なかった。だが，今後はこの二つの側面にも着目し，従来と異なる視点から，ロシア綿工業史を検討する必要がある。本章では，綿工業でも特に，消費者需要と密接な関係にある，染色工程と流通に着目する。綿織物は複数種の製品から成るが，当時，捺染綿布（更紗やスカーフ）が，綿織物の売上高全体で最大値を示し，最も消費者を魅了する商品であった[5]。捺染綿布の魅力を左右し，需要を決定づけるのは，製品の柄（デザイン）と染色技術である。染色可能な色が単色から二色，多色刷に移ると，捺染綿布の需要は劇的に高まる。

　三地域の中で，ウラジーミル県の綿工業は染色（捺染）に秀でており，この地域（特にイヴァノヴォ）の綿織物は，ロシア国内に供給されるだけでなく，アジア市場にも輸出された[6]。ウラジーミル県が染色に秀でた理由として，地理的・歴史的要因が挙げられる。ウラジーミル県の周辺は，「黄金の環」と呼ばれる，教会が集中する地域であった。この地域ではロシア正教会との関係により，綿工業が発展する以前から，イコン画が制作され，イコン画制作に関わる染色や柄の技巧が，当地で育ま

---

Ивановская газета, 2004.

　4）生産能力に基づいて，ロシアの綿工業史を分析した代表的文献として以下のものが挙げられる。De Tegoborski, M. L., *Commentaries on the productive forces of Russia*, Vol. II, London, 1856; Хромов, П. А., *Экономическое Развитие России в XIX-XX веках, 1800-1917*, Москва: Государственное Издательство политической лтературы, 1950.

　5）塩谷昌史「19世紀半ばのニジェゴロド定期市における商品取引の構造変化」『社会経済史学』72巻4号，社会経済史学会，2006年，52頁，62頁。

　6）ロシアのアジア向け綿織物輸出については，第1章で詳細に論じた。塩谷昌史「19世紀前半におけるロシア綿工業の発展とアジア向け綿織物輸出」『経済学雑誌』第99巻第3・4号，大阪市立大学経済学会，1998年，38-59頁。

れた。イコン画制作の技術は麻織物の，後に綿織物の染色に応用される[7]。イコン画と綿織物は異なる商品であるが，着色技法の点に共通性が見られる。ウラジーミル県の綿織物は基本的に大衆製品であり，主に農民に利用されたため，従来の綿工業史の研究では，低く評価されたが，イヴァノヴォ更紗の価値は現在，見直されつつあり[8]，ロシア史研究者は，ウラジーミル製綿織物の評価を修正する必要がある。

　紡績と織布工程の成果は，量的に評価し易いが，染色工程の成果は，質的評価が中心となるため扱いにくい。19世紀のロシア綿工業史を検討する際，染色工程を適切に把握するには，化学の知識が必要となる。そのため歴史家は，従来，染色工程に余り着目しなかった[9]。国内外の染色技術では長期にわたり，複数の色を布地に定着させる方法が，克服すべき重要課題であった。中でも，布地を真紅に染める技術を確立するのは，至難を極めた[10]が，この問題は，近代の技術革新により克服される。ロシア綿工業史研究は，すでに膨大に蓄積されているが，歴史家は染料や触媒に余り関心を向けないため，経済史の領域で染色が研究対象となるのは稀である。19世紀以降，染色技術は，化学の進展と並行して進歩するが，従来の綿工業史研究では，染色技術と化学の連環に着目してこなかったように思われる。例えば，硫酸の登場により，漂白工程の時間が短縮され，染色法が刷新される[11]ように，化学は染色工程に多大な影響を及ぼした。

　本章の目的は，農奴解放以前のウラジーミル県の綿工業を，染色と流通の観点から再検討することである。これに際して，ウラジーミル県庁が1838～1917年に発行した，週刊『ウラジーミル県新聞』を基礎資料として利用する[12]。本章では，農奴解放以前の時期に焦点を当てるため，

---

　　7) Шульце-Геверниц, Г., *Крупное производство в России, Московско-Владимирская хлопчатобумажная промышленность*, Москва; Книжное Дело, 1899, с. 26.

　　8) Meller, S., *Russian Textiles, Printed cloth for the bazaars of Central Asia*, New York: Abrams, 2007.

　　9) ただし，美術史の専門家は例外であり，染色技術や化学にも関心を寄せている。例えば，Арсеньева, Е. В., *Ивановские Ситцы XVIII-начала XX века*, Ленинград: Художник РСФСР, 1983.

　　10) Соловьев, В. Л., Болдырева, М. Д., *Ивановские Ситцы*, Москва: Легпромбытиздат, 1987, с. 66.

　　11) Арсеньева, Е. В., *Ивановские Ситцы XVIII-начала XX века*, с. 20.

記事の閲覧を1838～60年の期間に限定した。『ウラジーミル県新聞』の本来の役割は、公的な地域情報を人々に報じ、教会が行う様々な宗教行事や、政令に関する情報を伝えることであった。この新聞には毎回「付録」[13]が添付され、その「付録」にウラジーミル県の歴史や人口の変遷、産業動向に関する記事が掲載された。実際に綿工業に携わる技術者や職人が、綿工業関連の記事を「付録」に執筆し、ウラジーミル県の綿工業の発展や、ヨーロッパにおける綿工業の技術動向を伝えた。本章では、『ウラジーミル県新聞』の「付録」に掲載された記事に基づき、ウラジーミル県の綿工業史を再考する。

## II　ウラジーミル県前史

### 1．ウラジーミル県の地理

　ウラジーミル県の綿工業の検討を始める前に、当地の地理的環境と綿工業発展の端緒に触れておきたい。ウラジーミル県は、モスクワから東に約250kmの距離に位置し、ロシア正教会が多数集中する地域に隣接する。この地域の土壌は肥沃ではなく、穀物栽培に適さないため、当地域で穀物栽培以外の産業を育む必要があった[14]。代替産業の一つが、イコン制作であり、もう一つが、麻の栽培と織布であった[15]。ロシア正教会には普通、聖書をモチーフとして、イエス・キリストや聖母マリア、聖人を描いたイコン画が飾られる。イコン画は日常礼拝の対象であり、ロシア正教会だけでなく、ロシア正教徒の自宅にも、イコン画を飾る習慣があった。ウラジーミル県のスズダリやシューヤには、イコン画の工房が集中し、イコン画制作に関わる技巧が培われた[16]。このように、ウラジーミル県で綿工業が発展する以前の18世紀に、当該地域で綿工業を育

---

12)　Владимирская Губерния, *Владимирские Губернские Ведомости*, Владимир, 1838-1917.

13)　この付録（неофициальная часть）は、直訳すると非公式ページとなる。

14)　*Владимирские Губернские Веломости*, 7 ноября 1842, No. 45.

15)　Гарелин, Я. П., *Город Иваново-Вознесенск или Бывшие село Иваново и Вознесенский посад (Владимирской Губерний)*, 1884, с. 137-139.

16)　Там же., с. 138.

第2章　ウラジーミル県（イヴァノヴォ）における更紗生産の発展　　65

む基盤が整えられる。

　ウラジーミル県の地理的優位性は，ヴォルガ川支流に接することである（地図2-1）。ヴォルガ川は，首都ペテルブルクからモスクワを経由して，カスピ海に通じる。鉄道が敷設される以前，ヴォルガ川は国内外の流通網の動脈を形成し，ロシア史で大きな意義を持った。ヴォルガ川を中心に，ロシアと諸外国との流通網が形成されたと言ってよい[17]。ウラ

地図2-1　ロシアの地図

ジーミルからヴォルガ川支流の河岸まで，商品を馬車等で運び，船に載せれば，ヴォルガ川に沿って商品を遠隔地まで容易に運べた。ヴォルガ川の流通網は，ペテルブルク経由でバルト海や西ヨーロッパに，アストラハン経由で，中央アジアやペルシアに繋がるため，ウラジーミル県の商人が外国に商品を輸出する，あるいは，外国から商品を輸入するのは，難しくなかった。ロシアの首都が，モスクワからペテルブルクに遷都されるまで，ロシアにとってヨーロッパ貿易よりも，アジア貿易の方が重要だったと考えられる。

16世紀にロシアがアストラハンを併合し，アジアへの貿易網を確立すると，ロシア商人はヴォルガ川経由でロシア商品（主に毛皮）をアジアに輸出し，アジアから工芸品（綿・絹織物）等を輸入することで，ロシアとアジア間の貿易は繁栄する。当時，綿・絹織物は国内で生産できなかったため，ペルシアの絹織物や中央アジア（ブハラ）の綿織物は，ロシアで珍しく重宝された[18]。16世紀以降，ロシアはアジアから綿布を輸入し，カスピ海河口のアストラハンで染色を始め，染色業を現地に定着させる。当時，ロシアの職人は，アジア製の貴金属や織物に表現される模様を基に，染色の柄を考案したが，アジア風の染色はロシア人を魅了した[19]。アストラハンで開花した染色業は，17世紀にヴォルガ川を北上し，カザンやウラジーミル県に拡大し，17世紀末には数百の染色工房がイヴァノヴォに現れる[20]。18世紀にウラジーミル県で麻織物業が始まると，この染色業者が麻織物の染色を担う。

ウラジーミル県の土壌は肥沃でないものの，麻栽培に適したため，18世紀以降，当地域で麻が栽培された。収穫した麻が織布され，イコン画で培われた油性染料の技術が，麻織物の染色に応用され，麻織物の捺染業が拡大する[21]。当地域の商人は，ヴォルガ川経由でウラジーミル県か

---

17) ヴォルガ川を中心とする，ロシアとアジアとの流通網については，第4章を参照。塩谷昌史「19世紀前半におけるロシアの綿織物輸出とアジア商人の商業ネットワーク」『歴史と経済』第214号，政治経済学・経済史学会，2012年，36頁，38頁。

18) Спаский, П. Х., *Исторический обзор развития мануфактурной промышленности в России*, Санкт-Петербург: Императорское училище глухонимых, 1914, с. 5.

19) Соловьев, В. Л., Болдырева, М. Д., *Ивановские Ситцы*, Москва: Легпромбытиздат, 1987, с. 4.

20) Там же., с. 39.

ら，アストラハンに到る河川輸送網を活用し，アジア貿易に従事した。ウラジーミル県の麻織物は，国内市場に供給されるだけでなく，ヴォルガ川に沿ってアストラハンに運ばれ，アジア市場に輸出された。18世紀前半にイヴァノヴォ商人のガンドリンが，18世紀後半にグラチョフとガレリンが，麻織物をウラジーミル県からアストラハンに往路で運び，染料を積んでウラジーミル県に帰還した[22]。グラチョフとガレリンは麻織物の流通に携わるだけでなく，企業家としても麻織物の捺染業に従事した。

当時，ロシア国内で棉花の栽培は，地理的条件の制約から不可能であったが，18世紀後半にウラジーミル県の企業家は，麻織物だけでなく綿織物の染色にも乗り出す。そのため，外国製綿布を調達するか，外国製綿糸を買い付け，綿布に織布した後に，染色する必要が生じる。ロシア近隣では，古来，アジア地域で棉花栽培が盛んであり，16世紀以降，ロシアは中央アジアやペルシアから綿織物を完成品として輸入した[23]。18世紀半ばにウラジーミル県の企業家は，中央アジアから無地の綿布を輸入し，ブハラ製更紗の模様を真似て，綿布の捺染に着手する[24]。当時の捺染は単色が中心であり，木板を利用して捺染を行った。ただ，従来の染色法では，綿布に色を固定するのが困難だったため，ウラジーミル県の染色職人は，ロシアに導入された新しい染色法を学ぶため，シュリッセルブルクに赴く[25]。

## 2．ドイツ系染色法の普及

ロシアの染色技術を発展させる上で，ドイツの果たした役割は軽視できない。18世紀初頭，ロシア政府はドイツの染色技術を導入し，国内で

---

21) Гарелин, Я. П., *Город Иваново-Вознесенск или Бывшие село Иваново и Вознесенский посад (Владимирской Губерний)*, 1884, с. 138.

22) Там же., с. 137.

23) Спаский, П. Х., *Исторический обзор развития мануфактурной промышленности в России*, Санкт-Петербург: Императорское училише глухонимых, 1914, с. 5.

24) Индустрия, *Текстильное Дело в России*, Одесса: Порядок, 1910, с. 34.

25) Шульце-Геверниц, Г., *Крупное производство в России, Московско-Владимирская хлопчатобумажная промышленность*, с. 25.

染色業を育成しようとする。ロシア政府はペテルブルク近郊のシュリッセルブルクに，ドイツの染色工房と職人を多数誘致する[26]。誘致された企業の中でも，レイマン工房の染色技術は卓越しており，この工房の染色技術は全国に知られた。当時，染色技術は多数の職人に公開されることなく，特定のロシア職人の中で秘匿された。18世紀半ばにウラジーミル県の染色職人が，このレイマン工房に派遣され，繊維に色を固定する方法を習得する[27]。彼らはウラジーミル県に帰還し，従来の染色工房の技術を刷新し，新しい染色技術を導入した。ウラジーミル県に定着した染色技術は，少数の職人の間で独占され，地元に広がることはなかった。1772年にロシア政府は重商主義政策に傾き，織物捺染の独占を廃止し，国内に染色業を普及させようとする。これが，ロシア全土に染色技術が普及する契機となる[28]。

　ドイツ系染色技術がロシアで公開されると，染色職人が新しい染色技術にアクセスするのは容易になり，ドイツの染色技術がロシア国内に広がる。ウラジーミル県の多くの染色職人は，シュリッセルブルクやペテルブルクを訪れ，新しい染色技術を習得する。その結果，ウラジーミル県で麻織物産業が発展する基礎が確立される。だが，ドイツの染色技術が開かれたものとなったため，他地域の職人も染色技術を習得し易くなり，地域間で染色業の競争が始まる。同じ様な柄や色合いを表現したのでは，捺染織物は市場で競争力を失うため，各地の染色職人は地域の独自性を，商品に反映させる必要に迫られる。ペテルブルクの染色職人は，ヨーロッパ指向の染色を目指す一方，ウラジーミル県の染色職人は，従来のアジアとの貿易関係を背景に，アジア風の染色を指向した[29]。

　ウラジーミル県はシェレメチェフ伯爵の領地であった。他地域と異なり，この領地の麻織物業や綿織物業では，農奴企業家が重要な役割を果たした[30]。農奴解放（1860年）以前，農奴に所有権は認められず，生産

---

26) Гарелин, Я. П., *Город Иваново-Вознесенск или Бывшие село Иваново и Вознесенский посад (Владимирской Губерний)*, с. 140-141.

27) *Владимирские Губернские Ведомости*, Владимир, 12 марта 1855, No. 11, с. 82.

28) Шульце-Геверниц, Г., *Крупное производство в России. Московско-Владимирская хлопчатобумажная промышленность*, Москва: Книжное Дело, 1899, с. 25.

29) Там же., с. 25.

30) 農奴企業家については，次の文献が詳しい。Rosovsky, H., The Serf-Entrepreneur

設備等の財産権は領主に帰属したため,農奴企業家は領主シェレメチェフの許可を得て事業を推進した。グラチョフ,ヤマノフスキー,ガレリンが,当地の代表的農奴企業家として知られた[31]。19世紀初頭,ウラジーミル県の主要産業は,麻織物業から綿織物業に移行するが,その際,麻織物企業家が衰退し,綿織物企業家が台頭するのではなく,同一企業家が業態転換する例が多かった。実際に,グラチョフやガレリンの企業は,麻織物業から綿織物業に転換する。農奴企業家は事業で成功を収めると,農奴身分を金で買い戻し,自由人として事業を拡大した。

1787年以降,ウラジーミル県で染色業に従事する企業家は,ブハラ製綿糸を輸入し,織布した綿布に捺染を施す[32]。これは綿糸のみで織布する綿織物ではなく,綿糸と麻糸を混ぜて織布する「ファスチアン織」の生産を意味した。ファスチアン織はロシアだけでなく,ヨーロッパでも普及した。

1790年代に英国製綿布がロシアに輸入され始めると,ロシアの綿工業が抜本的に変わる[33]。綿工業は英国で早期に発展し,綿糸と綿織物が大量に生産され,英国から綿製品が外国に輸出される。ロシアも例外ではなく,英国製綿布がペテルブルク港に荷揚げされる。ウラジーミル県の企業家は,ペテルブルクから無地の英国製綿布(キャラコ)を調達し,地元で染色を行った。19世紀初頭,ウラジーミル県の染色工房は需要の動向を見極め,ロシアで綿織物の需要が高まると判断し,麻織物から綿織物に染色の重心を移す。その結果,1809年までに麻織物の染色の取扱額は減少する[34]。

1803年以降,ロシアは英国から綿布に加え,綿糸も輸入し始める[35]。ペテルブルクに輸入された英国製綿糸は,ヴォルガ川経由で,シドロフ

---

in Russia, *Explorations in Entrepreneurial History*, Vol. 6, Harvard University Research Center in Entrepreneurial History, 1953.

31) Балдин, К. Е., Кохова, Л. А., *От кустарного села к индустриальному Мегаполис, Очерки истории текстильной промышленности в селе Иванове- Городе Иваново-Вознесенске*, Иваново: Новая Ивановская Газета, 2004, с. 115.

32) Гарелин, Я.П., *Город Иваново-Вознесенск или Бывшие село Иваново и Вознесенский посад (Владимирской Губерний)*, с. 161.

33) Там же., с. 163.

34) Арсеньева, Е. В., *Ивановские Ситцы 18-начала 20 века*, с. 9.

35) *Владимирские Губернские Ведомости*, 30 сентября 1844, No. 40, с. 164.

ロスク村の河岸に運ばれ、そこからウラジーミル県のイヴァノヴォやシューヤに搬送される。ウラジーミル県の企業家は英国製綿糸を織布し、出来上がった綿布を漂白し捺染した。19世紀初頭にペテルブルクに紡績工場が建設され、棉花から綿糸に紡がれるが、綿糸の生産量は、国内需要を満たすほど十分ではなかったため、ウラジーミル県の企業家は国産綿糸に依存せず、英国製綿糸を利用した。英国製綿糸は安価で均質であり、織布加工に適したが、中央アジアのブハラ綿糸は粗く、織布しづらかった。しかし、経糸として、ブハラ綿糸が必要な綿布もあり、ウラジーミル県の企業家は、英国製綿糸とブハラ製綿糸を併用、あるいは個別に利用した[36]。輸入綿糸を基に織布した綿織物は安価であり、綿織物の国内需要が高まると、企業家は需要に合わせて綿織物生産を拡大する。彼らの事業が発展する経路を次節で見ていきたい。

## Ⅲ　染色と化学

### 1．綿糸輸入と染色業の発展

　綿工業の生産工程は紡績、織布、染色の三部門から成り、紡績から染色まで生産工程を進み、綿織物が完成する。19世紀初頭に、英国綿糸がロシアに輸入されて以降、ロシアの織布企業は、輸入綿糸を基に工場で織布すると同時に、近郊農家に綿糸を配給し、織布を外注した[37]。農民は農閑期に時間的余裕があるため、特に農家の女性が、織布企業から綿糸を受け取り、自宅で綿布に加工した。農家への織布外注システムは、問屋制家内工業と呼ばれ、ヨーロッパでも広く見られた。織布企業や農家で織られた綿布は、集荷され染色工房に送られ、捺染が施された。ウラジーミル県の綿織物生産は、工場と農家の協業により発展する。19世紀前半にウラジーミル県で、綿工業の生産工程は染色、織布、紡績の順に大きく変わるが、その過程で染色工程が、他の生産工程を変革する要

---

36)　Там же., 5 июня 1843, No. 23, с. 95.
37)　Там же., 12 декабря 1853, No. 50, с. 310.

因となる[38]。本節では染色の観点から，ウラジーミル県の綿工業の転換を検討していきたい。

　ロシア綿工業の発展を考える際，消費者需要が綿工業の発展を牽引するのは明らかだが，産業を取り巻く外部環境も，産業の発展を促す要因として看過できない。そのため，19世紀前半に綿工業の発展に関わる，重要な外部環境要因に，まず触れておきたい。具体的には，①ロシアの産業保護政策と，②ナポレオンが与えた影響の二要因である。18世紀末以降，ロシアの綿工業が緒につくと，外国製品の輸入を抑制すれば，ロシア綿工業は更に発展するとロシアの企業は考えた。1804年にロシアの綿工業企業は政府に，外国の綿製品（更紗とキャラコ）の輸入を制限し，国内産業を保護するよう要請する[39]。ロシア政府は産業保護・育成の観点から，企業家の要請に応え，英国製綿織物の輸入を制限する一方，英国製綿糸の輸入を緩和した。これにより，ロシア綿工業が外国製品から保護されるだけでなく，綿糸輸入が奨励され綿工業の発展が促進される。

　1808～12年にナポレオンは英国と対立し，英国とヨーロッパ間の貿易を遮断しようと大陸封鎖を敷いたため，ロシアが英国製綿糸を輸入するのが困難になる[40]。この大陸封鎖により，英国はロシアに綿製品を輸出しにくくなり，ロシア綿工業は英国製品から間接的に保護され，政府の産業保護政策に似た効果をもたらす。1812年にナポレオンがモスクワに進攻すると，戦災でモスクワの工場が焼失し，工場を失ったモスクワの染色職人は一旦，ウラジーミル県に避難した[41]。これに伴い，モスクワの染色業の一部が，ウラジーミル県に移る。モスクワの戦災は，ロシアにとって災難だったが，その後の経過を振り返ると，ナポレオン進攻は結果的に，ウラジーミル県の染色業の発展に寄与した。

　19世紀初頭以降，ウラジーミル県の企業家は綿糸を輸入し，織布・染色を行い，綿織物に仕上げるが，1810年代に国内市場で綿織物需要が高まると，ウラジーミル県の企業家は，綿糸を輸入するルートを恒常的に

---

38）Сыромятников, Б. И., *Очерк Истории Русской Текстильной Промышленности в связи с историей русского народного хозяйства*, Иваново-Вознесенск: Основа, 1925, с. 42.

39）Струве, П. Б., *Торговая Политика России*, Челябинск: Российская Таможная Академия, 2007, с. 151.

40）ロシアはプロシア経由で英国綿糸の輸入を試みる。

41）*Владимирские Губернские Ведомости*, 30 сентября 1844, No. 40, с. 164.

確保する必要に迫られた。シューヤの商人キセリョフは，綿糸輸入の流通網を構築した商人の一人である[42]。1765年に彼は農奴の子弟としてモスクワに生まれたが，1779年に身分を買い戻して，自由身分となった。1783年にキセリョフは，モスクワで第三ギルド商人に登録したものの，1793年にウラジーミル県のシューヤに移住し，商社「キセリョフ兄弟商会」を設立し，事業を開始する。当時，ウラジーミル県の織布企業の中には，中央アジアから棉花を輸入し，紡糸する企業もあったが，品質の良い綿布生産を望む企業は，中央アジア製綿糸ではなく，英国製綿糸を求める。1812年にナポレオンがロシアから撤退した後，キセリョフは地元の織布企業の要請に応え，英国から綿糸を輸入し始める。

　キセリョフは，外国製品の輸入業に携わるだけでなく，ウクライナや小ロシアとの商品流通業にも従事した。1822年にキセリョフが第一ギルド商人になると，国内の商取引から次第に離れ，1827年に英国製綿糸と染料の輸入に特化した。以後キセリョフは，ペテルブルク経由で輸入した綿糸・染料を，ウラジーミル県の企業だけでなく，ニジェゴロド定期市等の近隣定期市にも供給する。1831年に創業者キセリョフが亡くなると，息子に事業が継承される。1830年代に「キセリョフ兄弟商会」は，従来の綿糸や染料の輸入以外に，ベルギーのリエージュにある，コックリル（John Cockerill）工場から，蒸気機関を輸入し始めたと考えられる[43]。ベルギー製機械は英国製と比べ劣ったが，1842年まで英国政府は機械輸出を禁じたため，ウラジーミル県の企業家は，代替策として，ベルギーから蒸気機関を輸入した。

## 2．蒸気機関と染色

　技術は普通，人を介して伝わるが，染色技術も例外ではない。ヨーロッパからロシアに染色技術が伝わる際，ヨーロッパの染色職人が必ずロシアを訪れ，ロシアの染色職人に染色技術を直接教えた。1825年に，ヨ

---

42) Там же., 22 августа 1853, No. 34, с. 188.

43) Там же., 14 июля 1856, No. 28, с. 217-218. コックリルの企業については，次の文献に詳しい。石坂昭雄「ジョン・コックリル株式会社の創生期——ベルギー産業革命と国際的企業者活動」『経営史学』第4巻第2号，1969年，61-91頁。

ーロッパで経済危機が発生し，多くの染色職人が失職した際，外国で技術を活かそうとする染色家の一部は，ロシアに移住した[44]。当時，化学を応用する，染色技術をすでに習得した，ヨーロッパの染色職人の技法は，ロシアで重宝される。その代表例が，漂白技術とアドリアノープル風染色であった。染色の際，綿布を漂白すれば，色が綿布に固定し易くなるため，染色前に綿布の漂白を行った。ロシアでは従来，夏季に草地で自然漂白を行ったため，漂白は常時可能というわけには行かなかったが，西ヨーロッパでは硫酸を導入し，屋内で漂白する方法が既に定着していた。1828年に西ヨーロッパの染色職人が，ウラジーミル県の染色職人に，硫酸を利用する漂白方法を教えると，この方法が地元で広がり，漂白が常時可能になる[45]。

1813年に英国のジェームズ・トンプソン（James Thompson）の企業は，オランダ製クラップや茜等を利用し，綿糸や綿布をアドリアノープル風（トルコ赤）に染色する方法を確立する[46]。この技術はヨーロッパの染色史上，一大画期を成した。ヨーロッパの染色職人が，この技術の伝播に関与し，英国から西ヨーロッパを経てロシアに染色技術が伝わる。1820年代後半に，西ヨーロッパからゲッベル，バルーク，ブルグスドルフという，3人の染色職人がウラジーミル県に移住し，イヴァノヴォのガレリン工場で染色に従事した。彼らがアドリアノープル風の染色技術をロシアの染色職人に教えた。1829年にガレリン工場は，アドリアノープル風染色を習得し，深紅の更紗生産に成功した[47]。アドリアノープル風更紗が，ロシアの国内市場に供給されると，この更紗は好評を博し，ガレリン工場の更紗需要が高まる。ブルグスドルフはガレリン工場で28年間働いたが，彼以外にもヨーロッパの外国人染色職人が，ウラジーミル県で更紗生産に従事した[48]。当時，ロシアの綿織物業界では，染色の

---

[44] Арсеньева, Е. В., *Ивановские Ситцы 18-начала 20 века*, Ленинград: Художник РСФСР, 1983, с. 20.

[45] Там же., с. 20.

[46] Chapman, S. D., "Quantity versus Quality in the British Industrial Revolution: The Case of Printed Textiles", *Northern History*, Vol. 21, 1985, p. 182.

[47] Гарелин, Я. П., *Город Иваново-Вознесенск или Бывшие село Иваново и Вознесенский посад (Владимирской Губерний)*, с. 195.

[48] 1840年代後半に，外国人染色家が12人程度，ウラジーミル県で働いていた。

水準や布地の材質の観点から、更紗を6等級に分類した[49]。アドリアノープル風の深紅の更紗は、最高級である1級に位置づけられた[50]。等級の高い更紗は収益性が高いため、染色企業はアドリアノープル風更紗の生産に尽力したと思われる。

19世紀初頭、英国の機械工ワットが、蒸気機関を工場の動力に応用する手法を確立して以降、1830年代に英国の綿工業地域で蒸気機関が普及した[51]。その後、大陸ヨーロッパにも伝播し、工場の動力を刷新するが、ヨーロッパで蒸気機関は一様に導入されたわけではなく、水力が利用できない地域で普及した。スイスやドイツ等、河川が豊富なヨーロッパ地域では、水力（水車）が動力源として活用できたため、当初、蒸気機関は導入されなかった[52]。ロシアには河川が豊富にあるものの、平坦な地域が多いため、水力は工場の動力源に利用できなかった。ロシアの綿工業では当初、蒸気機関は染色工房の動力として活用された。1820年代にペテルブルクの企業家G.ベルトは、ロシアで初めて、ベルギーからワット型蒸気機関を輸入し、鋳造工場に導入した[53]。1830年代に、ウラジーミル県の染色工房で蒸気機関が導入され始める。

1832年にウラジーミル県で、ガレリン工場が初めて染色工房に蒸気機関（18馬力）を導入した[54]。その後、当地の10以上の工房に蒸気機関が導入される。染色職人は従来、木版（写真2-1）に版刻し染色を行ったが、捺染機械が蒸気機関と共に染色工房に導入されると、木版から回転銅（写真2-2）の版刻に移り、捺染工程が刷新される[55]。これにより、綿布への多色表現が実現し、更紗の鮮明度が高まった。蒸気機関の導入は、

---

49) Владимирские Губернские Ведомости, 5 мая 1853, No. 49, с. 303.
50) 2級は、小斑点、茜、ガランシン（茜根のプレパラート）で染色された機械織り更紗、3級は、機械織りで回転銅とペロチンで染色された更紗、4級は藍色一色のカシミヤ織更紗、5級は、藍色二色で染色したスカーフ、6級がサクソン風スカーフであった。
51) チャップマン、S.D.（佐村明知訳）『産業革命のなかの綿工業』晃洋書房、1990年、20頁。
52) ランデス、D.S.（石坂昭雄・富岡庄一訳）『西ヨーロッパ工業史Ⅰ──産業革命とその後 1750-1968』みすず書房、1980年、201頁。
53) Владимирские Губернские Ведомости, 25 мая 1857, No. 21, с. 120.
54) Соловьев, В. Л., Болдырева, М. Д. Ивановские Ситцы, Москва: Легпромбытиздат, 1987, с. 62.
55) Арсеньева, Е. В., Ивановские Ситцы 18-начала 20 века, с. 18.

第2章　ウラジーミル県（イヴァノヴォ）における更紗生産の発展　　75

写真2-1　捺染板 　　　　　　　写真2-2　回転銅

正の効果をもたらしただけではなかった。当時，蒸気機関の燃料に木炭が利用されたが，稼働時に蒸気機関が発熱し，木造の建物に引火して，度々工場を焼失させた[56]。企業は建物を，木造から石造や煉瓦造りに改め，工場の耐火性を強める。蒸気機関の需要がロシアで高まると，蒸気機関を国産化する動きが現れ，ニジェゴロド県にあるシェペレヴィ工場は，ロシアで初めて蒸気機関を製作した[57]。その後，ロシアで蒸気機関の国産化が進むが，ロシア製蒸気機関の性能は，ロシア企業の要求水準に満たないため，企業の多くは，国産品を購入するよりも，ベルギー製の蒸気機関を輸入し，自社工場に導入した。

## 3．媒染剤と染料

染色工房で捺染が行われる際，綿布が必要なのは当然だが，化学工場が提供する媒染剤や染料も重要であった。ウラジーミル県には，化学工場が複数存在し，媒染剤や染料を加工し，近隣の染色工房に材料を供給した。イヴァノヴォ近郊のドミトロフスク化学工場の例を挙げれば，

---

56）　*Владимирские Губернские Ведомости*, 14 июля 1856, No. 28, с. 218.
57）　Там же., 25 мая 1857, No. 21, с. 120.

1830年代に化学工場の仕事は，主にビャクダンや茜等の染料を粉砕し，染色工房に提供することであった[58]。従来の化学工場は，石臼等を利用して，手動で染料を粉砕したが，この化学工場は，ベルギーから高圧蒸気窯を導入し，蒸気機関で染料を粉砕した。蒸気は化学溶液を加熱し，凝縮する際に使われただけでなく，室内暖房にも利用され，燃費の節約にも寄与した。ウラジーミル県の化学職人は，モスクワの専門学校で化学工場に蒸気機関を応用する方法を学び，それを地元で実践した[59]。

　染色技術が進歩すると，染色工房で化学物質が多用される。染色工房の漂白に濃硫酸は必要不可欠である。濃硫酸の生成には，硫黄（硫化鉄鉱）が必要だが，19世紀初頭まで硫黄の鉱脈は，ロシアで確認されておらず，当初，外国から硫黄が輸入された。染色技術が改善されると，硫黄の重要性は高まる。1812年にロシアの地質学者は，硫黄の鉱脈が国内にあることを確認したが，1834年にロシアで硫黄がようやく自給可能になり，濃硫酸の生成が容易，かつ安価になる[60]。

　19世紀前半は，人工染料が登場する以前であり，天然染料が中心であった。染色を行う際，染料を溶かした染液に，綿糸や綿布を浸すが，それだけでは染料を固定できないため，媒染剤を利用して，染料を繊維に定着させた。媒染剤とは，染料を繊維に吸収させ，固着させる物質である[61]。主な媒染剤として，灰汁，アルミ，鉛等が挙げられる。アルミ媒染剤には，明礬（硫酸アルミニウムカリウム），酢酸アルミニウムなどがあるが，ロシアでは当時，主に明礬が利用された。他方，鉛媒染剤として，酢酸鉛（鉛糖）も利用された。繊維を染色する際，まず，石鹸（界面活性剤）の溶液に繊維をつけ，染料成分が繊維に入るように下準備する。例えば繊維を紅に染める場合，明礬を基に媒染液を作り，下準備した繊維を媒染液に浸し，茜を煮出した染液につけると，繊維は紅に染まる。このように媒染剤は，染料を繊維に定着させる上で，必要不可欠な材料であった。

　ドイツ北部やスイスでは，地下から明礬岩を比較的容易に採掘できる

---

58) Там же., 26 февраля 1855, No. 9, с. 68.
59) Там же., 26 февраля 1855, No. 9, с. 68.
60) Там же., 30 ноября 1857, No. 48, с. 256.
61) 京都造形芸術大学編『織りを学ぶ』角川書店，1999年，36頁。

## 第2章　ウラジーミル県（イヴァノヴォ）における更紗生産の発展　　77

ため，明礬は安価であり，ロシアは当初，西ヨーロッパから明礬を輸入した。しかし，1840年代にチェルニゴフ県のグルホブスク上質陶土が，明礬生成に利用できることが明らかになり，ロシアで明礬が自給される[62]。明礬を生成するには，上質陶土を酸で溶かし，明礬を溜めなければならない。その後，明礬に硫黄を加えて結晶化させた後，湯で薄め，乾燥させる。すると明礬塩が現れる。明礬塩と硫酸アルミニウムを混ぜて，酢酸塩鉛で分解すると，酢酸塩アルミニウムの溶液と硫酸塩が形成される。酢酸塩アルミニウムは，小斑点の染色を綿布に施す際，媒染剤として利用された。

　酢酸鉛（鉛糖）は，鉛と酢から合成される，重要な媒染剤である[63]。ロシアで稀少な鉛は外国から輸入された。酢は白樺，シナノキ，ヤマナラシ等から生成されるが，針葉樹から酢は少量しか採取できないため，化学工場では通常，白樺から酢を抽出した。

　アドリアノープル風更紗に染色する際，茜が必要になるが，ロシアの気象条件では，茜は栽培できない。そのため，西ヨーロッパとアジアから茜が輸入された[64]。ロシアは，西ヨーロッパからクラップと呼ばれる，茜の粉砕物を輸入した。ロシアの近隣アジア地域でも，デルベント（コーカサス・ロシア）とヒヴァ（中央アジア）で茜が栽培され，ロシアは両地域から茜を調達した[65]。茜にはアリザリンが含まれ，この成分が生地を深紅に染める。デルベントの茜は，クラップより多くのアリザリンを含み，綿布を鮮明な深紅に染め上げた。ヒヴァの茜には，キサンチンが含まれるが，このキサンチンを発酵させると，アリザリンが得られる。3年生の茜が染料として最適だが，中央アジアの農民は，3年未満で茜を摘み取ったため，ロシアの企業は，最適の状態で茜を入手できなかった。

---

　62)　*Владимирские Губернские Ведомости*, 30 ноября 1857, No. 48, с. 257.
　63)　Там же., 7 декабря 1857, No. 49, с. 259.
　64)　Там же., 7 декабря 1857, No. 49, с. 260.
　65)　Там же., 7 декабря 1857, No. 49, с. 260.

## IV 綿織物の流通

### 1. 企業と卸売商人

　本節では，ウラジーミル県で生産された綿織物が，どのように販売されたかについて触れてみたい。当時，綿織物を販売する経路は二つに分けられる。一つは，企業が定期市で卸売商人に販売する経路であり，もう一つは，卸売商人が行商人に綿織物を卸し，商品を預かった行商人が，遠隔地の消費者に届ける経路である。企業は，地元の定期市（当初はホルイ定期市，後にブベジェニエ定期市）や，県外の主要定期市に赴き，卸売商人に綿織物を販売した[66]。遠隔地市場への商品販売は，地元の定期市で企業が卸売商人を通じて，行商人に委託された[67]。地元の定期市やニジェゴロド定期市，モスクワで，行商人は卸売商人から商品を預かり，消費者に商品を販売した。行商人は綿織物の販売に特化せず，様々な商品を消費者に届けた。元来，行商人の流通網は，ウラジーミル県で生産される本やイコン画を含む，商品の販促のため形成され[68]，綿織物が販売される以前から，全国的な流通網が存在した。

　定期市が成立する条件として，宗教と地理という二つの要因が挙げられる。ウラジーミル県では，ホルイ定期市が長期間，流通網の中枢機能を果たした（地図2-2）。ホルイには，修道院が存在した。1629年に，修道院の宗教行事（ヴヴェジェニエとフロロフの日）に合わせて，ホルイ近郊でバザールが開かれた[69]。このバザールが定着し，ホルイ定期市に発展する。デザ川とクリャズマ川がホルイで交差するため，ホルイは河川交通を利用する際，絶好の場所だった[70]。クリャズマ川は，モスクワからウラジーミル県を経由し，オカ川と合流してヴォルガ川に注ぐ。この

---

66) *Владимирские Губернские Ведомости*, 12 декабря 1853, No. 50, с. 310.
67) Там же., 9 апреля 1855, No. 15, с. 115.
68) Там же., 9 апреля 1855, No. 15, с. 115.
69) Там же., 18 февраля 1856, No. 7, с. 50.
70) Там же., 18 февраля 1856, No. 7, с. 50.

地図2-2　ウラジーミル県の地図

ため，ホルイはモスクワを起点とする，河川交通の動脈に位置づけられた。当時ロシア最大の定期市であった，マカリエフスク（後のニジェゴロド）定期市とホルイ定期市は河川交通で繋がり，様々な商品が両定期市間を往来した[71]。1835年までホルイ定期市が，ウラジーミル県の流通網の中核になる。

1836年以降，工業製品の卸売販売を促進するため，新たにスモレンスク定期市（夏）と，ヴベジェンスク定期市（冬）がシューヤで開催される[72]。シューヤはデザ川の河岸にあり，ホルイからデザ川に沿って80キロ北西に上った場所にある。ウラジーミル県のイヴァノヴォやシューヤで，綿織物生産が増加するに伴い，生産地に近いシューヤの定期市で商品を取引する方が，企業と卸売商人に都合が良くなり，ホルイからシューヤに定期市の重心が移る。新たに二つの定期市がシューヤに開設されて以降，ホルイ定期市の取引は減少し，商品の卸売取引は，主にシュー

---

71) Там же., 11 февраля 1856, No. 6, с. 42.
72) Там же., 7 ноября 1842, No. 45.

ヤの定期市で行われる[73]。

　ここで，ウラジーミル県の企業と卸売商人の関係に着目してみたい。卸売商人にとって定期市は，企業から商品を購入する主な場所だった[74]。ウラジーミル県の企業は年に複数回，地元や県外の定期市に商品を搬送し，卸売商人に綿織物を販売する。企業は定期市で商品を販売するだけでなく，綿糸や油化製品，化学製品，インディゴ，茜，硫酸等，綿織物生産に必要な原料を定期市で調達し，ウラジーミル県に運んだ。定期市での取引が活発に行われると，綿織物販売の収益は高まった。ウラジーミル県の企業は商品の販売のため，実際に，近隣の主要定期市に赴いた。しかし，シベリア，ドン，ウクライナ，ポーランド，ベッサラビア等の遠隔地の定期市では，企業は行商人を通じて情報を収集し，商品の販売を行った[75]。

　では，ウラジーミル県外の主要定期市に着目してみたい[76]。ウラジーミル県の企業は近隣の定期市に赴き，商品を販売した。県外の定期市では，①イルビット定期市，②シンビルスク定期市，③ロストフ定期市の三つが，特に重要であった。これらの定期市は，2月〜3月に連続して開催されるため，商品が定期市間で相互に往来し取引された。春に開催されるイルビット定期市は，閉幕後の半年間，ロシアの辺境地まで影響を及ぼす程に，全国規模の定期市だった。イルビット定期市の商取引に向けて，春から夏にウラジーミル県の綿織物生産が促される。夏季に開催されるニジェゴロド定期市と，春のイルビット定期市とは緊密な関係にあり，イルビット定期市で取引される商品の多くは，ニジェゴロド定期市に送られた。イルビット定期市では，約30人の企業家や卸売商人が，ブハラ，ヒヴァ，キルギス等の中央アジア商人と多額の取引を行った。中央アジア商人は取引終了後，商品を中央アジアに発送した。アジア商人以外にも，近隣地域のペルミ商人やシベリア商人がイルビット定期市の取引に参加した。

---

73) Там же., 7 января, 1856, No. 1, с. 3.
74) Там же., 31 марта 1856, No. 13, с. 98.
75) Там же., 31 марта 1856, No. 13, с. 98.
76) ①イルビット定期市，②シンビルスク定期市，③ロストフ定期市の特徴は，次の記事に依拠した。*Владимирские Губернские Ведомости*, 31 марта 1856, No. 13, с. 99-100.

1850年代に企業家40人と商人が，ウラジーミル県からシンビルスク定期市に大量の商品を発送した。シンビルスク，ペンザ，オレンブルク各県の卸売商人や，コサック商人，タタール商人が，シンビルスク定期市を訪れた。この定期市では価格が，ある程度，統制され，定期市の取引価格の変動は一定範囲内に収まった。

　ロストフ定期市は，冬季最後の定期市として開催された。この定期市は，ウラジーミル県から比較的近距離にあるため，ウラジーミル県の多くの企業が，ロストフ定期市を訪れた。企業は通常，イルビット定期市やシンビルスク定期市用に，商品を生産し，ロストフ定期市向けの商品を，後回しにすることが多かったため，ウラジーミル県からロストフ定期市に運ばれる商品は，少なかった。定期市の主な商品は綿織物であり，更紗が大量に定期市に供給された。ヤロスラヴリ，コストロマ，ヴォログダ，アルハンゲリスク等，北方諸県の卸売商人がロストフ定期市を訪れた。アルメニア商人もロストフ定期市を訪れ，更紗と格子縞の綿織物を購入し，コーカサスへ商品を運んだ。ウラジーミル県の更紗は，ロストフ定期市からモスクワ，コーカサス，ウクライナ，ポーランドに送られた。

## 2．行商人と遠隔地市場

　当時，定期市から定期市を渡り歩く行商人が，消費者に商品を販売した。1780年頃，ウラジーミル県の卸売商人は，県内で生産された商品をロシアの各地に販売するため，商業組合（アルテリ）を結成し，行商人を組織した[77]。この商業組合は，地元の定期市で，ウラジーミル県の企業から商品の販売を受託し，行商人を地方に派遣し，商品を販売した。卸売商人は行商人に，綿織物やイヤリング，指輪，ボタン，書籍等の商品を預ける際，取引証書を発行し，遠隔地での商品販売を任せた。行商人は自己資金を十分に持っていないことが多く，卸売商人から商品を信用で預かり，商品を販売した後，商品の代金を清算した[78]。行商で多く

---

77)　*Владимирские Губернские Ведомости*, 9 апреля 1855, No. 15, с. 115.

78)　Там же., 9 апреля 1855, No. 15, с. 116.

の商品を販売すると，行商人の商業組合からの俸給は高まった。

　行商人は秋に自宅を出発し，ホルイ定期市やモスクワ，ニジェゴロド定期市を訪れ，卸売商人から商品を預かり，ポーランド，小ロシア，西部諸県，コーカサス，シベリアに赴き，各地の商人や消費者に商品を販売した[79]。行商人から商品を購入する主な消費者は，現金を十分に持たない農民であるため，行商人は彼らに商品を販売する際，貨幣の代わりに農民から現物（布切れや亜麻・麻等）を受け取ることが多かった[80]。行商人は農民から受け取った現物を，別の村で販売し利益を得た。19世紀初頭以後，行商人は資金を蓄積し，ホルイ定期市だけでなく，他の定期市でも商品を調達し始める。

　1815～40年頃，行商人がロシア辺境にまで商品を運び，消費者に販売する形態が，主要な商品流通となる。行商人は，例年8月下旬～9月上旬にウラジーミル県を離れ，各地に赴き，消費者に商品を販売した[81]。約8カ月後の5月あるいは6月に，行商人は地元に戻る。地元への帰還後，行商人は，売れ残った商品を卸売商人に返し，事前に卸売商人と交わした契約に基づき，商品の代金と利率を支払った。売上金から商品の代金と利率を差し引いた残額が，行商人の利益になった。ウラジーミル県の企業と行商人は，卸売商人を通じて多額の取引を行い，相互に利益を享受した。行商人は卸売商人を通じて，企業から更紗や他の商品を安価に購入するため，企業側の利益は顕著には増えなかった。

　1839年にロシアで新貨幣（銀ルーブル）が導入される。これにより，ヨーロッパ・ロシアで通貨切り替えが行われ，旧貨幣（アシグナツィア・ルーブル）の市場価値が低下する。市場に流通する貨幣は，すぐには旧貨幣から新貨幣に切り替わらず，しばらく貨幣市場で新旧両貨幣が流通した。行商人は旧貨幣の価値低下に便乗し，商品の仕入れ価格に20～27％の利益を乗せ，商品を消費者に販売したため，一時的に多額の利益を得る[82]。この時期，預かった商品の販売価値を高める点で，行商人は卸売商人よりも優位に立ち，仕入れ値の何割増しで販売するかにつ

---

79) Там же., 31 марта 1856, No. 13, с. 98.
80) Там же., 9 апреля 1855, No. 15, с. 116.
81) Там же., 9 апреля 1855, No. 15, с. 116.
82) Там же., 5 октября 1857, No. 40, с. 223.

第2章　ウラジーミル県（イヴァノヴォ）における更紗生産の発展　　83

いて，頻繁に卸売商人と言い争った。しかし，旧貨幣の価値が次第に減価し，行商人は商品を販売して旧貨幣を受け取っても，実質的利益が減少する状況に到る。綿織物の取引額は減少し，卸売商人と行商人の関係が悪化する[83]。遠隔地市場では，旧貨幣の価値は緩慢に低下し，急激に下落しなかったため，遠隔地市場で行商人が商取引で損失を被ることは少なかった。1850年代にロシア国内で市場統合が進み，シベリアで流通する貨幣も，全面的に旧貨幣から新貨幣に切り替わる。その後，行商人が富裕商人に転身する例も増え，行商人の総数は減少した[84]。1850年代に，行商人が遠隔地市場に商品を直接販売する形態から，行商人が一定の範囲を管轄し，複数の行商人を経由して，遠隔地市場に商品を搬送する形態に移行し始める[85]。

## V　染色業が牽引する生産工程の革新

### 1．紡績工程と織布工程の統合

　従来，新技術の導入により，生産工程の機械化が行われ，大量の工程処理が可能となり，綿工業が発展したと説明された。この説明は工業化の一面を表すものの，供給面に焦点を当てた説明であることは否めない。ウラジーミル県の綿工業で，捺染工程に蒸気機関が導入されて以降，捺染工程のイノベーションが進む。これにより，機械織機が織布工程に，蒸気機関が紡績工程に導入され，従来の生産工程の転換が促された[86]。供給が需要を生み出すのではなく，綿織物の需要が，産業の発展を促したことが，変化の過程から窺える。1830年代のウラジーミル県では，染色工程が，従来の木版捺染からペロチン捺染機（回転銅によるローラー捺染）に転換する[87]。この移行過程で，捺染工程の大量・高速化が進み，

---

　83）　Там же., 5 октября 1857, No. 40, с. 223.
　84）　Там же., 18 февраля 1856, No. 7, с. 50.
　85）　Миронов, Б. Н., *Внутренний рынок России во второй половине XVIII-первой половине XIX в.*, Ленинград: Наука, 1981, с. 245-247.
　86）　*Владимирские Губернские Ведомости*, 5 ноября 1849, No. 45, с. 225.
　87）　Там же., 5 ноября 1849, No. 45, с. 226. ペロチン捺染機は，フランスの技術者ペロー

綿織物が安価になった。他方，綿織物のデザインは定型化され，芸術性はやや低下したものの，多色刷りが実現する[88]。綿織物の鮮明な色彩と，製品価格の低下が，ロシアの大衆需要を喚起した。

従来，ウラジーミル県の織布企業は，工場で織布すると同時に，近隣農家にも綿糸を配給し，多くの農家に織布を外注した。農家での織布作業は通常，農閑期に集中して行われ，夏季に農民は，織布生産よりも農作業を優先したため，季節により，綿布の生産量は変動した[89]。工業化以前，人々は年周期を基に活動を行ったため，季節による生産量の変動は自然であった。1840年代にローラー捺染機が普及すると，複数の回転銅を同時に動かす作業が中心となり，多色刷りと様々なデザインの表現が，捺染業で可能となる[90]。回転銅は中型であり，手動で動かせる重量でないため，捺染機械の動力は蒸気機関になった。ウラジーミル県でローラー捺染機が主流になると，捺染工程の能力が飛躍的に高まるため[91]，捺染工が遊休状況に陥らないよう，綿布供給を恒常化する必要が生じた。織布企業は綿布を捺染企業に随時供給できるよう，綿布生産の季節変動を抑えようとする。

1840年代に織布企業で生じた変化は，織布部門の内製化である。これは，ウラジーミル県では，特にシューヤで進行した。19世紀前半にウラジーミル県で，シューヤの綿布生産量は他を圧倒し，シューヤは県内だけでなく，ロシア綿布生産の中心にもなる。1840年代初頭，ロシアに輸入された英国製綿糸の60%以上が，シューヤに搬送され，綿布に加工された[92]。シューヤの織布企業は，農家に綿糸を配給し，織布を行う外注の割合を縮小し，企業内で織布生産ができるよう，織布工程の内製化を進める。これは，農家の織布生産を単に工場に集約するのではなく，機械織機を織布工場に導入し，織布工程の改善を図ることを意味した[93]。

---

(Perrot) が考案した，3色の捺染を可能とする機械であり，ローラー捺染機の一種である。

88) Clark, H., "The Design and Designing of Lancashire Printed Calicoes during the First Half of the 19th Century", *Textile History*, 15 (1), 1984, pp. 104-105.

89) *Владимирские Губернские Ведомости*, 12 декабря 1853, No. 50, с. 310.

90) Арсеньева, Е. В., *Ивановские Ситцы 18-начала 20 века*, с. 18.

91) Гарелин, Я. П., *Город Иваново-Вознесенск или Бывшие село Иваново и Вознесенский посад*, с. 203.

92) *Владимирские Губернские Ведомости*, 5 декабря 1853, No. 49, с. 302.

当時,力織機はまだ登場しておらず,工場における織布の生産性が格段に向上したわけではないが,工場での織布の内製化は,農家への織布の外注と比べると,明らかに綿布供給の季節変動の抑制に貢献した。

1840年代前半に,複数の紡績工場がモスクワ近郊に設立される。L. クノープという商人が,これらの紡績工場に英国製紡績機械を販売した。1821年にブレーメン（ドイツ）で生まれたクノープは,18歳（1839年）の頃,英国の貿易商社デ・ジャージー（De Jersey）の代理人として,モスクワに赴任した[94]。クノープはモスクワで,綿工業企業家のモロゾフと知り合った際,彼から英国製紡績機械を発注される。クノープはデ・ジャージ本社からロシアに機械を輸入し,モロゾフに販売した。これを機に,クノープはロシアで商社を設立し,英国から綿工業関連の機械を輸入する。彼はロシアの企業家と緊密な関係を築き,英国製紡績機械の販売をロシアで半ば独占した[95]。1840年代後半にウラジーミル県で,紡績工場が本格的に設立されたが,ウラジーミル県の企業が,英国製紡績機械を輸入する際にも,クノープが重要な役割を果たした[96]。

1840年代以前に,ペテルブルクやモスクワでは,単独の紡績工場が複数設立され,綿糸の自給化が始まった[97]。しかし,ウラジーミル県における主要綿工業は捺染業であり,それに付随する織布業であったため,単独の紡績工場が当地で設立されるのは稀であった。このため,ウラジーミル県の織布企業は長期間,ペテルブルクやモスクワ,あるいは外国から綿糸を購入した[98]。1830年代に英国で,紡績と織布工程を結び付けた,結合型企業が現れる[99]。それは,ウラジーミル県の企業が,捺染工

---

93) Шульце-Геверниц, Г., *Крупное производство в России*, с. 27-28.

94) Farnie, D. A., Jeremy, D. J., *The Fibre that changed the world, The Cotton Industry in International Perspective, 1600-1990s*, New York: Oxford University Press, 2004, p. 119.

95) 19世紀半ば以降,ロシア綿工業の若手企業家は英語が流暢に話せたため,西ヨーロッパ企業との取引で問題は生じなかった。

96) Thompstone, Stuart , "Ludwig Knoop, 'The Arkwright of Russia'", *Textile History*, 15 (1), 1984, p. 48.

97) Яцунский, В. К., 'Крупная промышленность России в 1790-1860гг'., М.К.Рожкова, *Очерки экономической истории России первой половине XIX века*, Москва: Издательство Социально-Экономической Литературы, 1959, с. 128-129.

98) *Владимирские Губернские Ведомости*, 18 июня 1855, No. 25, с. 195.

99) チャップマン,S. D.『産業革命のなかの綿工業』晃洋書房,1990年,45頁。

程のイノベーションに合わせ，織布部門の内製化と綿糸の自給化を推進する以前であり，当地の模範例となる。1840年代後半に，ウラジーミル県の企業家は，西ヨーロッパの先行事例を参考に，紡績・織布・捺染の三部門結合工場を地元に建設した[100]。捺染業の中心イヴァノヴォよりも，シューヤや，モスクワ県との隣接地域で，三部門結合工場が設立される。この種の工場を建設する企業の多くは，染色業から出発していた。以下に，企業の具体例を見てみよう。

### 2．三部門結合工場の具体例

シューヤを代表する企業家，ステパン・ポシーリンは，ウクライナを含むロシア近隣地域で商業を営んでいたが，1821年にシューヤに染色工房を作り，綿織物の捺染を始める[101]。1828年以降，ポシーリンはアジア貿易に乗り出し，自社の綿織物をコーカサスとペルシアに販売した。ポシーリンは進取の気性を持つ企業家であり，1837年にウラジーミル県で初めて，蒸気機関で動く紡績工場を建設した[102]。しかし，この紡績工場は，2年後に火事で焼失した。1838年にポシーリンの企業は，8馬力の蒸気機関を設置し，捺染工程の機械化を進める。当時，彼の導入した機械は，ペロチン捺染機だったと思われる。1845年にポシーリンは，ウラジーミル県の企業家と共に，「モスクワ・アジア貿易商会」を組織し，ペルシアとの貿易を推進する[103]。他方，ポシーリンは，ドイツのベルリンにあるグメル（Gummel）工場から，三色同時に捺染可能なペロチン捺染機を輸入し，捺染を多色化した[104]。

イヴァノヴォを代表する企業家，ニコン・ガレリンは，1825年に父親から捺染業を継承する。1837年に領主シェレメチェフから工場用の土地を譲り受け，1843年に独立の捺染工場を設立した[105]。彼は英国から40

---

100) *Владимирские Губернские Ведомости*, 30 октября 1848, No. 44, c. 247.

101) Платонова, О., *1000 лет русского предпринимательства: Из истории купеческих родов*, Москва: Современик, 1995, c. 408.

102) *Владимирские Губернские Ведомости*, 14 июля 1856, No. 28, c. 218.

103) Там же., 20 января 1845, No. 3, c. 10.

104) Там же., 10 января 1848, No. 2, c. 9.

105) Барышков, М. Н., *Деловой мир России*, Санкт-Петербург: Искусство-СПБ, 1998, c.

第2章　ウラジーミル県（イヴァノヴォ）における更紗生産の発展　　87

馬力の蒸気機関とペロチン捺染機を輸入し，本格的に捺染の近代化を図る。以後，染色工程の一部が機械に代替され，作業時間が短縮され，生産性が向上する。この捺染工場には，織機も配置され，綿布を染色するだけでなく，綿糸を調達し，織布も行った[106]。1840年代にウラジーミル県で，多くの紡績工場が設立されるが，ガレリンの企業も例外ではなく，1848年に2万9000錘の紡績工場を設立し，綿糸を生産し始めた[107]。英国から紡績工場の機械を輸入する際，先に触れた，クノープの商社が支援した。ガレリン企業は紡績・捺染・織布の三部門結合工場を設立しなかったが，捺染工場と紡績工場を有し，総合的な綿織物生産を行った。

　イワン・ポポフはシューヤの第一ギルド商人であり，織布業から出発した。彼は先に挙げたポシーリンほど著名な商人ではないが，1847年にシューヤで初めて，紡績工程と織布工程を合わせた工場を建設した点で，注目に値する[108]。当時，捺染工程の生産性が飛躍的に向上し，それに合わせて，綿糸と綿布の需要も急速に高まり，綿糸と織布の工程を変革する必要が生じた。ポポフは単独の紡績工場を建設するのではなく，紡績工場を織布工場と結び付け，一体化（結合工場）させた[109]。ポポフは結合工場を建設する際，108台の機械織機を導入し，織布工程を一箇所に集約した[110]。これにより，紡績と織布の工程が同一工場内で行われ，生産性が高まる。1856年に企業家ポポフは死去するが，別の商人コクシュキン家が彼の工場を購入し，経営を継承した[111]。

　カレトニコフ家もシューヤの商人であり，1787年以降，染色業に携わる[112]。1840年にピョートル・カレトニコフは，新しい染色工場を設立し，ペロチン捺染機を導入し，捺染工程の機械化を推進した。この捺染機の導入により，綿布が大量に必要になり，1840年代にカレトニコフは

---

114.

106) *Владимирские Губернские Ведомости*, 5 ноября 1849, No. 45, с. 222.

107) Барышков, М. Н., *Деловой мир России*, Санкт-Петербург: Искусство-СПБ, 1998, с. 114.

108) *Владимирские Губернские Ведомости*, 15 июля 1857, No. 24, с. 142.

109) Там же., 28 января 1856, No. 4, с. 26.

110) Там же., 18 октября 1847, No. 42, с. 267.

111) Возилов, В. В., Федор Гавлиолович Журов и Тейково, *История Тейкова в лицах*-2007, http://liga-ivanovo.narod.ru/istalm07-04.htm

112) *Владимирские Губернские Ведомости*, 16 ноября 1857, No. 46, с. 247.

織布工程を自社内に設けた。彼は当初，ペロチン捺染機の動力に英国製蒸気機関を利用したが，後にベルギー製も優れていることを知る。1851年と52年にベルギーのティエネン（Tienen）にある，ギレイン（Gilain）工場から35～40馬力の蒸気機関を輸入する。1855年にもカレトニコフの工場は，ベルギーから新型5色刷ローラー捺染機を導入し，生産性を高める[113]。1858～60年にカレトニコフは，新たに紡績工場を建設するが，その際，織布工程に機械を導入した[114]。これにより，カレトニコフの企業は紡績・織布・染色の三工程を備え，綿工業の総合企業に成長する。この企業の織布部門では，織布工2200人と糸巻工350人が，染色部門では捺染工555人が生産に従事した。

モスクワ県とウラジーミル県の県境に，アレクサンドロフという街がある。バラノフは1834年に当地で染色工房を開業し，主に綿糸と綿布を深紅や格子縞模様に染色し，更紗などを生産する。息子のイワン・バラノフは父親から捺染工房を継承し，この街で更紗を生産するが[115]，彼の卓越した点は，ロシアで初めてヨーロッパ製クラップの使用を止め，染料としてコーカサスの茜を利用した事である[116]。当時，綿布を深紅に染める際，クラップを使用するのが普通だったが，輸入品のため，染料費が高くなるのが難点だった。彼はデルベントに土地を借りて茜を栽培し，それを染料として使用し，生産費を削減した。捺染工程のイノベーションに伴い，1846年にバラノフは捺染工場の傍に，トロイツコ−アレクサンドロフ紡績−織布工場を設立し，自社内に紡績・織布・染色の三工程を備える[117]。約1000人の織布工がバラノフ工場で生産に従事した。中央アジア，コーカサス，ペルシアを含むアジア市場と国内市場が，この企業の主要な販売市場であった。

モロゾフ家は，19世紀ロシアを代表する企業家だが，その基礎を築いたサヴァ・モロゾフは，絹織物業から出発した。1797年にサヴァは，モスクワのズエヴォからウラジーミル県のニコリスコエ（現在モスクワ州

---

113) Там же., 16 ноября 1857, No. 46, с. 248.

114) Барышков, М. Н., *Деловой мир России*, Санкт-Петербург: Искусство-СПБ, 1998, с. 186.

115) *Владимирские Губернские Ведомости*, 17 июля 1854, No. 29, с. 221.

116) Там же., 24 августа 1857, No. 34, с. 199.

117) Барышков, М. Н., *Деловой мир России*, с. 44.

オレホヴォ＝ズエヴォ）に移住し，現地に工場を設立し，絹織物製品の仕上げ加工に従事する[118]。1830年に彼は，ボゴロック市にズエフ染色・漂白工場を建設し，綿織物と麻織物の捺染業に乗り出す。1840年にサヴァの二男エリセイ・モロゾフは，ニコリスク染色企業を設立し，染色工場で職人60余名が捺染に従事した[119]。1847年に彼は捺染工場の傍に，紡績-織布工場を設立し，紡績・織布・染色の一貫体制を確立した[120]。紡績から染色までの全工程が管理可能になり，染色工程に必要な綿布が，常時供給され，生産性が高まった。1853年にニコリスク染色企業は，英国製4気筒蒸気シリンダーの蒸気機関を輸入し，翌年50ベルトを同時に動かす，英国製紡績機械を導入した[121]。1850年代にニコリスク染色企業は，ウラジーミル県の綿糸生産量で首位を誇る。

### 3．学校の萌芽：熟練技能から知識労働へ

ここで，工業化と仕事の変化について考えてみたい。19世紀前半のロシアで，綿工業の発展（初期工業化）に伴い，仕事の在り方が根本的に変わる。これを熟練技能の仕事から，知識を基盤とする仕事への移行と，言い換えても良い。工業化以前には仕事を学ぶ際，師匠や親の仕事を模倣し，技能を磨くのが通常だったが，初期工業化により，工場労働が広がるにつれて，現場の修業だけで仕事を習得するのは，十分とは言えなくなる。例えば，工場での機械の使い方や，媒染剤を利用する染色法は，以前に無かった仕事である。この新しい職種では，熟練技能に加え，文字で書かれた知識を学ぶことが必要になる。この知識を持たないと，工場の仕事は困難となる。農民や職人は，現場で熟練技能を培うが，工場労働では，熟練技能を身につける前に，まず識字能力が必要になる。

　この知識習得の必要性に呼応して，専門学校の萌芽が現れる。学校の歴史は古いが，以前は宗教関係者や富裕層が知識を得る場であり，一般人が通う場ではなかった。しかし，工業化の進展に伴い，工場労働者が

---

118) Там же., с. 264.
119) 　*Владимирские Губернские Ведомости*, 9 июля 1855, No. 28, с. 218.
120) Там же., 14 июля 1856, No. 28, с. 219.
121) Там же., 25 мая 1857, No. 21, с. 121.

知識を習得する必要性が高まる。現場の修業では，職人が弟子に熟練技能を伝えるのに時間を要し，教えられる人数も限られる。だが，学校では多くの若者に，一定水準の知識を短期間で習得させられる。学校は工場労働者に広く知識を授ける場となる。1840年代以降，ウラジーミル県や都市で，工場労働に必要な知識を教える学校が登場する。学校の設立は，知識労働者を求める企業家の要請でもあった。経営者や職人等が学校に通い，家庭や職場で習得できない知識を学ぶ姿は，珍しくなくなる。以下に，学校導入の具体例を見てみたい。

染色と化学の関係で触れたように，1830年代以降，ロシアでは化学を染色に導入し始める。それは，漂白方法の革新と媒染剤の利用に象徴される。ウラジーミル県の企業も，化学が染色に必要と判断し，染色職人が地元で染色に関わる，化学を学べる環境を整備した[122]。1840年代にイヴァノヴォでは，時々，化学の専門家を招聘し，講習会を開き，化学を習得する機会を染色職人に提供した。これにより染色職人は，理論と実践を結び付けることが可能になった。工場労働者も，次第に識字・計算能力が求められる。当時，ウラジーミル県で識字能力の養成は，親の義務と考えられたが，企業家ガレリンは，労働者の識字能力が高まれば，彼らの勤労意欲も高まると考え，企業併設の学校で従業員の識字能力を養う必要性を説いた[123]。1848年にI. A. バブーリンはガレリンの提案に応え，イヴァノヴォの染色工場の傍に，企業が運営する学校を設置し，読み書きや簿記，技術系デッサン，神学，教会声楽を教え，労働者の知識水準を高めた[124]。

同じ頃，機械工の養成も，ロシアの重要課題となる。1840年代にロシアで蒸気機関が普及すると，多くの機械工が工場で必要となった。この問題を解決するに先立ち，1830年に機械工を養成する専門学校（Московское Учебное Ремесленное заведение）が，モスクワに設立された[125]。この専門学校は，体系的に機械製作を学生に教えるだけでなく，機械製作の実習を学生に課し，機械製作能力を養った。結果として，専

---

[122] Там же., 5 ноября 1849, No. 45, с. 224.
[123] Там же., 8 июня 1857, No. 23, с. 134.
[124] Там же., 8 июня 1857, No. 23, с. 134.
[125] この専門学校は，現在モスクワにあるバウマン工科大学の前身である。

門学校の教育は，ロシア製蒸気機関の技術を向上させた。専門学校以外にも，特定の専門家が機械工場の技術を高めるよう努めた。ロシアの企業は従来，ロシア製蒸気機関の品質を信用しなかった。機械製作に精通する，陸軍大佐スホボ・コビリンは[126]，各地の機械工場の技術指導に率先して当たり，1850年代までにロシア製蒸気機関の性能改善に努める。

　1828年に企業経営者のための学校，サンクト・ペテルブルク技術大学（Санкт-Петербургский практический технологический институт）が，首都に設立された[127]。従来ロシアの企業は，家族による同族支配で運営され，経営手法は家族内で親から子へ継承された。一世代前なら科学技術を知らずとも，企業経営に支障はなかった。19世紀半ばにロシア企業の多くは，なお同族企業だったが，好業績に伴い企業規模が拡大し，経営者に会計学が必要となると同時に，機械化の推進に伴い，科学技術の知識も必須となる。1850年代に綿工業の経営者は，科学技術を知らずに，企業を経営することは不可能になる。サンクト・ペテルブルク技術大学では，化学，物理学，機械，技術，会計学を必須科目とし，修業期間の5年間に，企業経営に必要な知識を学生に習得させた[128]。ウラジーミル県の企業家は，この技術大学に子弟を送り，経営者としての教育を身につけさせた。

## VI　結　び：ロシアと中央アジア

　本章で，ウラジーミル県の綿工業の発展を検討してきたが，ここで，ウラジーミル県の綿工業が発展した要因について，再度確認してみよう。本章で論じたように，①ウラジーミル県の地理的優位性，②既存の流通網と染色の基盤，③ヨーロッパの技術導入の三点が，ウラジーミル県の綿工業発展の主要因であった。ロシアは通常，ヨーロッパとアジアの文化が交差する地域だと言われる。イスラム教のタタール民族が集中する，カザン（写真2-3）が近隣にあるウラジーミル県は，ロシアの他都市と

---

126)　*Владимирские Губернские Ведомости*, 25 мая 1857, No. 21, с. 120.
127)　これは現在のサンクト・ペテルブルク工科大学の前身である。
128)　*Владимирские Губернские Ведомости*, 3 февраля 1851, No. 5, с. 32.

比べ、ロシアとアジアの文化境界に位置する。他方、当地域は河川交通網を通じて、ヨーロッパ貿易の窓口、アルハンゲリスク港に繋がり、ヨーロッパ文化を受容し易い場所にあった。ウラジーミル県が地理的に、ヨーロッパとアジアの知が融合する場所に位置したことが、当地域の綿工業発展に寄与したと思われる。

従来、発展段階論に基づき、ロシアは後発工業国と認識された[129]。つまり、ロシアは遅れて工業化に着手し、ヨーロッパへのキャッチアップを試みたと説明された。しかし近年、需要の側面から工業化を捉える、新たな見解が提示されている[130]。17世紀以降の世界史を踏まえれば、ヨーロッパが東インド会社を通じて、アジア商品を積極的に輸入した時期があった。中でも綿織物（更紗）は重要なアジア商品であった。ヨーロッパはアジア貿易で入超に悩み、貿易赤字を削減するため、キャラコ輸入禁止令を発令する[131]。長期の視点に立てば、ヨーロッパの工業化は、アジアとの貿易赤字を克服するため、アジア商品を輸入代替する過程だったと考えられる[132]。この見解は、近代ヨーロッパの優越性を相対化するが、事の経過に論理的矛盾はない。このヨーロッパとアジアの逆転の構図は、ロシアと中央アジアの関係にも応用可能と思われる。

ヨーロッパが推進したアジア製綿織物の輸入代替に着目するなら、そ

写真2-3　カザン

---

129) 例えば、有馬達郎『ロシア工業史研究』東京大学出版会、1973年、306-307頁。
130) ブローデル、F.（村上光彦訳）『物質文明・経済・資本主義15-18世紀　Ⅲ-2　世界時間2』みすず書房、1999年、250-252頁；川勝平太「日本の工業化をめぐる外圧とアジア間競争」、濱下武志・川勝平太編『アジア交易圏と日本工業化1500-1900』リブロポート、1991年、167-168頁。
131) 佐野敬彦『織りと染めの歴史　西洋編』昭和堂、1999年、70頁。
132) フランク、A.G.（山下範久訳）『リオリエント――アジア時代のグローバル・エコノミー』藤原書店、2000年、347-349頁。

の成功は，化学を応用した染色法の発展と，蒸気機関の導入に起因すると思われる。染色技術は歴史的にアジアで発展し，この技術移転は容易ではなかった[133]。ヨーロッパは染色に要素論的方法（化学）[134]を導入し，染色を化学反応の過程と捉え，化学によりアジアの染色法を解明した。これにより，ヨーロッパは課題を克服し，アジアの染色技術を乗り越える。19世紀は蒸気機関の時代と呼んでよい。この世紀，蒸気機関は石炭採掘や鉄道，船に応用されるが，染色も例外ではなかった。従来，仕事は人力か畜力，あるいは自然エネルギー（水力や風力）で行ったが，蒸気機関は化石燃料の使用により，仕事量を何十倍にも拡張した。これにより，工程処理の大量・高速化が実現し，仕事は自然のリズムでなく，蒸気機関のリズムに沿って行われるようになる。蒸気機関の生産過程への導入により，従来の時間の観念が変わった。

19世紀前半にウラジーミル県は，ヨーロッパから化学と蒸気機関を導入し，捺染業を基盤とする綿工業を発展させた。この過程を，中期的（100年程度）に見れば，ウラジーミル県はヨーロッパを模範として，工業化に邁進したことになる。しかし，長期的（300年程度）に見れば，別の見解を示すこともできる。16世紀以降，ロシアは中央アジアから綿織物を輸入してきた。ウラジーミル県が最初に染色業を学んだ先達も，中央アジアだった。ウラジーミル県にとって，中央アジアが憧憬の地であったことは，想像に難くない。綿織物の貿易に関する限り，ロシアは長年，中央アジアから一方的に製品を輸入してきた[135]。その後，当地域は，ヨーロッパから科学技術を導入し，綿工業を発展させた。中期的に検討すれば，ウラジーミル県の工業化は，ヨーロッパ商品の輸入代替過程であったように見える（グラフ1-1を参照）。しかし長期的に考察すれば，当地域の工業化の本質は，中央アジア商品の輸入代替過程だったと考えられる（グラフ1-5を参照）。当地域で綿織物が大量生産されると，製品はすぐに中央アジアに輸出され，中央アジアはロシアの有力な綿織

---

133) 深沢克己『商人と更紗──近世フランス＝レヴァント貿易史研究』東京大学出版会，2007年，157-159頁。

134) 広重徹『近代科学再考』朝日新聞社，1979年，23頁。

135) Юхт, А. И. *Торговля с восточными странами и внутренний рынок России (20-60е годы XVIII века)*, Москва: Академии Наук СССР, Институт Экономики, 1994, с. 236-239.

物の販売市場になる。

　ソ連時代,帝政ロシアを否定的に捉えることが,ロシア史研究で慣例となり,19世紀後半に,ロシアが中央アジア地域を併合した経緯を敷衍し,ロシアが中央アジア市場で綿織物を(軍事力を伴って)強制的に販売した,という歴史像が描かれた[136]。中央アジアの消費者が,どのようにロシア製綿織物(更紗)を使用したかは,実際にモノを見る必要がある。実際には,中央アジアの女性がウラジーミル県の更紗を,ハラート(上着)の裏地に使用した[137]。当時の中央アジアはイスラム教の影響下にあり,屋外で女性はベールで肌を隠した。裏地は,同性に見せる美的センスであり,決してロシアの強制ではなかった。ウラジーミル県の更紗は少なくとも,中央アジア女性を魅了したのは明らかである。300年の長期的視点に立てば,ロシアと中央アジアは,何らかの要素を共有する文化圏に属し,工業化によりロシアは,中央アジア商品の輸入代替を実現したと考えられる。これは,ヨーロッパが工業化により,アジア商品を輸入代替した構図と相似形である。この点については,終章で改めて論じたい。

---

　136)　例えば,Рожкова, М. К., *Экономическая политика царского правительства на среднем востоке во второй четверти XIX века и русская буржуазия*, Москва: Академии Наук СССР, 1949, с. 383-386.
　137)　Meller, S., *Russian Textiles, Printed cloth for the bazaars of Central Asia*, New York: Abrams, 2007, p. 44.

# 第三部

# 更紗の流通

# 第3章

# ニジェゴロド定期市における綿織物の取引

---

## I　はじめに

　ソ連時代には計画経済が支配的であったが，ソ連崩壊以後の1990年代に，ロシアは試行錯誤を行いながら，従来の計画経済から市場経済への移行を進めた。その過程で，金融危機が発生したが，移行開始後20余年を経て，ロシア経済は成長軌道を辿っている。この経済の体制転換は，ロシア経済史研究に間接的ではあるが，少なからぬ影響を与えた。従来，帝政ロシア期の経済は，肯定的に扱われることは少なかったが，最近は逆にソ連の経済制度を否定的に評価する風潮の中で，帝政ロシアの経済を再評価する傾向が強まっている。ソ連時代には，ロシア革命以前の企業家や商人を，研究対象として積極的に取り上げるのは困難だったが，市場経済で活躍する実業家の役割が近年，ロシアで脚光を浴びており，帝政期の企業家・商人に関する，経済史研究が活況を呈している[1]。ま

---

　1)　例えば，代表例として次の文献が挙げられる。Галаган, А. А., *История Предпринимательства Российского от Купца до Банкира*, Москва: Ось-89, 1997; Кузнецовая, Н. П., Рихтер, К., *Очерки Истории Бизнеса*, Санкт-Петербург: Издательство Санкт-Петербургского университета, 2001; Сметанин, С. И., *История Предпринимательства в России*, Москва: Логос, 2004.
　旧ソ連時代に歴史研究が行われる場合，必ず言及される基本文献は，K. マルクスか V. レーニンの諸著作であり，両者の主張から懸け離れた事実を，論文や著作で公式に著述することは許されなかった。ソ連時代に出版された歴史研究書の序文を読めば，必ず研究内容が，K. マルクスと V. レーニンの問題意識と，どう関わるかが説明されているため，そのことは明らかである。

た，19世紀の定期市に関する研究も盛んに行われている[2]。

帝政ロシアの経済成果を見直す昨今の潮流を反映して，近年ニジェゴロド定期市に関する研究が，発表されるだけでなく，帝政期に出版されたニジェゴロド定期市に関する研究も，復刻されている[3]。ニジェゴロ

---

　K. マルクスの『資本論』の基礎に，労働価値説がある。この説によれば，商品の価値は，その商品の生産過程で投じられた労働力によって決まる。労働価値説から見れば，商人は価値を生み出すわけではなく，『資本論』が称えられた旧ソ連では，商人は歴史研究の対象となりにくかった。また，イノヴェーションを行う対象として，企業家を捉えた J. シュンペーターの考えも，ソ連時代に普及しなかったため，企業家を肯定的に評価する研究には取り組みにくかった。しかし，欧米の研究環境は自由であったため，帝政ロシア・ソ連の商人・企業家を積極的に評価する研究は出版された（Guroff, G., Carstensen, F. V. (ed.), *Entrepreneurship in Imperial Russia and the Soviet Union*, Princeton University, 1983）。

　ただし，「封建制から資本制へ」という大きなテーマの枠組内部でのみ，企業家や商人を部分的に評価することは可能であった。それは，19世紀半ばから19世紀末にいたる期間を研究対象とした場合に限られる。K. マルクスと V. レーニンの諸著作を基に，農奴制期を封建時代，農奴解放以後を資本主義時代，ロシア革命以後を社会主義時代と，以前は捉えられた。資本主義が十分成長した段階で，社会主義時代が到来するという考えの下では，19世紀後半に資本主義が十分発達し，社会主義の萌芽が表れたと示唆する研究は，体制維持に貢献したため，積極的に認められた。このテーマの集大成的な研究は次の文献である。Шуков, В. И., *Переход от феодализма к капитализму в России, Материалы Всесоюзной дискуссии*, Москва: Наука, 1969.

　例えば，マルクス主義歴史家として著名なロシュコヴァは，19世紀半ばの商人・企業家の行動が資本主義化を促したとして，積極的な評価を与えた（Рожкова, М. К., 'Русские фабриканты и рынки среднего востока во второй четверти XIX века', *Исторические Записки*, No. 27, Москва, 1948）。しかし，「封建制から資本制へ」という枠組みを超えて，商人・企業家を評価する研究は，主流には成りえなかった。ソ連が崩壊した1991年以後，K. マルクスや V. レーニンの諸著作から歴史研究が解放され，企業家や商人を自由に研究対象とする環境が整備された。

　2）例えば，次の文献を挙げることができる。Тагирова, Н. Ф., *Рынок Поволжья (Вторая половина XIX-начало XX вв.)*, Москва: Издательский центр научных и учебных программ, 1999; Богородицкая, Н. А., *Нижегородская ярмарка в воспоминаниях современников*, Нижний Новгород, 2000; Филатов, Н. Ф., *Три века Макарьевско-Нижегородской ярмарки*, Нижний Новгород: Книги, 2003.

　3）Безобразов, Б. П., *Избранные Труды*, Москва: Наука, 2001. ロシア帝政期からソ連初期に出版された文献の復刻は，ニジニ・ノヴゴロド定期市に関わる文献に限定されない。これは経済学全般に関わる文献に言えることである。著名な経済学者の著作では，M. I. ツガン・バラノフスキーや I. M. クーリッシャーの文献の多くは，復刻されている。また，ソ連時代に粛清に合った経済学者，例えば，A. V. チャヤーノフや N. D. コンドラチェフの文献も復刻されている。それは，体制に抑圧され，経済学・経済史研究が自由にできなかった時代が終わり，本当の意味で研究環境が自由になり，ソ連時代に顧みられなかった経済文献への再評価が進んでいることを示す。経済文献の復刻全般については，次の文献が参考になる。小島修一『二十世紀初頭ロシアの経済学者群像』ミネルヴァ書房，2008年。

第 3 章 ニジェゴロド定期市における綿織物の取引　　99

写真3-1　ニジニ・ノヴゴロド

ド定期市は，ニジニ・ノヴゴロド（写真3-1）と呼ばれる都市に位置したため，当地の郷土史家が，この定期市を研究対象とすることが多い。だが，この定期市の取引額は，19世紀のロシア経済を左右するほどの規模だったため，ニジェゴロド定期市は，当時のロシア経済を理解しようとする経済史家にとって，不可欠の研究対象となる。この定期市は従来，国内市場における位置づけや，アジア貿易という観点から，研究されてきたが，ロシアの初期工業化という観点から，検討されることはほとんどなかった。本章では初期工業化，とりわけ綿織物取引の変化という観点から，当時の統計データに基づき，ニジェゴロド定期市の構造変化を明らかにしたい。

　本章で言及する「初期工業化」は，重要な用語なので，ここで説明しておきたい。通説では，1870～80年代にロシアの工業化，あるいは，産業革命が飛躍的に前進したと説明される。それと比べて，19世紀前半にロシアの工業化はわずかに進んだが，農奴制が工業化の進展を遅らせてしまったと評価された。この立場の代表例として，帝政ロシア期のM. I. ツガン・バラノフスキー，ソ連時代のM. K. ロシュコヴァの研究が挙

げられる[4]。だが農奴制下でも工業化，とりわけ綿工業は，飛躍的に発展したと私は考える。この立場は少数派だが，稀有な考え方では決してなく，帝政ロシア期のM. L. デ・デゴボルスキー，ソ連時代のV. K. ヤツンスキー，W. L. ブラックウェル，B. N. ミローノフが同様の立場を取る[5]。この立場の研究者は，当時の統計データを重視し，かつ，他国の統計データと比較して，どの程度，ロシアが経済的に遅れていたかを，正確に理解しようする。1850年代にロシアの紡績工場における紡錘数の合計は，世界第5位であったことから，19世紀前半に工業化があまり進まなかったとする立場は，ロシアの工業化を過小評価しているように思われる。本章で使用する「初期工業化」には，農奴制下の工業化を否定的にではなく，肯定的に評価する意味合いを持たせている。

さて，ニジェゴロド定期市における，取引データの基礎文献として，週三回刊行されていた『商業新聞』[6]（1825～1860年），月刊の『雑誌・工場と貿易』[7]（1825～1866年），そして『雑誌・内務省』[8]（1829～1861年）を利用する。『商業新聞』と『雑誌・工場と貿易』はロシア大蔵省対外貿易局が，『雑誌・内務省』は内務省が，編纂した出版物であり，政府の公式データとして利用できる。この三種類の文献は，現在ロシア国立図書館（サンクト・ペテルブルク）に所蔵されており，常時閲覧可能である。ニジェゴロド定期市の歴史は1817年に始まるが，データの制約から，本章では考察対象とする期間を1828～60年に限定したい。ニジェゴロド

---

4) Туган-Барановский, М. И., *Избранное-Русская фабрика в прошлом и настоящем, Историческое развитие русской фабрики в XIX веке*, Москва: Наука, 1997; Рожкова, М. К., *Экономическая политика царского правительства на среднем востоке во второй четверти XIX века и русская буржуазия*, Москва: Изд-во Академии наук СССР, 1949.

5) De Tegoborski, M. L., *Commentaries on the productive forces of Russia*, Vol. II, London, 1856; Яцунский, В. К., 'Крупная промышленность России в 1790-1860 гг', *Очерки экономичечкой истории России первой половине XIX века*, Рожкова, М. К., Москва: Издательство Социально-Экономической Литературы, 1959; Blackwell, W. L., *The Beginnings of Russian Industrialization 1800-1860*, Princeton University Press, 1968; Миронов, Б. Н., *Внутренный рынок России во второй половине XVIII-первой половине XIX в.*, Ленинград: Наука, 1981.

6) Департамент Внешней Торговли, *Коммерческая Газета*, Санкт-Петербург, 1825-1860.

7) Департамент Внешней Торговли, *Журнал Мануфактур и Торговли*, Санкт-Петербург, 1825-1866.

8) Министерство Внутренных Дел, *Журнал Министерства Внутренных Дел*, Санкт-Петербург, 1829-1861.

定期市の取引額に関する統計データには，商品を定期市に集荷した際に算定される，「集荷額」（сумма привоза）と，その商品を販売した際に算定される「販売額」（сумма продажи）の二種類が存在する。「販売額」のデータには欠落している年があり，時系列で取り扱えないため，本章では，「集荷額」を取引額の基礎データとして採用し，このデータに基づいて，ニジェゴロド定期市を分析することにしたい。

## II　ニジェゴロド定期市の特徴

### 1. ニジェゴロド定期市と外国貿易

19世紀前半のロシアでは，サンクト・ペテルブルクやモスクワのような大都市を除けば，常設店は少なかった。しかし，ロシア全土に点在する無数の定期市が，相互にネットワークを結び，常設店と連携することで，国内市場を形成していた[9]。定期市といっても，一様な形態ではなく，その開催頻度は三日毎から一年毎まで様々であり，それぞれの定期市で商品の取引総額も異なっていた。1850年代のロシア国内には4670の定期市が存在したが，ニジェゴロド定期市，ロストフ定期市，イルビット定期市，カリョナヤ定期市，ハリコフ定期市という五大定期市が，国内定期市の多くを組織化していた（地図3-1）[10]。その五大定期市を束ねていたのがニジェゴロド定期市であり，国内の定期市の中で，最大の取引額を誇っていた。ニジェゴロド定期市は通常年1回，7月中旬から9月上旬までの間に，約一月間開催された。定期市の傍を流れるヴォルガ川は，冬季に凍結し，商船が航行できなくなるため，ニジェゴロド定期市は夏季に開催された。

「ニジェゴロド定期市」（Нижегородская Ярмарка）の取引は，1817年に始まるが，この定期市には「マカリエフスク定期市」（Макарьевская

---

9)　Миронов, Б. Н., *Внутренный рынок России во второй половине XVIII-первой половине XIX в.*, Ленинград: Наука, 1981, с. 168.

10)　Остроухов, П. А., 'Нижегородская Ярмарка в 1817-1867 гг', *Исторические Записки*, 90, Москва, 1972, с. 220.

地図3-1　五大定期市の立地

Ярмарка）という前身がある。マカリエフスク定期市の始まりは，1624年にヴォルガ川岸のマカリエフスク修道院城壁の辺りで，商品が交換されたことに由来する[11]。定期市の名称は，修道院名の「マカリエフスク」から採られた。マカリエフスク定期市の時代も含め，ニジェゴロド定期市が活動していた期間を算出すれば，約300年間になる。マカリエフスク定期市の取引所は，1816年8月18日に突然の火事によって消失したが，その際に，省委員会はマカリエフスク定期市の再建を放棄し，定期市をマカリエフスクからニジニ・ノヴゴロドに移設した[12]。翌年の1817年7月20日に，新しく開設されたニジェゴロド定期市が，マカリエフスク定期市の機能を継承し，取引を開始した。この定期市が後に，ロシアの定期市の中で最大の取引額を誇るようになる。

　ニジェゴロド定期市が繁栄した要因の一つに，地理的条件に恵まれたことが挙げられる。この定期市はニジニ・ノヴゴロドに位置したが，そ

---

11) Богородицкая, Н. А., *Нижегородская Ярмарка-Крупнейший Центр Внутренней и Международной Торговли в Первой Половине XIX века*, Горький, 1989, с. 3.

12) Богородицкая, Н. А. с. 5.

第3章　ニジェゴロド定期市における綿織物の取引　　　103

の傍にヴォルガ川が流れており，また，オカ川とコミ川の沖積地にも隣接したので，定期市は河川交通網を効果的に利用できる場所にあった。ニジニ・ノヴゴロドからヴォルガ川を北上すれば，モスクワを経て首都サンクト・ペテルブルクに到達でき，ヴォルガ川を南下すれば，カザンとアストラハンを経てカスピ海に抜けられるように，ロシアにおける物流の動脈として，ヴォルガ川は機能した。この川はヨーロッパ・ロシアの南北を貫き，首都サンクト・ペテルブルクとカスピ海を結びつけることで，広範な河川輸送網を形成した。ヴォルガ川を通じて，ロシア商品が国内を縦横に移動するだけでなく，ヨーロッパ商品が北から南へ，またアジア商品が南から北へ運ばれた。ニジェゴロド定期市は，この河川交通の利点を活かすだけでなく，陸路の輸送網と結びつくことで，定期市の商圏をユーラシア大陸に拡大した。

　アジアの商品がロシアに輸入される場合，また，ロシアの商品がアジアに輸出される場合，商品は通常ニジェゴロド定期市を通過した。そのため，この定期市は，ロシアとアジア間の流通のハブ（結節点）として，機能したと考えられる。したがって，19世紀ロシアのアジア貿易を検討する際に，ニジェゴロド定期市の役割を無視することはできない。ニジェゴロド定期市から南下し，アストラハン〜ティフリス（現在のトビリシ）を経るとペルシアに，ニジェゴロド定期市から南東に向かい，カザン〜オレンブルクを経ると中央アジアに，ニジェゴロド定期市から東進し，トムスク〜キャフタを経ると清に到達できた。ニジェゴロド定期市は，ペルシア・中央アジア・清という，アジア市場を商圏に組み込む一方，ペテルブルク港を通じて，ヨーロッパ市場にも結びつき，ヨーロッパとアジア間の掛け橋となった。

　ここで，定期市の規模について数字で確認しておこう。ニジェゴロド定期市開催中の1日の平均来場者数は，1830年代に15万人であり，1850年代に25万人に達したが，この来場者数は，ヨーロッパ有数のライプツィヒ定期市の集客規模を上回るほど，巨大であった[13]。ニジェゴロド定期市には，商品を売買する商人はもちろん，娯楽を目的とする見物客や，集会を催す宗教関係者も訪れたため，定期市は単に経済的機能を果たし

---

13）　Остроухов, 1972, с. 219.

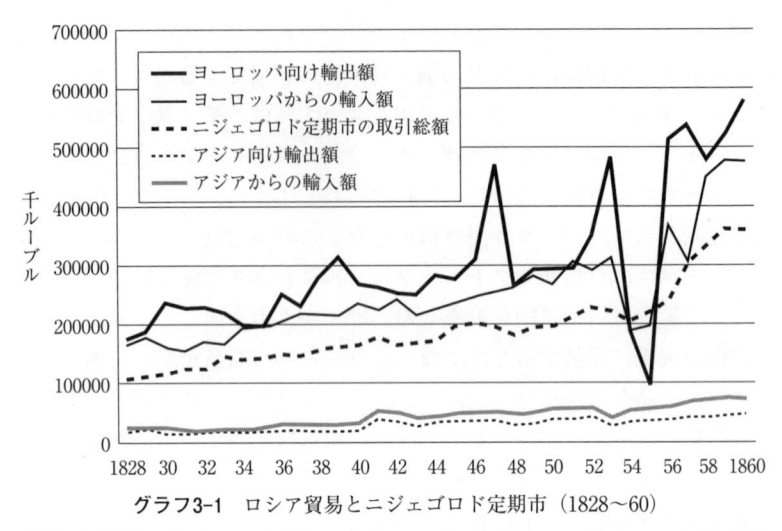

**グラフ3-1 ロシア貿易とニジェゴロド定期市（1828〜60）**

注1） このグラフは，Департамент Внешней Торговли, *Государственная внешняя торговля в разных ее выдах, за 1828-1860*, СПБ, 1829-1861; Департамент Внешней Торговли, *Коммерческая Газета*, СПБ, 1828-1860 より作成。

注2） ロシアでは1840年に通貨改革が行われ，1839年まではアシグナツィア・ルーブルが，1840年以降は銀ルーブルが，通貨単位として使用された。1840年の時点で，1銀ルーブル＝3.5アシグナツィア・ルーブルとされた。時系列で分析可能にするために，1840年以降の統計値は全て銀ルーブルからアシグナツィア・ルーブルに換算してある。全てのグラフで，1840〜60年の取引高は，銀ルーブルからアシグナツィア・ルーブルに換算したものを掲載した。

ただけでなく，社会・文化的機能も併せ持った[14]。また，当時のロシア経済の観点から見れば，定期市の取引額は巨額であった。例えば，1850年のニジェゴロド定期市の取引額は，その年のモスクワの取引額一年分に相当し，また，ロシアの欧州向け輸出額，あるいは，輸入額の半分を占め，ロシアのアジア向け輸出額，あるいは，輸入額をはるかに上回った（グラフ3-1）。それゆえに，ニジェゴロド定期市は，ロシア経済の一翼を担ったと考えられる。

---

14) Fitzpatrick, A. L., *The Great Russian Fair-Nizhini Novgorod, 1840-90*, Macmillan, 1990, p. 176.

## 2．国際商業におけるニジェゴロド定期市の位置

　ニジェゴロド定期市を訪れたのは，ロシア商人だけではなかった。広くユーラシアの各地から，多くの外国商人がこの定期市に集まった。ヨーロッパ諸国からフランス人，イギリス人，ドイツ人，イタリア人，オランダ人が，アジア地域からブハラ人，タタール人，ペルシア人，アルメニア人，トルコ人，インド人が定期市を訪れた[15]。ロシアとアジア間の貿易を考察する場合，アルメニア商人とブハラ商人が重要になる。清との貿易を別とすれば，ロシアがアジアと貿易を行う場合，アジア商人が流通網を掌握することが多く，ロシア商人が貿易を主導することは稀であった。ロシアとペルシア間の貿易では，主にアルメニア商人が，ロシアと中央アジア間の貿易では，主にブハラ商人が流通を担った。露清貿易は両国の管理下で行われ，キャフタ以外で貿易を行うことは許されなかったため，清の商人が自らニジェゴロド定期市を訪れることはできなかった。しかし，代わりにイルクーツク近郊に住むシベリア商人が流通を仲介し，清の商人の要請に応じた。

　ニジェゴロド定期市の取引は，信用取引と現金決済の両方で行われた[16]。19世紀前半のロシアでは，政府系銀行である国立商業銀行が，全国にある支店と本店（サンクト・ペテルブルク）の取引関係を構築した。定期市の開催期間に限り，国立商業銀行ニジニ・ノヴゴロド支店が，定期市内で営業したため，この支店を通じて商人は，他の支店の口座に代金を振り込むことができ，また，他の支店から振り込まれた代金を，定期市で受け取ることができた。定期市からの主要な送金先は，ペテルブルク，モスクワ，オデッサ，リガであった。現金決済以外の支払い手段として，手形が利用される場合もあった。これは商品の購入者が，販売者に手形を発行して，商品を引き渡す方法であり，商品の受け渡しから1～2年後に支払う方法であった。手形を利用した信用取引は，主にロシア商人間で行われ，ロシア商人と外国商人の間ではあまり普及しなか

---

　15）Гациский, А. С., *Нижегородский Сборник*, Том1, Нижний Новгород, 1867, с. 7.
　16）Остроухов, П. А., 'Из истории Государственных Кредитных Установлений России', *Сборник Русского института в Праге*, Прага, 1931, с. 112.

った[17]。商品別に説明すると，綿織物や毛織物等の工業製品は，信用取引の対象となることが多く，その他の農産物やヨーロッパからの植民地物産等の取引では，現金決済が主流であった。

　ニジェゴロド定期市では，様々な通貨が使用された[18]。定期市の取引では，もちろんロシア製の金貨と銀貨が使用されたが，外国の通貨も流通していた。例えば，フランスの金貨・銀貨，オーストリアの金貨・銀貨，スペインの銀貨，オランダの銀貨等のヨーロッパ通貨は，定期市の取引で通常使用された。定期市開催中には，何軒もの両替所が設置され，多種多様な通貨を交換する業務を行った。アルメニア商人やブハラ商人は，定期市で商品を販売し，現金を受け取った後に，必要な商品があれば，手持ちの現金で商品を購入したが，所望する商品がない場合，獲得した現金をアジアで使用可能な金貨や銀貨に両替して，自分達の国に持ち帰ることが多かった。1830年以後，ロシアおよび外国の通貨を国外へ持ち出す際，ロシア政府が関税を懸けなくなるため，ロシアからアジアへ金貨・銀貨が一層流出することになる[19]。19世紀前半を通じて，ロシアはアジアとの貿易で一貫して赤字を示し，金貨・銀貨の流出はロシアにとって懸念材料となった。

　ここで，ニジェゴロド定期市とライプツィヒ定期市との関係に触れておきたい。ニジニ・ノヴゴロドとライプツィヒとは，相当な隔たりがあるが，19世紀前半には，ニジェゴロド定期市からライプツィヒ定期市へ，毛皮商品が恒常的に送られ，毛皮商品を介して，両定期市間に緊密な関係が存在した。ニジェゴロド定期市で購入された毛皮，例えば，ビーバー，クロテン，狐，狼，子羊の毛皮は，ポーランド（ポルタヴァ〜クルスク〜ワルシャワ）経由でライプツィヒ定期市に輸出され，そこで取引された[20]。19世紀前半に国際毛皮市場が，ロンドンとライプツィヒ定期市の二箇所に存在し，世界から高級毛皮がこの二つの市場に集められた。国際毛皮市場の一翼を担っていた，ライプツィヒ定期市で，専門の商人

---

　17）Остроухов, П. А., 'К вопросу о кредитных и платежных отношениях на Нижегородской ярмарке в первой половине XIX столетия', *Сборник статьей посвященных П. Б. Струве*, Прага, 1925, с. 333.

　18）Богородицкая, Н. А., с. 57.

　19）Остроухов, П. А. 1972, с. 236.

　20）Миллер, Л. К. *Лейпцигская Ярмарка*, Санкт-Петербург, 1900, с. 50.

が毛皮の国際価格を決定していた[21]。ロシアや中央アジア産の毛皮のいくつかは，当時国際的に高級品と認められたため，ライプツィヒ定期市で高値を付けた。

この二つの定期市間の流通を担ったのは，ポーランド系ユダヤ商人である[22]。ライプツィヒ定期市は1697年から繁栄し始めるが，当初は定期市の取引に従事するユダヤ商人は極く僅かしかいなかった。しかし1760年以後，ユダヤ商人の割合が次第に高まり，ライプツィヒ定期市の商人の中で，ユダヤ商人が多数派を占めるようになる。ユダヤ商人は定期市のあらゆる取引に関与したのではなく，毛皮取引の領域に特化したと思われる。ユダヤ商人は自ら，ニジェゴロド定期市を訪れ，ロシアと中央アジア産の毛皮を仕入れ，ライプツィヒ定期市に運んだ。ニジェゴロド定期市とライプツィヒ定期市間の流通に関わった商人として，ユダヤ商人以外の名前が言及されることはない。そのため，ユダヤ商人がロシアのヨーロッパ向け毛皮輸出を，掌握していたと考えられる。1822年以後，ロシアの保護関税政策の影響により，ロシアのライプツィヒ向け毛皮商品の価格が上昇し，現地での売れ行きが悪化する。以後，ニジェゴロド定期市からライプツィヒ定期市へ輸出されるのは，最高級毛皮に限定され，それ以外の商品の輸出は次第に衰退する[23]。

## Ⅲ　ニジェゴロド定期市における取引

本節では，ニジェゴロド定期市の取引データに基づき，1828～60年に取引された商品構成の，長期的変化を検討してみたい。ニジェゴロド定期市の検討に取りかかる前に，まずロシアの貿易額とニジェゴロド定期市の取引額を確認しておきたい（グラフ3-1）。ロシアとヨーロッパの輸出入額は，ニジェゴロド定期市の取引額を上回っているが，ロシアとアジアの輸出入額は，ニジェゴロド定期市の取引額を下回っている。長期的趨勢としては，ニジェゴロド定期市の取引額は，ヨーロッパ向け輸出

---

21) Богородицкая, Н. А., с. 48.
22) Миллер, Л. К., с. 34.
23) Богородицкая, Н. А., с. 36.

入額のトレンドと同様に推移するが，1853〜56年の期間だけは異なる動きを示す。これは，クリミア戦争がロシアとヨーロッパの貿易に悪影響を与えたため，ロシアとヨーロッパ間の輸出入額が，一時的に減少したためである。一方，1846〜48年と1851〜53年には，ヨーロッパ向け輸出額が一時的に急増する。

では，ニジェゴロド定期市の分析に移りたい。すでに触れたように，定期市の取引額のデータには，出荷額と販売額の二種類あるが，以下の分析には，出荷額のみを取り上げて検討する。定期市で取引された商品は，出荷地域別に，①ロシア商品，②ヨーロッパ商品，③アジア商品の三種類に大別できる。「ヨーロッパ商品」には英国，フランス，オランダ等から輸入された商品が含まれるが，ヨーロッパ諸国で生産された商品だけでなく，ヨーロッパの植民地から輸入された商品も含まれた。「アジア商品」には清，ペルシア，中央アジアからの商品が含まれる。分析対象期間である1828〜60年には，ロシア商品の取引額が他の地域の商品に比べて，常に最大値を示しており，また取引額は一貫して，増加

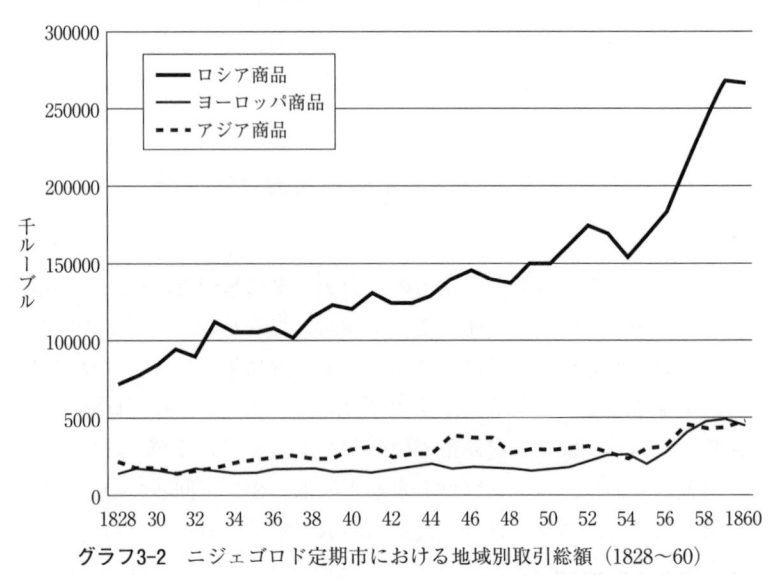

**グラフ3-2** ニジェゴロド定期市における地域別取引総額（1828〜60）

注1） このグラフは，Департамент Внешней Торговли, *Коммерческая Газета*, СПБ, 1828-1860 より作成。
注2） 時系列で分析可能にするために，1840〜60年の取引高は銀ルーブルからアシグナツィア・ルーブルに換算したものを掲載した。

傾向を示している（グラフ3-2）。三地域に占めるロシア商品の割合も，常に上昇傾向にあり，67〜77％の枠内で増減するが，長期的には上昇傾向を示している。

一方，「ヨーロッパ商品」と「アジア商品」は，分析対象期間に増減を繰り返し，1850年代後半に，ようやく両者の取引額が増加傾向を示すようになる。1833〜53年と1856〜57年，1860年には，「ヨーロッパ商品」の取引額が，「アジア商品」のそれを上回るが，その他の期間には両者の関係は逆転する。ニジェゴロド定期市の取引総額に占める，「ヨーロッパ商品」の割合に注目すると，8〜15％の幅で増減を繰り返したことが確認できる。他方，定期市の取引総額に占める，「アジア商品」の割合に着目すると，「ヨーロッパ商品」の傾向と同様に，11〜19％の幅で増減を繰り返すが，長期的にはやや減少傾向を示している。三地域の商品の取引総額の変化を，端的に表せば，「ロシア商品」の取引額が，堅調に増加する一方，「ヨーロッパ商品」と「アジア商品」は微増に止まった。これにより，定期市の比重が，外国商品から国内商品にシフトしたことが窺える。

### 1．ロシア商品

ここで，各地域から，どのような商品が定期市に運ばれ，取引されたかを確認してみたい。商品構成の変化を把握しやすくするため，ロシア商品の内訳を，①「織物製品」，②「金属」，③「毛皮・皮製品」，④「食料」，⑤「陶磁器・ガラス・鏡」の5項目に分類し，ロシア商品の取引額に占める，各項目の変化に着目したい（グラフ3-3）。ロシア商品総額に占める割合でも，取引額でも，一貫して「織物製品」が最大値を示している。1828年以降，「織物製品」の取引額は，一貫して増加傾向を示すが，とりわけ，1857年以降の「織物製品」の取引額の成長は著しい。ロシア商品総額に占める「織物製品」の割合は，37〜51％の幅で変化しつつも，増加傾向を示している。

「金属」と「毛皮・皮製品」の取引額は，漸進的に増加傾向にあり，ロシア商品総額に占める割合では，「金属」は20％前後，「毛皮・皮製品」は10％前後を占めている。「金属」には，様々な種類の鉄・鋼鉄・

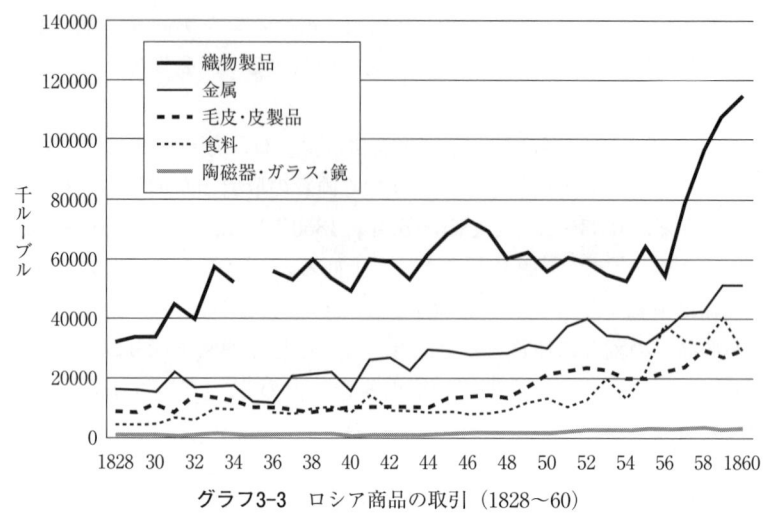

**グラフ3-3　ロシア商品の取引（1828〜60）**

注1）　このグラフは，Департамент Внешней Торговли, *Коммерческая Газета*, СПБ, 1825-60; Департамент Внешней Торговли, *Журнал Мануфактур и Торговли*, СПБ, 1825-66;, Министерство Внутренних Дел, *Журнал Министерства Внутренних Дел*, СПБ, 1829-61; П. Мельников, *Нижегородская Ярмарка в 1843, 1844 и 1845 годах*, Нижний-Новгород, 1846 より作成。

注2）　時系列で分析可能にするために，1840〜60年の取引高は銀ルーブルからアシグナツィア・ルーブルに換算したものを掲載した。

銅や，それらの製品が含まれる。「毛皮・皮製品」は，ミンクの毛皮やオコジョの毛皮等から成る。ミンクの毛皮，北極狐の皮，キッド毛皮，モロッコ皮は清へ，オコジョの毛皮，シベリア毛皮，製革，羊の毛皮はライプツィヒへ輸出された[24]。一方，山羊の皮はフランスに，ロシアの皮は中央アジアに輸出された。

「食料」には，麦，乾燥魚，イクラ，ウォッカ，蜂蜜等が含まれた。ロシア商品総額に占める「食料」の割合は，1854年までは10％未満であることが多かったが，1855年以降増加傾向に転じる。ロシア商品総額に占める「陶磁器・ガラス・鏡」の割合は，1％前後に過ぎないが，「陶磁器・ガラス・鏡」の取引額は，緩やかな増加傾向を示し，当該期間に3倍以上に増加した。

---

24）　Департамент Внешней Торговли, *Журнал мануфактур и торговли*, 'О Нижегородской ярмарке 1828г', 1828, ч. 4, No. 11, с. 63-66.

第3章　ニジェゴロド定期市における綿織物の取引　　　　　　111

**グラフ3-4　ロシアの織物製品の内訳（1828〜60）**

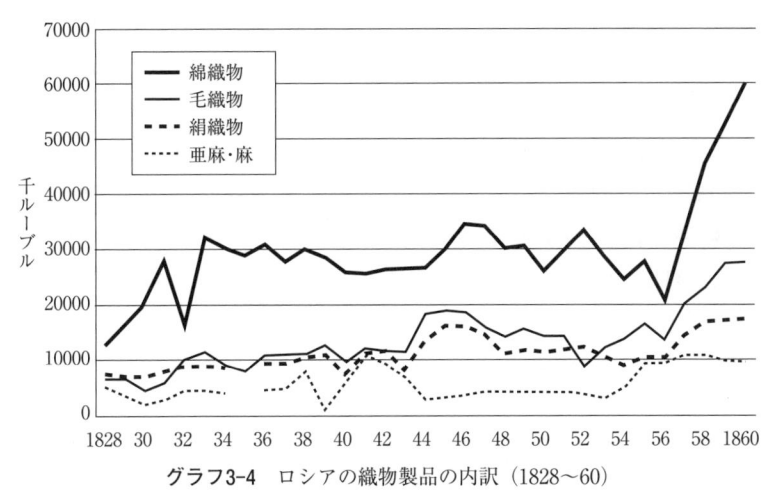

注1）　このグラフは，Департамент Внешней Торговли, *Коммерческая Газета*, СПБ, 1825-60; Департамент Внешней Торговли, *Журнал Мануфактур и Торговли*, СПБ, 1825-66; Министерство Внутренних Дел, *Журнал Министерства Внутренних Дел*, СПБ, 1829-61; П. Мельников, *Нижегородская Ярмарка в 1843, 1844 и 1845 годах*, Нижний-Новгород, 1846 より作成。

注2）　時系列で分析可能にするために，1840〜60年の取引高は銀ルーブルからアシグナツィア・ルーブルに換算したものを掲載した。

　ここで「織物製品」の内訳を更に詳しく見てみよう（グラフ3-4）。「織物製品」は①「綿織物」，②「毛織物」，③「絹織物」，④「亜麻・麻」の4項目に分けられる。当該期間に，繊維製品総額に占める割合でも，取引額でも，最大値を示しているのは綿織物である。とりわけ1828〜31年と1856〜60年の時期に，綿織物の取引額は急激に上昇する。当該期間に，繊維製品総額に占める綿織物の割合は，40〜60％の幅で推移する。その次の「毛織物」の取引額は，当該期間に4倍以上に増加した。1828年には「毛織物」の取引額は，「絹織物」のそれを下回るが，1832年に順位が逆転して2位に上昇する。さらに，1843〜44年と1856〜59年に，「毛織物」の取引額は急激に伸びる。「絹織物」の取引額は，増減を繰り返しつつも，緩やかな上昇傾向を辿るが，特に1843〜45年と1856〜58年の取引額の増加は，顕著である。「亜麻・麻」の取引額は変動が激しく，一貫した傾向は読み取れない。繊維製品総額に占める「麻・亜麻」の割合は，4〜17％の間で推移する。

## 2．ヨーロッパ商品

ニジェゴロド定期市で取引された，ヨーロッパ商品は，①「染料・油化製品」，②「ワイン」，③「綿織物」，④「絹製品」，⑤「毛織物」，⑥「亜麻・麻製品」の6項目に分類できる（グラフ3-5）。1828〜60年の期間に「染料・油化製品」は，ヨーロッパ商品総額に占める割合でも，取引額でも，一貫して最大値を示し，この項目が，ロシアにとって最も重要なヨーロッパの商品群であった。この項目は，インディゴ，ゴム，錫，鉛，散弾等から成っていた。当該期間に「染料・油化製品」の取引額は，2倍に上昇するが，特に1851〜53年と1855〜57年の上昇は著しい。ヨーロッパ商品総額に占める「染料・油化製品」の割合は，23〜45％の幅で推移した。次に，取引額が多いのが「ワイン」である。この項目は，主にフランス・ワインとイタリア・ワインから成ったが，シャンパンやコニャックも含まれた。1828〜49年に「ワイン」の取引額は，増減を繰り

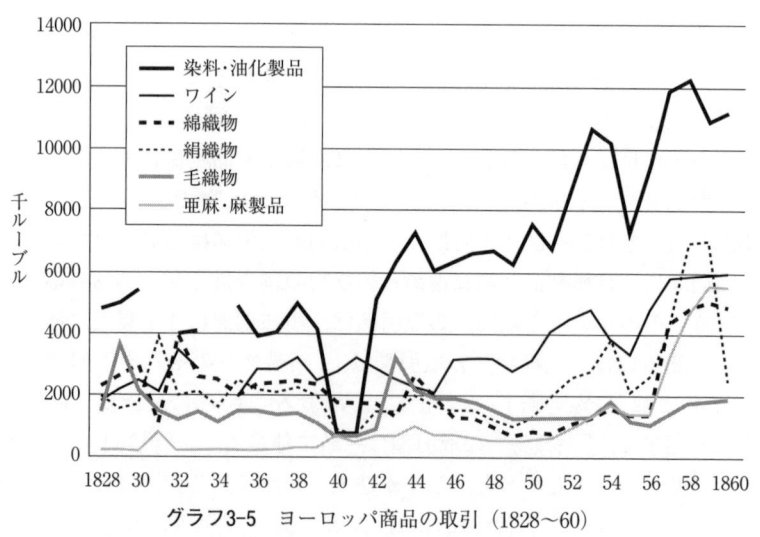

**グラフ3-5　ヨーロッパ商品の取引（1828〜60）**

注1）このグラフは，*Коммерческая Газета*, СПБ, 1825-60; *Журнал Мануфактур и Торговли*, СПБ, 1825-66; *Журнал Министерства Внутренных Дел*, СПБ, 1829-61; П. Мельников, *Нижегородская Ярмарка в 1843, 1844 и 1845 годах*, Нижний-Новгород, 1846 より作成。

注2）時系列で分析可能にするために，1840〜60年の取引高は銀ルーブルからアシグナツィア・ルーブルに換算したものを掲載した。

返すが，クリミア戦争期（1853～55年）を除けば，以後，安定した増加傾向を示す。ヨーロッパ商品総額に占める，「ワイン」の割合は11～23％の幅で推移した。ヨーロッパ・ワインは，主にロシア国内で消費されたが，安価なワインは，ニジェゴロド定期市からコーカサス・グルジア方面へ，アルコール度数の強いワインは，シベリアへ送られた[25]。

1828～56年の期間に「綿織物」の取引額は，ヨーロッパ商品総額で2位を占める時期もあったが，5位に転落する時期もあるように激しく上下し，ヨーロッパ商品総額に占める「綿織物」の割合も，4～23％の幅を変動するため，この商品の一貫した傾向は読み取れない。しかし，1856年以降に「綿織物」の取引額は，初めて堅調な増加傾向を示し始める。「綿織物」の中に含まれる英国製綿糸は，ロシアの綿織物生産にとって重要であり，当時ニジェゴロド定期市からカザン，アストラハン，ウラジーミル，コストロマ等へ送られ，織物の材料として使われた。「綿織物」の詳細な内訳は，別の節で改めて論じたい。当該期間に「絹製品」の取引額も，増減を繰り返し激しく変動する。1855～59年にのみ「絹製品」の明らかな上昇傾向が見られたが，それも短期的なものに終わり，1860年にまた減少に転じる。ヨーロッパ商品総額に占める「絹製品」の割合は，6～27％の幅で上昇・下降する。

1828～56年の期間に「毛織物」の取引額は，ヨーロッパ商品総額で5～6位を占めた。当該期間に「毛織物」は，一定の取引額を維持したが，1828～29年と1842～43年の期間に急成長を示す。ヨーロッパ商品総額に占める「毛織物」の割合は，3～21％の幅で推移した。ヨーロッパ製の毛織物は，ロシア国内で消費されるだけでなく，ニジェゴロド定期市から中央アジア（ブハラ）へも輸出された。ポーランド製毛織物は，清向け輸出商品であることが多く，ニジェゴロド定期市からキャフタを経由して清に運ばれた。最後に，バチスタやレースから成る「亜麻・麻製品」の取引額は，他のヨーロッパ商品と比べて，緩慢な増加傾向を示すが，1850～60年に堅調な上昇傾向に転じ，それを反映して「亜麻・麻製品」は6位から4位に，また，ヨーロッパ商品総額に占める「亜麻・麻製品」の割合も，1％から12％に上昇する。

---

25) *Журнал мануфактур и торговли*, 1828, ч. 4, No. 11, с. 75.

### 3. アジア商品

では，ニジェゴロド定期市で取引された，アジア商品の地域別取引額の分析に移ろう。検討を容易にするために，アジア商品を出荷地域に着目し，①「清商品」，②「ペルシア商品」[26]，③「中央アジア商品」[27]の三項目に分類したい（グラフ3-6）。まず，各地域別の取引額の変化に着目すると，清商品が取引額でも，アジア商品総額に占める割合でも，最大値を示す。定期市で取引された，清商品の大部分は茶であり，ロシアでの飲茶習慣の普及を反映している[28]。清商品の取引額は，長期的に増

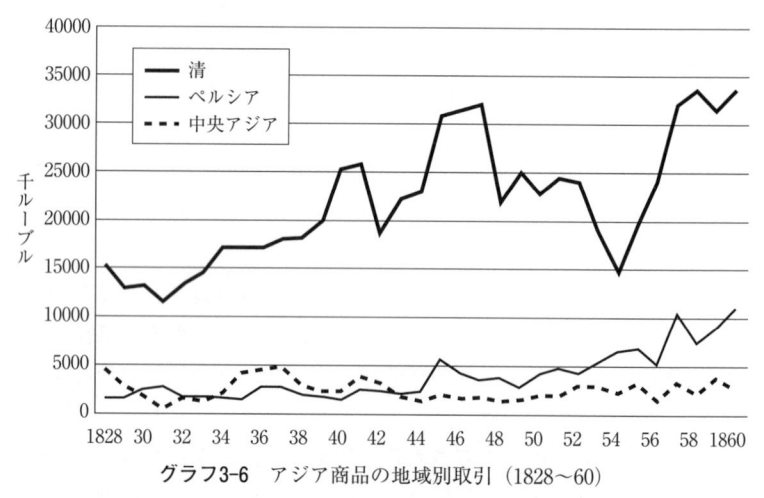

**グラフ3-6** アジア商品の地域別取引（1828～60）

注1） このグラフは，*Коммерческая Газета*, СПБ, 1825-60; *Журнал Мануфактур и Торговли*, СПБ, 1825-66; *Журнал Министерства Внутренных Дел*, СПБ, 1829-61 より作成。

注2） 時系列で分析可能にするために，1840～60年の取引高は銀ルーブルからアシグナツィア・ルーブルに換算したものを掲載した。

26）「ペルシア商品」には，コーカサス地域（グルジアとアルメニア）から輸入された商品も含まれる。

27）「中央アジア商品」は主にブハラとヒヴァから輸入された商品から構成される。

28） ロシアでの飲茶習慣の普及については，次の文献が参考になる。Корсак, А., *Историко-статистическое обозрение торговых сношений России с Китаем*, Казан, 1857; Силин, Е. П., *Кяхта в XVIII веке*, Иркутск, 1947; Foust, C. M., *Muscovite and Mandarin: Russia's trade with China and its settings, 1727-1805*, The University of North Carolina Press, 1969.

加傾向を示しており，実際に1828～60年の期間に，清商品の取引額は2倍以上に上昇した。しかし短期的に減少に転じる時期もあり，特に1841～42年，1847～48年，1852～54年に，「清商品」の取引額は減少した。この期間に，ロシアで茶の需要が減少したとは考えにくいので，ロシア向け輸出が困難な状況が，清国内で生じたものと思われる。アジア商品総額に占める，「清商品」の割合は62～86％の幅で推移する。

　次に，「ペルシア商品」の取引変化に注目しよう。「ペルシア商品」の取引額は，長期的に増加傾向を示し，1828～60年の期間に約7倍に増加した。アジア商品総額の中で，「ペルシア商品」は2位から3位（1833～34年），あるいは3位から2位（1842～43年）と上昇・下降するが，1844年以後は2位を堅持する。「ペルシア商品」の取引額は，1844～45年と1856～57年に急上昇する。アジア商品総額に占める，「ペルシア商品」の割合も，長期的に増加傾向を示し，7％から23％に上昇する。後に詳述するが，1844年以降，従来ニジェゴロド定期市に供給されていなかった，乾燥果物や染料が，「ペルシア商品」の取引品目に新たに加わり，ペルシア商品の内訳が大きく変化する。乾燥果物と染料の取引額が上昇するため，「ペルシア商品」の取引額が一層増加する。

　最後に「中央アジア商品」の取引額に着目すると，当該期間に「中央アジア商品」の取引額は，一定の範囲内で上昇・下降を繰り返し，長期的な増加傾向は読み取れない。だが，ある意味で中央アジアは，ロシアにとって安定した貿易相手地域だったとも考えられる。1828～29年，1834～42年には，「中央アジア商品」の取引額は，アジア商品総額の中で2位を占めたが，それ以外の期間には3位に転落する。アジア商品総額に占める「中央アジア商品」の割合は，3～20％の幅で上昇・下降を繰り返す。中央アジアからロシアに商品が輸出される際に，商品はラクダのキャラバン隊で運ばれたが，自然環境の変化により，中央アジアからのキャラバン隊が，ニジェゴロド定期市の開催中に間に合わず，「中央アジア商品」の取引が十分に行われない場合が，少なくなかった。このキャラバン隊の都合が，「中央アジア商品」の取引額の微増・微減に影響を与えたと考えられる。

## Ⅳ　アジアの結節点としてのニジェゴロド定期市

### 1. 清の商品

　19世紀前半の露清貿易は，ロシアと清の国家管理の下で，ロシア領キャフタでシベリア商人と清商人との間で，バーター貿易という形態で行われた[29]。当時，ロシア商人が清を訪れて商品を売買することや，清の商人がキャフタ以外のロシア領の場所を訪れ，商品を取引することは，原則的に認められなかった。そのため，清の商人が自ら，ニジェゴロド定期市を訪れることは許されず，代わりにシベリア商人が，キャフタとニジニ・ノヴゴロド間の流通を担い，清商品をキャフタからイルクーツク～トボリスクを経由して，ニジェゴロド定期市まで送り，定期市からの帰路に，ロシア商品をキャフタまで運んだ。18世紀以来，毛皮輸出はロシアの重要な国家財源であり，毛皮の価格維持は，ロシアにとって重要な意義を持っていた。そのため，毛皮の値崩れを防ぐため，18世紀半ば以降，キャフタ貿易は露清政府の管理下に置かれた。

　だが19世紀以後，二つの新たな現象が生じたことで，露清貿易の内容が大きく変わる。第一に，ロシアがシベリアで毛皮獣を乱獲したため，毛皮獣が減少し，他のロシア商品の輸出額と比べると，ロシアの清向け毛皮輸出額は，相対的に減少する。第二に，18世紀末からロシアに飲茶文化が普及し，ロシアの清茶の輸入が著しく増加した。18世紀末以前に，ロシアに清茶を飲む習慣が，まったく無かったわけではない。ステップ沿いのロシア領に住むアジア系遊牧民の間では，以前から清の磚茶を飲んでいた[30]。このような遊牧民の文化とは異なり，18世紀末にヨーロッパから紅茶文化がロシアに伝播した。このヨーロッパ発の飲茶習慣がロシアで普及したため，清からロシアへの葉茶輸出額が急増する。以後，ロシアの清茶の輸入が，増加の一途を辿る一方，ロシア側で，従来の毛

---

　　29)　吉田金一『近代露清関係史』近藤出版社，1974年，132頁。
　　30)　Министерство Внутренних Дел, *Очерк Нижегородской Ярмарки*, Санкт-Петербург, 1858, с. 42.

皮に匹敵する輸出商品を見出せなかったため，ロシアは対清貿易で慢性的な赤字を抱えた。

　ここで，ニジェゴロド定期市で取引された，清商品の内訳に注目してみたい。清商品は「葉茶」と「磚茶」の二つだけだが，この二つの商品の合計金額で，清商品の取引総額の99％を占めた。「葉茶」と「磚茶」の取引額を比べると，圧倒的に「葉茶」の方が大きい。1828～60年の間に「葉茶」の取引額は，ほぼ2倍に増加するが，「葉茶」の取引額は，一貫して増加傾向を示すわけではない。1841～42年，1847～48年，1852～54年に「葉茶」の取引額は一時的に減少する。この一時的減少は，ロシア側要因（需要の減少）よりも，清側に（茶が供給できない）問題が生じたためだと思われる。清商品総額に占める「葉茶」の割合は91～96％の範囲で，何度か増減を繰り返す。一方，1828～60年の間に，「磚茶」の取引額は約3倍に伸びる。しかし，「磚茶」も一貫して増加傾向にあったわけではなく，1840～41年，1847～48年に減少する。清商品に占める「磚茶」の割合は，3～9％の範囲内で上昇・下降を繰り返す。「葉茶」と「磚茶」の減少する時期が一致しないが，それは，「葉茶」と「磚茶」の供給地が異なっていたからだろうと推測される。

## 2．中央アジアの商品

　では，中央アジア商品の検討に移ろう。中央アジア商品の検討を容易にするため，まず中央アジア商品を，①「綿糸・棉花」，②「毛皮」，③「織物」，④「染料」の4項目に分類したい（グラフ3-7）。1828年の時点で，取引額でも，中央アジア商品に占める割合でも，「綿糸・棉花」が最大の値を占めるが，1860年には2位に転落する。「綿糸・棉花」の値は，常に増減を繰り返すため，取引額から長期的傾向を読み取るのは難しい。中央アジア商品に占める，「綿糸・棉花」の割合は14～68％の幅で変化する。グラフ3-7に綿糸と棉花の取引額を合計した値の動きを示したが，綿糸と棉花を分ければ，1828～40年に綿糸の取引額の方が高く，1841～60年に棉花の取引額の方が高まる。これは，ロシア国内の綿工業の発展と，一定程度，相関関係を示している。1840年までロシア国内の綿糸生産量は十分ではなかったが，1840年以降，ロシアの綿糸生産量は

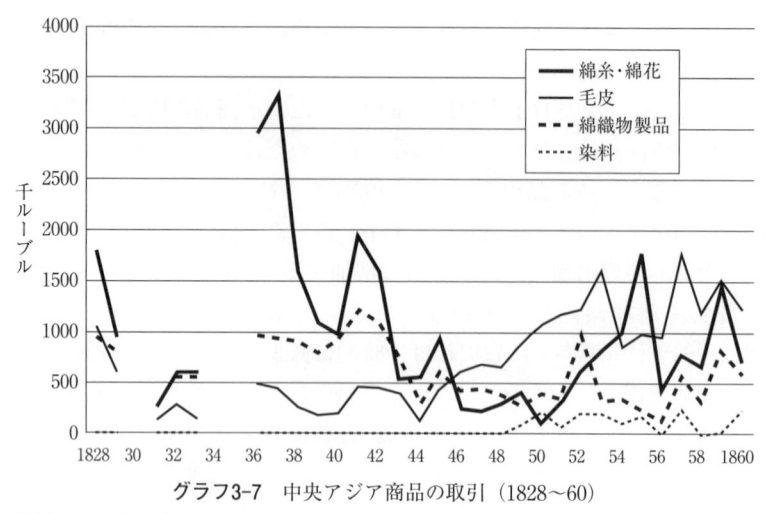

**グラフ3-7　中央アジア商品の取引（1828～60）**

注1）　このグラフは，*Коммерческая Газета*, СПБ, 1825-60; *Журнал Мануфактур и Торговли*, СПБ, 1825-66; *Журнал Министерства Внутренных Дел*, СПБ, 1829-61; П. Мельников, *Нижегородская Ярмарка в 1843, 1844 и 1845 годах*, Нижний-Новгород, 1846 より作成。

注2）　時系列で分析可能にするために，1840～60年の取引高は銀ルーブルからアシグナツィア・ルーブルに換算したものを掲載した。

増加し，綿糸輸入が減少する一方，紡績業の原料である，棉花の輸入量が上昇するためである。

　次に「毛皮」を見てみよう。「毛皮」の項目には，子羊，狐，狼，テンの皮が含まれる。「毛皮」は1828年の取引額で2位だったが，1860年に首位になる。だからと言って，「毛皮」が，堅調な増加傾向を示すわけではない。1828～60年の期間に，「毛皮」の取引額は増減を繰り返すが，1844年以降は増加傾向を辿る。ただ「毛皮」の取引額は，全体として顕著には増えず，1828年の「毛皮」の取引額と比べれば，1860年のそれは微増に過ぎない。中央アジア商品総額に占める，「毛皮」の割合は，7～56％の幅で変化する。

　「綿織物製品」の取引額は，時期により増減を繰り返し，1～3位の間で変化しており，長期的な傾向は読み取れない。中央アジア商品に占める「綿織物製品」の割合は，7～42％の間で変化する。

　最後の「染料」は，他の項目と質的に大きく異なる。他の項目の商品は，1828年の時点で，すでにニジェゴロド定期市で取引されたが，「染

料」の取引が定期市で始まるのは，1850年以降である。それ以前にも，わずかに取引された可能性はあるが，1849年以前には統計値として記されていない。だが統計値に記載されるとすぐに，相当程度の取引額を示し始める。1850年以後，「染料」が取引されない年，あるいは，取引されても1859年のように取引額がわずかな年もある。しかし，中央アジア商品総額に占める割合で，7～10％を示し，「染料」が重要な商品であることに疑問の余地はない。「染料」の項目には，茜と紺青が含まれ，両商品はロシアで絹織物や綿織物の染色に使われた。当時ロシアは，ヨーロッパからだけでなく，中央アジアからも「染料」を輸入した。

### 3．ペルシアの商品

最後に，ペルシア商品の取引の検討に移ろう。取引の変化を理解しやすくするために，ペルシア商品をまず，①「棉花・綿糸」，②「絹・絹織物」，③「毛皮・皮」，④「乾燥果物」，⑤「染料」の五つに分類しておきたい（グラフ3-8）。1828年に「棉花・綿糸」が，ペルシア商品総額に占める割合でも，取引額でも首位を占めた。ただ，「棉花・綿糸」の取引が好調であったのは1848年までであり，以後，主に綿糸の取引額の減少により，ペルシア商品総額に占める，「棉花・綿糸」の割合は10％以下に低下し，1860年に5項目の商品の中で，最低の水準となる。この背景として，1840年代にロシアの国内綿糸生産量が上昇し，綿糸を輸入する必要性が低下したことが挙げられる。次に，「絹・絹織物」であるが，1828年の時点では，取引額でも，ペルシア商品に占める割合でも，2位に止まるが，1844～45年，1849～52年の期間に，取引額・割合で首位に躍り出る。1856年以降，他のペルシア商品の取引が上昇するため，「絹・絹織物」の相対的地位は低下するが，取引額の実質値から見ると，「絹・絹織物」に対するロシアの需要は安定しており，根強かった。

「毛皮・皮」の取引額は上昇・下降を繰り返すため，長期的な傾向は読み取れない。上昇傾向にある時期には，「毛皮・皮」の取引額は2位を占めたが，下降傾向にある時期には最下位にまで落ちた。ペルシア商品に占める「毛皮・皮」の割合は，0～34％の幅で推移するが，増減幅の観点から見れば，「毛皮・皮」はペルシア商品の中で，値動きが比較

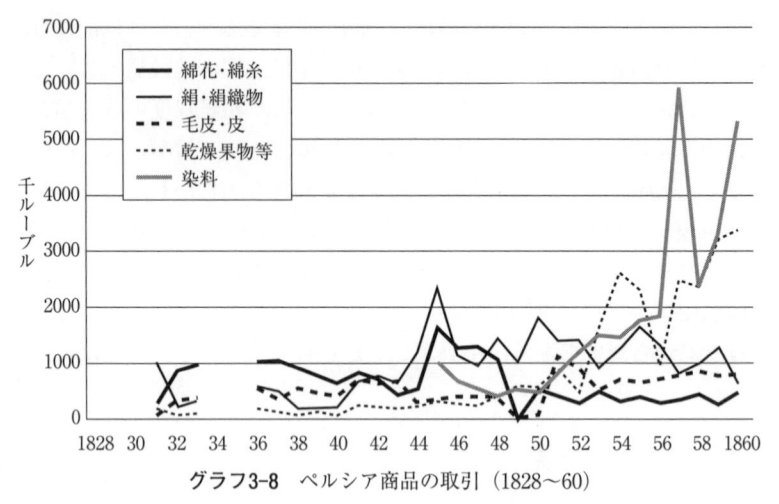

**グラフ3-8** ペルシア商品の取引（1828～60）

注1） このグラフは，*Коммерческая Газета*, СПБ, 1825-60; *Журнал Мануфактур и Торговли*, СПБ, 1825-66; *Журнал Министерства Внутренных Дел*, СПБ, 1829-61; П. Мельников, *Нижегородская Ярмарка в 1843, 1844 и 1845 годах*, Нижний-Новгород, 1846 より作成。

注2） 時系列で分析可能にするために，1840～60年の取引高は銀ルーブルからアシグナツィア・ルーブルに換算したものを掲載した。

的安定している。この「毛皮・皮」は，羊の皮，狐，カワウソ，ビーバーの皮から構成された。これらの商品は定期市で取引されてから，別の地域へ再輸出される場合があった。例えば，カワウソの皮は清へ，ビーバーの皮はライプツィヒへ輸出された[31]。

1828年の時点で，「乾燥果物」の取引額は4位だが，以後，長期的に増加傾向を示し，1860年には当初の額の30倍以上に成長し，ペルシア商品総額で2位にまで上昇する。ペルシア商品に占める，「乾燥果物」の割合は10％未満から30％台に上昇する。この乾燥果物は，現在でもイランからロシアに輸出され，ロシア人が冬季に栄養を補給する際に，食される。

最後の「染料」は，他のペルシア商品と比べると異質である。1828年の時点で，「染料」は定期市で取引されておらず，「染料」の取引額が記録に表れるのは，1845年以降である。この「染料」の取引額は，徐々に上昇するのではなく，1845年に記録に表れると，すぐに「毛皮・皮」と

---

31） *Журнал мануфактур и торговли*, 1828, ч. 4, No. 11, с. 60.

「乾燥果物」の取引額を凌駕した。1845年にペルシア商品総額において，「染料」の取引額は3位だったが，1856年以後は首位に躍り出る。ペルシア商品に占める「染料」の割合は，1845〜51年の期間に10％台に止まるが，以後20〜50％台の幅で推移する。「染料」の内訳は，シュマカと茜であった。1845年におけるペルシア染料の取引開始は，ロシアの初期工業化が，本格的に進行した時期と重なる。この染料は，ロシア国内の絹・綿工業の染色工程で利用された。

## V 定期市の取引額に占める綿織物の位置

### 1. 綿織物取引に占める各地域の割合

これまでニジェゴロド定期市で取引された商品を，地域別に検討してきたが，綿織物はニジェゴロド定期市の構造変化を，顕著に表す商品であるため，本節では，綿織物を個別に取り上げ，地域別および種類別の取引額の変化に焦点を当てて，検討してみたい。すでに触れたように，19世紀前半の定期市では，「ロシア製綿織物」，「ヨーロッパ製綿織物」[32]，「中央アジア製綿織物」が取引された。綿織物は一様の商品として扱われる場合があるが，後に触れるように，綿織物は複数の製品に分類可能であり，それぞれが異なる用途を持っていた。定期市で取引された各地域の綿織物は，相互に競合関係に陥ることなく，それぞれが個別の市場を見出し，棲み分けていたと考えられる。1828〜60年の期間に，三地域の綿織物を合わせた取引総額は，約4倍に成長し，定期市で取引された商品の中で，最も顕著な伸びを示した。その成長に最も貢献したのは，「ロシア製綿織物」の取引額の増加である。

「ロシア製綿織物」の取引額は，当該期間に約5倍に成長するが，必ずしも一貫して増加したわけではない。「ロシア製綿織物」の取引額は，

---

32) ロシア製綿織物と中央アジア製綿織物の統計値は，文字通り織物のみの取引額を表しているが，ヨーロッパ製綿織物の項目には綿糸も含む。そのため，本来であれば「ヨーロッパ製綿織物」ではなく「ヨーロッパ製綿製品」と記す必要があるが，便宜上，本章では「ヨーロッパ製綿織物」と表記したい。

1828～31年に急速な成長を示し，その後，しばらく増減を繰り返し，1857～60年に再び劇的な成長に転じる。三地域の綿織物取引総額に占める「ロシア製綿織物」の割合は，他の地域の製品を圧倒し，常に首位を維持し，1850年代に9割前後を占めた。一方，「ヨーロッパ製綿織物」の取引額は，当該期間に約2倍の成長を示す。「ヨーロッパ製綿織物」は1833年をピークに，緩やかな減少傾向を辿るが，1857年以降，再び上昇傾向に転じる。三地域の綿織物取引総額に占める，「ヨーロッパ製綿織物」の割合は2位を堅持し，2～14％の範囲で推移する。最後に，「中央アジア製綿織物」の取引額は，長期的にやや減少傾向を示すが，ロシア製品やヨーロッパ製品と比較すると，中央アジア製品のトレンドは比較的安定していると言える。綿織物取引総額に占める「中央アジア製綿織物」の割合は，1～5％の幅で推移した。「中央アジア製綿織物」取引の長期的減少の要因は，ロシア側の需要減少ではなく，この時期に中央アジアからの供給が減少したためだと思われる[33]。

### 2．ロシア製綿織物

19世紀前半にニジェゴロド定期市で取引された，商品に関する公文書では，ロシア製綿織物は10種類以上に分類され，取引額が項目毎に記された。本章では，その全ての項目は取り上げず，ロシア製綿織物の取引総額の中で，1％以上の割合を占める，9種類の製品のみを取り上げたい（グラフ3-9）。すなわち，①「更紗」（ситец），②「スカーフ」（платок），③「南京木綿」（нанка），④「キタイカ」（китайка），⑤「縞木綿」（холстинка），⑥「キャラコ等」（миткаль），⑦「綿ビロード」（плис），⑧「赤更紗（クマーチ）」（кумач），⑨「モスリン」（кисея）である。1828～60年の期間に，ロシア製綿織物の中で，「更紗」が最大の取引額を示した。この期間に「更紗」の取引額は4倍以上に増加したが，とりわけ，1828～31年と1856～60年の成長が著しい。ロシア製綿織物の取引総額に占める，「更紗」の割合は20～50％の幅で推移した。次に取

---

33) 本章ではニジェゴロド定期市で取引された，中央アジア製綿織物に限定して論じている。中央アジアからロシアに輸入された綿織物全体で見ると，輸入額は決して減少しておらず，1850年代後半にはむしろ増加している。第1章のグラフ1-4と1-5を参照。

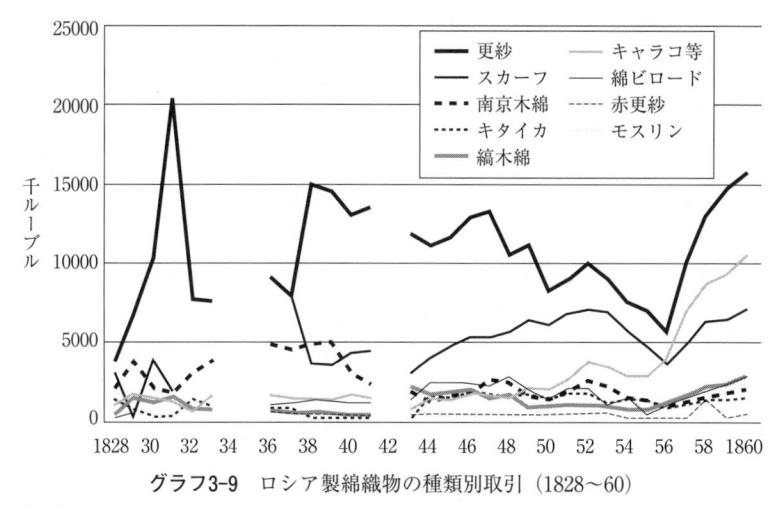

第3章　ニジェゴロド定期市における綿織物の取引　　　123

**グラフ3-9　ロシア製綿織物の種類別取引（1828〜60）**

注1）このグラフは，*Коммерческая Газета*, СПБ, 1825-60; *Журнал Мануфактур и Торговли*, СПБ, 1825-66; *Журнал Министерства Внутренних Дел*, СПБ, 1829-61; П. Мельников, *Нижегородская Ярмарка в 1843, 1844 и 1845 годах*, Нижний-Новгород, 1846 より作成。

注2）時系列で分析可能にするために，1840〜60年の取引高は銀ルーブルからアシグナツィア・ルーブルに換算したものを掲載した。

引額が大きいのが，「スカーフ」である。当該期間に，「スカーフ」の取引額は2倍以上に成長した。「スカーフ」は取引額で，しばらく2位を占めたが，1856年に「キャラコ」の取引額に凌駕されて以降，3位に転落する。ロシア製綿織物に占める「スカーフ」の割合は，1〜30％の幅を推移した。「更紗」と「スカーフ」の割合を合わせれば，ロシア製綿織物の取引額の半分以上を占めたことになる。

　1828年には高い取引額を誇ったが，後に占有率で割合が減少した製品が二つある。それは「南京木綿」と「キタイカ」である。1829年に「南京木綿」は取引額で2位を占め，1831〜39年に緩やかな上昇を続けたが，1840年以後，減少に転じ，ロシア製綿織物の取引総額に占める「南京木綿」の割合は，10％台から3％前後に低下した。一方，「キタイカ」の取引額そのものは，増減を繰り返した後にチルーブル台に収束したが，ロシア製品の取引総額に占める「キタイカ」の割合は，10％から2％台に低下した。「南京木綿」と「キタイカ」の伸び悩みの背景には，ロシア国内の毛織物工業の発展が挙げられる。当初，「南京木綿」と「キタイカ」は，毛織物の代替財として使用されたが，毛織物工業の発展によ

り，毛織物製品が大量に，しかも安価に生産可能になり，消費者は「南京木綿」や「キタイカ」から，毛織物への購入に移行したため，「南京木綿」と「キタイカ」の消費が減少した。

　逆に当初の取引は低いか，統計に記されていなかったにもかかわらず，後に急速に成長した製品が三つある。それは，「キャラコ」，「綿ビロード」，「モスリン」である。1848年まで「キャラコ」は，1828年の値の1.5倍程度の取引額を推移していたにもかかわらず，1849年以降，急速に成長し，1860年に当初の取引額の10倍以上に成長するとともに，ロシア製綿織物総額に占める「キャラコ」の割合は，10％未満から20％前後に上昇する。「綿ビロード」は当初わずかな取引額に過ぎなかったが，長期的に成長を続け，1860年に当初の取引額の14倍以上に増加した。ロシア製綿織物の取引総額に占める「綿ビロード」の割合は，1～9％の幅で推移した。「綿ビロード」は主にキャフタ経由で，清へ輸出された。1830年以後，「モスリン」の取引額は統計に表れ，増減を繰り返しつつ上昇する。ロシア製綿織物総額に占める「モスリン」の割合は，しばらく1％未満の時期が続くが，次第に2～4％に上昇する。残りの「縞木綿」と「赤更紗」は，他の製品と比べると，それほど大きな変化は示していない。

　ところで，ニジェゴロド定期市で取引された，ロシア製綿織物のいくつかは，取引後にアジアの綿織物市場に輸出された。ロシアからペルシアへは「更紗」と「南京木綿」が，中央アジアへは「更紗」，「キャラコ」，「モスリン」が，清へは「南京木綿」，「キタイカ」，「綿ビロード」が輸出された。したがって，ロシア製綿織物は，ロシア国内市場だけでなく，広くアジアの消費者にも送り届けられた。

### 3．ヨーロッパ製綿織物

　1828～60年にニジェゴロド定期市で取引された，ヨーロッパ製綿織物は，①「綿糸」(пряденная бумага)，②「綿ビロード」(плис)，③「更紗・モスリン等」(ситец и кисея)，④「チュール」(тюль)，⑤「ストッキング」(чулков)，⑥「ピケ」(пике) の6種類に分類できる（グラフ3-10）。ロシア製綿織物と中央アジア製綿織物の中に，綿糸は含まれな

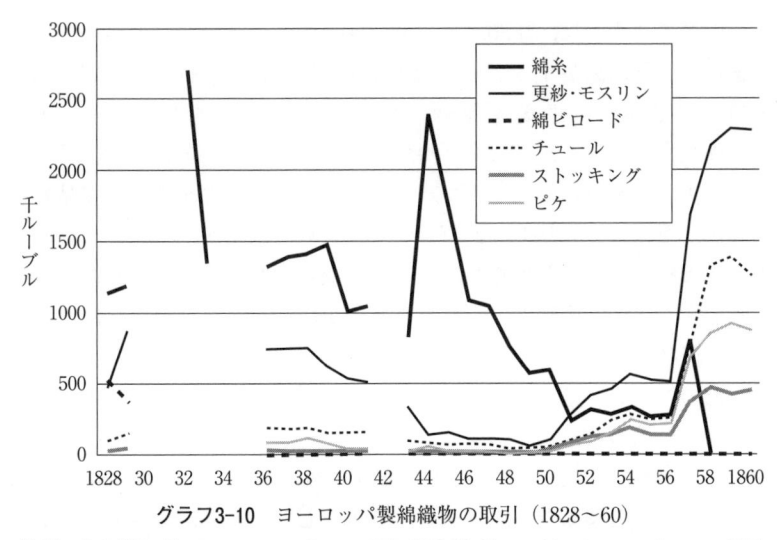

第3章　ニジェゴロド定期市における綿織物の取引　　125

**グラフ3-10　ヨーロッパ製綿織物の取引（1828〜60）**

注1）　このグラフは，*Коммерческая Газета*, СПБ, 1825-60; *Журнал Мануфактур и Торговли*, СПБ, 1825-66; *Журнал Министерства Внутренних Дел*, СПБ, 1829-61; П. Мельников, *Нижегородская Ярмарка в 1843, 1844 и 1845 годах*, Нижний-Новгород, 1846 より作成。

注2）　時系列で分析可能にするために，1840〜60年の取引高は銀ルーブルからアシグナツィア・ルーブルに換算したものを掲載した。

いが，ニジェゴロド定期市の取引額統計の分類上，ヨーロッパ製綿織物の項目にのみ，綿糸が含まれる。1850年前後まで，定期市で取引されるヨーロッパ綿製品の代表は，英国製綿糸だった。ロシアでは綿織物を織る際に，英国製綿糸は緯糸として長年使われた。「綿糸」の取引額は，1844年をピークに減少傾向を辿り，1858年以後，綿糸の統計項目そのものが消える。これは，1840年代にロシア綿工業が発展し，良質の綿糸が生産可能になり，英国綿糸からロシア綿糸への輸入代替が，ロシア国内市場で生じたことが影響している。「綿ビロード」の取引も，当初は英国製品が中心であり，1830年代前半に，主にロシアから清向けに再輸出されたが，同時期に，モスクワの企業家が英国製品を模倣し，国内で生産可能な体制を整えたため，英国製綿ビロードの取引額は減少し，代わってロシア製「綿ビロード」の取引額が上昇した[34]。

次に，「更紗・モスリン等」の項目に移ろう。ヨーロッパ製の「更

---

34)　Корсак, А., c. 197.

紗・モスリン等」は，1830年代に60〜80万ルーブルの間で推移し，1839年を境に一旦は減少するが，1850年以後，堅調に成長軌道を辿る。全ヨーロッパ製品に占める，「更紗・モスリン等」の割合は，1850年代に40％前後にまで達した。この「更紗・モスリン等」の項目に含まれる製品は，英国製品だけでなく，フランスとオランダで生産された製品も含まれた。更紗とモスリンは，ロシアでも生産されたが，ヨーロッパ製品の用途はロシア製品と異なり，モードの女性用服飾に使用されたと考えられる[35]。1850年代後半に，ロシア製の更紗やキャラコの取引額が上昇すると同時に，ヨーロッパ製の更紗やキャラコ，モスリンの取引額も上昇したので，両者は排他的関係にはなく，異なる市場で相互に取引額を伸ばしたと思われる。

　「チュール」，「ストッキング」，「ピケ」は，従来ロシアの伝統的服飾体系になかった製品だが，ヨーロッパの新しいモードがロシアに伝播した結果，これらの製品の需要が生まれた。「チュール」は主にフランスから，「ストッキング」は英国とオランダから，「ピケ」はフランスとオランダから輸入された[36]。「チュール」は1830年代に15〜20万ルーブルの範囲で推移したが，1841年以後，一旦は減少傾向を辿るものの，1851年以後，再び増加傾向に転じた。1850年代後半に，ヨーロッパ製綿織物取引総額に占める「チュール」の割合は，25％前後まで上昇した。1830〜40年代に「ストッキング」は，20〜50万ルーブルの幅で推移したが，1851年以後，急速に上昇傾向を辿る。ヨーロッパ製品に占める，「ストッキング」の割合は，1850年代に10％前後を示す。1830〜40年代にピケは，10万ルーブル未満の範囲で推移したが，1850年代に急速に上昇し始め，ヨーロッパ製品総額に占めるピケの割合は，10％台後半を示した。19世紀前半にロシアの農民は，伝統的な服飾文化を堅持したため，彼らがチュール，ストッキング，ピケを購入したとは考えにくい。1850年代後半に，都市に住む貴族や商家の女性が，これらの製品を使用したと推測される。

---

35) Рындин, В., *Русский Костюм 1750-1830, Выпуск Первый*, Москва: Всероссийское театральное общество, 1960, с. 11.

36) Мельников, П., *Нижегородская Ярмарка в 1843, 1844 и 1845 годах*, Нижний-Новгород, 1846, с. 229.

### 4．アジア製綿織物

　ニジェゴロド定期市で取引された，中央アジア製綿織物は，具体的には「更紗」(бахта)，「粗織キャラコ」(бязы)，「ブルメタ」(бурмета)，「ターバン」(чалм)，「ハラート」(халат)などが代表的商品として挙げられる。残念ながら，ニジェゴロド定期市の取引データの中に，中央アジア製綿織物の種類別取引額は，時系列で記されていないため，種類別に綿織物の取引額の変化を，検討することはできない。しかし，「更紗」とそれ以外の織物の取引額が，稀に記された年がある[37]。それによれば，中央アジア製綿織物の取引額で，「更紗」が80～90％を占めた。赤・青・黄の三色が使用された「更紗」は，中央アジア独特のデザインを模した織物であり，中央アジアでは女性用の上衣の仕立てに使用された[38]。ただ，ロシアでも同様に使用されたかどうかは分からない。ロシア製更紗は，主に祝祭用のサラファーンに使用されたが，ロシア製更紗と中央アジア製更紗では，柄が全く異なるため，サラファーンよりも，家屋の装飾用に使われた可能性が高い。

　「粗織キャラコ」は，主に白色か青色の中央アジア製綿織物であるが，ロシアでは17世紀以来，農民の服に使用された。ニジェゴロド定期市における，「粗織キャラコ」の取引額はわずかであり，ロシアのヨーロッパ部での使用は少なかったが，ステップに住む遊牧民や，シベリアに居住する人々に，しばしば用いられた。「ブルメタ」は，緑色のペルシア風綿織物であり，カフタン（ロシアで流行した男子用ダブルの長裾上衣）を仕上げるのに使用されたが，主にコサック兵が着用するカフタンに使われた。「ターバン」は，そもそもイスラム教徒が頭に着用する織物である。ロシアの主たる宗教はロシア正教だが，イスラム教徒も少なくない。現在でも，カザンを首都とするタタールスタン共和国には，イスラム教徒が大勢居住する。19世紀にも，この地域を中心に，「ターバン」を日常的に着用するイスラム教徒が生活したものと思われる。

---

37)　*Коммерческая Газета*, No. 28, 1851.
38)　Хакимова, А., *Шедевры Самаркандского Музея*, Ташкент, 2004, с. 254.

「ハラート」は男性・女性向け長い上衣を意味し，19世紀にほぼロシア全域の村に普及した[39]。「ハラート」の材料は，必ずしも綿だけではなく，毛織で作られることもあった。「ハラート」の使用の仕方は，県や村によって様々であった。ただ，ニジェゴロド定期市で取引された，中央アジア製「ハラート」は，主に貴族や商人の男性が家庭で着るために購入された可能性が高い。ロシア製ハラートも貴族や商人向けに販売されたが，19世紀初頭より清風，ブハラ風，トルコ風などの東洋風ハラートが，一種のファッションとしてロシア国内の富裕層に流行した[40]。中央アジア製「ハラート」は，もちろんブハラ風であり，家庭着のファッションとして，貴族や商人に販売されたと思われる。すでに触れた他の中央アジア製品が，一般消費者向けに販売されたのに対し，「ハラート」は富裕層向けに販売された。「ハラート」とそれ以外の商品とは，異なる消費市場を念頭に置いていたと考えられる。

## VI 結　び

　ニジェゴロド定期市は，その前身であるマカリエフスク定期市を継承し，ロシア最大の定期市として，国内全域の定期市をネットワーク化するだけでなく，ヴォルガ川に隣接する地理的条件を活かし，ヨーロッパ商品とアジア商品が行き交う，ユーラシア貿易のハブとして機能し，欧州とアジアの架け橋となってきた。ニジェゴロド定期市の商圏は，イギリス，オランダ，フランスを含む西ヨーロッパから，ペルシア，中央アジア，清を含むアジアまで，ユーラシア大陸のかなりの地域に広がっていたが，1828～60年にニジェゴロド定期市の性格は，外国貿易志向から国内市場志向へと転換する。この変化要因として，①ロシアにおける初期工業化の達成，②ロシアのペルシア向け関税政策の修正，の二点が挙げられる。

　一つは，ロシアにおける初期工業化の達成である。19世紀前半に，ロ

---

　39) Соснина, Н., Шангина, И., *Русский Традиционный Костюм*, Санкт-Петербург: Искусство-СПБ, 1998, c. 334.
　40) Рындин, В., *Русский Костюм 1750-1830*, c. 21.

シアは主に繊維産業の分野で生産力を飛躍的に高め,初期工業化を達成した。その繊維産業の中で,代表的産業は綿工業であった。18世紀末に英国綿糸がロシアに輸入されたのを機に,ロシアは紡績工場の建設に着手した[41]。ロシアの綿糸生産力が向上する1840年代後半に,それまで国内で多勢を占めた英国綿糸の輸入量を,国産綿糸の生産量が凌駕し,ロシアは綿糸の輸入代替を実現する。以後,ロシア国内で販売される綿糸の90％以上が,国産綿糸になった。

この紡績業の発展が契機となり,ロシアの綿織物生産が拡大し,定期市を通じて国内市場に供給された。本章で触れたように,ロシア製綿織物の中で更紗が最も人気を博し,高成長を遂げた。しかし,当時はまだ綿織物に対する国内需要が不十分な状況の中で,工業化を推進したため,ロシア製綿織物の供給能力が国内需要を上回り,生産余剰にどう対処するかが問題となった。この問題を解決するため,ペルシア,中央アジア,清から成るアジア市場に,ロシアは綿織物を積極的に輸出し,最終的に中央アジア市場で成功を収めた[42]。ロシアの初期工業化の進展とともに,綿織物の取引がニジェゴロド定期市で次第に顕著になり,定期市の商品の中で,ロシア製綿織物が最大の取引額を占めるようになる。したがって,ロシア国内で初期工業化が進んだことが,ニジェゴロド定期市の特徴を国内市場志向に転換させた要因の一つになる。

もう一つの要因である,関税政策の修正について触れる前に,ロシアとペルシアの貿易について,簡潔に説明しておきたい。ロシアのアジア向け輸出に注目すれば,19世紀初頭から1829年まで,アジア諸国で最も重要な貿易相手国は,ペルシアであった。1802〜29年に,ロシアのペルシア向け輸出は12倍に増加し,1829年にロシアのアジア向け輸出額に占める,ペルシア向け輸出は,約40％を占めた[43]。この背後には,諸外国との関係が悪化したため,ペルシアがロシア製品の輸入を優遇したこと

---

41) Яцунский, В. К., 'Крупная промышленность России в 1790-1860 гг.', Рожкова, М. К., *Очерки экономической истории России первой половины XIX века*, Москва: Издательство Социально-Экономической Литературы, 1959, с. 174-183.

42) Рожкова, М. К., 'Русские фабриканты и рынки среднего востока во второй четверти XIX века', *Исторические Записки*, No. 27, Москва, 1948, с. 148.

43) Куканова, Н. Г., *Русско-иранская торговля, 30-50е годы XIX века*, Москва: Наука, 1984, с. 6.

が挙げられる。1813～18年にペルシアとアフガニスタン間で衝突が起き，1821～23年にペルシアとトルコ間で戦争が勃発した。このようなペルシア周辺の情勢悪化により，ロシアのペルシア向け輸出は急速に成長した。ロシアとペルシアの貿易関係が安定したためか，1821年にロシアは西ヨーロッパに対し，コーカサス経由のペルシア向け輸出に優遇策を打ち出した[44]。それは，西ヨーロッパからコーカサス地方に輸出される商品に，特恵関税として5％を課税するが，その商品を更にペルシアへトランジット輸出する場合に，無関税にする内容であった。

当時，ヨーロッパ諸国がペルシアに輸出する場合，二つのルートが存在した。一つは，ニジェゴロド定期市を通り，グルジアのティフリスを経由して，ペルシアに向かうルートであり，もう一つは，ライプツィヒからオデッサを通り，ティフリスを経由してペルシアに向かうルートであった。両ルートともティフリスを通過してペルシアに到達した。1821年の優遇策により，西ヨーロッパの商品がティフリス経由でペルシアに輸出されると，ティフリスは，ヨーロッパとペルシア間の貿易に関わる商品集積地となる。当初は，この優遇策により問題は生じなかったが，1827年頃から，西ヨーロッパの商品がロシア商品のペルシア向け輸出に悪影響を及ぼすという報告が，ロシア国内の生産者からロシア政府に寄せられる。西ヨーロッパの製品により，ロシアのペルシア向け輸出が減少することをロシア政府は危惧し，1831年に国内の生産者を保護するため，西ヨーロッパ諸国に対する優遇策を廃止し，ペルシア向けトランジット貿易を阻止しようとした[45]。

このロシア政府の関税政策の変更により，貿易ルートが変更されるが，実際には西ヨーロッパのペルシア向け輸出は，減少するどころか増加した。西ヨーロッパ諸国は，ロシアの政策により，ニジェゴロド定期市～ティフリス～ペルシアのルートと，オデッサ～ティフリス～ペルシアのルートの使用を断念するが，トリエステからトレビゾンド（現在のトラブゾン）を経て，ペルシアに向かうルートを新たに整備した。これにより，ペルシア向けヨーロッパ商品の集積地は，ティフリスからトレビゾ

---

44) Куканова, Н. Г., с. 7.
45) Куканова, Н. Г., с. 10.

ンドへ移る。その結果，1830年代に西ヨーロッパの工業製品輸出により，ロシアのペルシア向け輸出は大幅に減少した。中でもロシア製綿織物がペルシア市場で，英国製綿織物により大打撃を受け，ロシアのペルシア向け綿織物輸出は激減する[46]。

　本章では，19世紀半ばのニジェゴロド定期市の取引のみを取り上げたが，ニジェゴロド定期市は，1920年代まで機能し続ける。しかし19世紀後半に，国際情勢の変化と鉄道の登場により，定期市の特徴は大きく変わった。従来，清はロシアに対し，貿易を行う場所はキャフタに限定し，広東港での取引は認めない方針を取ってきたが，1858年の天津条約締結により，1861年以降ロシアに広東港が開放され，清の葉茶のロシア向け輸出は，陸路から海路（広東～サンクト・ペテルブルク）に変わり[47]，ニジェゴロド定期市での清茶の取引は減少する。また，第一次世界大戦前後に，ロシア帝国内に鉄道網が縦横に敷設されると，特に，工業製品のニジェゴロド定期市への集積は減少し，一次産品を除けば，定期市は商品交換から情報交換の場所へと変化する[48]。ソ連の経済システムが確立する，1920年代末にニジェゴロド定期市は，前身マカリエフスク定期市から数えて，約300年の歴史に幕を閉じる。

---

　46）　第1章のグラフ1-6を参照。
　47）　吉田金一『近代露清関係史』230頁。
　48）　Fitzpatrick, A. L., p. 204.

# 第 4 章

# アジア商人の商業ネットワークとロシアの綿織物輸出

―――――

## I　はじめに

　私は19世紀前半における綿工業の発展と，アジア向け綿織物輸出を研究する過程で，19世紀前半の農奴制下ロシアで初期工業化が行われ，綿工業の生産量が飛躍的に増加したことを明らかにした[1]。綿工業が発展した結果，ロシア製綿織物は国内市場に供給されるだけでなく，ペルシア，中央アジア，清などのアジア市場へ輸出された。ロシアからアジアに綿織物が輸出される際，当時国内最大の定期市であったニジェゴロド定期市を，綿織物は必ず経由した[2]。従来のロシア経済史研究では，ロシア国内でロシア製綿織物が，どのように運ばれたか，ロシア国境を越えた後，いかなる商人が，どのような流通網で，綿織物を輸送したかについては，余り関心が向けられなかった。ロシアとアジア間の跨境貿易について，国境沿いの都市で，部分的に郷土史研究で触れられることはあるが，その跨境貿易がロシアの流通網全体に位置づけられることはない。
　近年，経済史研究で「グローバル・ヒストリー」の必要性が謳われる。従来の歴史研究では国別の研究が主流であり，一国を単位として国内中心の研究が行われることが多く，複数の国境を跨ぐ研究は稀であった。

---

1)　第1章を参照。
2)　第3章を参照。

しかし，経済のグローバル化が猛スピードで進行する現在，国単位ではなく，国を跨ぐ地域単位や国際的視野で，歴史を見る視座が必要とされる。今でもロシア経済史研究では，国内史に焦点を当てる研究が主流を占め，国境を跨ぐ研究は少数だが，最近，この領域に関わる研究会やシンポジウムの結果が日本で出版され[3]，今後，この種の跨境史研究が進展する兆しが見られる。どのような商人が，どのような貿易ルートで，ロシア製綿織物をアジアに輸出したかという問題は，この「跨境史」に密接に関わる課題であり，経済史研究に新たな研究領域を示し得る。

ロシア経済史研究では，「跨境史」に関する研究は少ないが，この方面を研究するための資料が不足している訳ではない。資料は存在するが，研究者の関心が及ばないのが実情である。本章では主に，19世紀前半にロシア大蔵省対外貿易局が編集・刊行した，『商業新聞』という経済紙を利用する[4]。『商業新聞』はロシア国内の経済情報を始め，外国市場に関する情報も，迅速かつ豊富に伝えた。ロシアとアジア間の貿易に関する具体的情報も，この新聞から得られる。ただ，清向け綿織物輸出の情報については，不十分な点も見受けられるため，清向け輸出については，『雑誌・内務省』[5]や『雑誌・工業と貿易』[6]の論文・レポートを適宜参照する。この二種類の雑誌は共に，19世紀前半にロシアの政府機関により発行されており，情報の信頼性は高い。

ところで「民族」という概念を抜きにして，ロシアとアジア間の貿易を考察することはできない。今もかつても，ロシアは多民族国家であり，数え方によっては，ロシアは100以上の民族を抱える。しかし，19世紀前半にロシアから綿織物が，アジア市場に輸出される際，多数の民族が輸出業務に均等に関わった訳ではなかった。むしろ，アルメニア商人，ブハラ商人，シベリア商人等の特定のエスニック商人が，ロシアとアジ

---

3) 例えば，左近幸村編『近代東北アジアの誕生──跨境史への試み』北海道大学出版会，2008年，1-22頁；籠谷直人・脇村孝平編『帝国とアジア・ネットワーク──長期の19世紀』世界思想社，2009年，1-29頁。

4) Департамент внешней торговли, *Коммерческая Газета*, Санкт-Петербург, 1825-1860.

5) Министерство Внутренних Дел, *Журнал Министерства Внутренних Дел*, Санкт-Петербург, 1825-1861.

6) Департамент внешней торговли, *Журнал Мануфактур и Торговли*, Санкт-Петербург, 1825-1865.

ア間の流通ルートを掌握した。特定のエスニック商人が，ロシア製綿織物のアジア向け輸出を担ったという視点は，本章で重要になる。彼らは必ずしも，ロシア国籍を有した訳ではなく，外国籍を持つ商人も存在した。この流通形態は，19世紀に突然現れたのではなく，何世紀も育まれて成立した，商業ネットワークであった。本章では『商業新聞』の情報を基に，ロシア帝国がアジア地域と共有した，商業ネットワークの来歴と構造を明らかにする。

## Ⅱ　ロシアとペルシア間の商業ネットワーク

### 1．ロシアとペルシア間の貿易前史

19世紀にロシア製綿織物がペルシアに輸出される際，アルメニア商人がその輸出を担ったが，彼らは16世紀以降，ロシアとペルシア間の貿易に携わってきた経緯がある。アルメニア商人は，ロシアとペルシア間の貿易だけに関わったのではなく，ペルシア商業圏の商業ネットワークを掌握した。アルメニア商人がロシア貿易に関わった由来について，初めに説明しておきたい。

アルメニア商人はペルシア商業圏で長期間，商業に従事してきた。16世紀以降，アゼルバイジャンとグルジア間にある，アラス河畔ジョルファーを中心に，アルメニア商人は遠隔地交易を推進した[7]。当時，ジョルファーには1万2000人が居住し，この都市はペルシア領最大の商業センターとして繁栄した。サファヴィー朝ペルシアは当初，タブリーズを首都にしたが，地理的にオスマン帝国の政治的影響を被るため，アッバース1世はタブリーズからカズヴィーンに一旦遷都する。だが，1598年に首都を更にイスファハーンへ移す[8]。1604年にイスファハーン近郊にアルメニア人居留地，新ジョルファーを建設し，アルメニア商人をそこに移住させるのに伴い，ペルシア帝国の商業拠点も新ジョルファーに移

---

7)　蒲生禮一『イラン史』修道社，1957年，170頁。
8)　同上，156頁。

した[9]。当時，アルメニア商人の商圏はカスピ海からホラーサーン，中央アジアにまで及んだ。彼らはペルシア国外の諸都市で，アルメニア教会を軸にエスニック集団を形成し，教会を媒介としたネットワークで，遠隔地間を結びつけ，ペルシアの対外貿易を繁栄に導いた[10]。

ロシアとペルシア間の貿易は16世紀に始まる。この時期以降，ロシアはペルシア系アルメニア商人を，ペルシア貿易の仲介者として重用する。イヴァン4世は実際に，ロシア国内で自由に活動できる権利や貿易特恵を，アルメニア商人に付与したため，ロシアとペルシア間の貿易を運営する重責を，アルメニア商人は担うことになる[11]。アレクセイ3世もロシアの従来方針を踏襲し[12]，1667年にロシアとペルシア間の貿易特恵をアルメニア商人に認めるだけでなく，ロシア国内におけるアルメニア教会の建立も容認する。アルメニア商人は次第に，両国間の貿易で支配的な地位を築く。当時アルメニア商人が扱った商品では，ペルシアの絹が最も重要な商品であり，絹に対する需要はロシアだけでなく北欧地域でも高かった。17世紀に北欧諸国のアジア向け貿易ルートは未整備だったため，スウェーデンはアルメニア商人と貿易協定を締結し，ペルシアの絹をロシア経由で輸入した[13]。

1722年にアフガン族が首都イスファハーンを占領し，サファヴィー朝ペルシアが終焉する。1796年にペルシアでカージャール朝が登場し，1世紀半，国内を統治することになるが，この時期に政治的内乱が頻発したため，アルメニア人の多くは，困難な状況から逃れようと，新ジョルファーからグルジア，ロシア，コーカサス等の近隣諸国へ移住した[14]。

1801年，グルジアの主権は完全にロシアに委ねられ，グルジアはロシア領に併合される[15]。領土拡張を望むロシアと，従来の領土を維持した

---

9) Chaqueri, C. (ed.), *The Armenians of Iran, The Paradoxical Role of a Minority in a Dominant Culture: Articles and Documents*, Cambridge: Harvard University Press, 1998, p. 3.

10) Payaslian, S., *The History of Armenia from the Origins to the Present*, New York: Macmillan, 2007, p. 107.

11) Chaqueri, C., *The Armenians of Iran*, p. 37.

12) Burton, A., *The Bukharans, A Dynastic, Diplomatic and Commercial History 1550-1702*, Richmond: Curzon, 1997, p. 292.

13) Chaqueri, C., *The Armenians of Iran*, p. 44.

14) Payaslian, S., *The History of Armenia from the Origins to the Present*, p. 109.

15) 前嶋信次編『西アジア史』世界各国史11，山川出版社，1987年，293頁。

いペルシア[16]との間で緊張が高まり，19世紀前半に二度の戦争が生じた[17]。最初の戦争（1804～13年）の終了後，ロシアとペルシアはゴレスターン条約を締結し，ペルシアはバクー等，領土の一部をロシアに割譲し，グルジアやダゲスタンに対するロシアの主権を認めた。二度目の戦争（1826～28年）終結後の，1828年に両国はトルコマンチャーイ条約を締結し，コーカサスとアラス川の間に国境線を引く。この条約により，従来同一地域に住んでいたアルメニア人が，ロシア領コーカサスと，ペルシア領アゼルバイジャンの二地域に分断される[18]。

この新しい国境線により，アルメニア人同士の社会的繋がりが絶たれることはなく，国境を跨ぐアルメニア商人の商業ネットワークは従来通り機能し，両国の貿易を円滑化する[19]。ロシアは北のコーカサス地域を併合すると共に，約4万5000人のアルメニア人をペルシアから受け入れ，アルメニア人の集住地をロシア領に設けた[20]。従来コーカサス地域では，ペルシアやオスマン帝国の影響が強かったが，1828年以降，当地域に対するロシアの影響が大きくなる[21]。1844年にロシアのアルメニア人居留地は，都市ティフリス（現在グルジアの首都トビリシ）に編入され，この都市が以後，ロシア国籍アルメニア人の拠点となる[22]。19世紀のロシアとペルシア間の貿易を検討する際，このティフリスの役割は重要になる。

## 2．ロシアのペルシア向け綿織物輸出

19世紀，ロシアとペルシア間で貿易が行われる際，ロシア国内の流通拠点はティフリスであり[23]，ペルシア国内の流通拠点はタブリーズであった[24]。当時，タブリーズは国際的な貿易都市であり，ロシア商品が搬

---

16) グルジアは従来，ペルシアの勢力圏であった。
17) 永田雄三編『西アジア史Ⅱ』山川出版社，2002年，339頁。
18) 前嶋信次編，前掲書，293頁。
19) Chaqueri, C., *The Armenians of Iran*, p. 58.
20) *Ibid.*, p. 61.
21) Payaslian, S., *The History of Armenia from the Origins to the Present*, p. 112.
22) ロシアに編入されたアルメニア人は他民族に比べ，ロシアの制度に早く順応し，高官に就く者も現れた。
23) Panossian, R., *The Armenians: from kings and priests to merchants and comissars*, New York: Columbia University Press, 2006, p. 86.

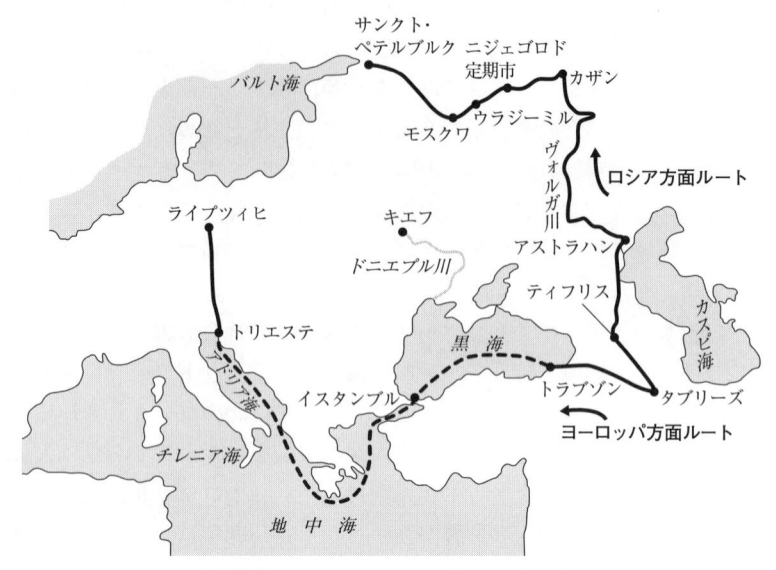

地図4-1 アルメニア商人のルート

入されるだけでなく，オスマン帝国やヨーロッパ等の外国商品も集荷された。ティフリスに居住するロシア国籍アルメニア商人は，ペルシア領タブリーズを頻繁に訪れ，両国間の貿易を促進する。この地域に鉄道が走る以前，主要な輸送手段はラクダとラバだった[25]。アルメニア商人は，この二種類の動物を利用してキャラバン隊を編成し，ペルシアとロシア間で商品を輸送した（地図4-1）。当時，河川交通を含めると，モスクワからティフリスに向かうには60～90日を要し，キャラバン隊でティフリスからタブリーズまで16～20日を要した[26]。このため，モスクワからタブリーズへの商品の輸送期間は総計で4か月弱であった。

ロシア国内のニジェゴロド定期市は，ロシアとペルシアの貿易で重要な役割を果たした。ニジェゴロド定期市は，ロシアとアジア間の貿易で取引される商品の中継拠点であった[27]。ロシアからペルシアに輸出され

24) *Коммерческая Газета*, 27 марта 1841, N37, с. 146.
25) Papazian, K. S., *Merchants from Ararat, a Brief Survey of Armenian Trade through the Ages*, New York: Ararat Press, 1979, p. 16.
26) *Коммерческая Газета*, 27 марта 1841, N37, с. 146.

る商品も，ペルシアからロシアへ輸出される商品も，通常ニジェゴロド定期市を経由して消費地へ届けられた。取引が行われる夏季に，アルメニア商人はニジェゴロド定期市を訪れ，ロシアと中央アジアの商品を買い付け，タブリーズに輸出した。1820年代にロシアからペルシアに輸出された，代表的商品は綿織物だったが，ティフリスでロシア更紗の見本を見た一部のアルメニア商人は，ニジェゴロド定期市に赴き，同種の更紗を安価に仕入れ，現地からタブリーズに商品を輸出し，巨額の利益を得た[28]。これは，ニジェゴロド定期市とロシア〜ペルシア間貿易の密接な関係を示す一例である。

ロシアは長年，ヨーロッパとペルシア間でトランジット貿易を担っており，関税面でヨーロッパ商品に優遇措置を取り，トランジット貿易を促した[29]。ロシア国籍アルメニア商人は，例年ドイツのライプツィヒ定期市にも訪れ，ヨーロッパ商品，特にヨーロッパ製綿織物を買い付け，ライプツィヒ定期市からオスマン帝国経由でタブリーズに輸出した。その際，ライプツィヒからトリエステまで陸路を通り，その後，トリエステ〜イスタンブル〜トラブゾンのルートで海路を進み，トラブゾンからタブリーズまで再度，陸路を通った[30]。1823年にアルメニア商人は，実際にこのルートを利用して，ライプツィヒからタブリーズにヨーロッパ製更紗を輸出した[31]。

1820年代後半に，主にモスクワとウラジーミルで生産された更紗が，ロシアからペルシアに輸出された[32]。このモスクワとウラジーミルの更紗は当初，タブリーズの消費者に受け入れられ，更紗の売れ行きは好調だった。しかし，ペルシア商人がイスタンブルからタブリーズに，ヨーロッパ製更紗を輸出し始めると，ペルシア市場でヨーロッパ製品の比重が高まる[33]。ヨーロッパ製更紗の模様は多少不揃いであったが，鮮明に

---

27) ニジェゴロド定期市の詳細については，第3章を参照。
28) *Коммерческая Газета*, 17 мая 1834, N59, с. 230.
29) Куканова, Н. Г., *Русско-иранская торговля 30-50-е годы 19 века.*-Москва: Наука, 1984, с. 8.
30) *Коммерческая Газета*, 29 марта 1834, N38, с. 150.
31) Там же, 20 декабря 1830, N102, с. 677.
32) Там же, 12 августа 1825, N64, с. 4.
33) Там же, 29 марта 1834, N38, с. 150.

捺染されていたため，鮮やかな色を好むタブリーズの消費者には，ロシア製品よりもヨーロッパ製品のデザインの方が魅力的だった。ロシア製更紗とヨーロッパ製更紗は，主に女性用衣服の裏地に利用された[34]。

1830年にタブリーズ市場で，ヨーロッパ商品が優勢になり，ロシア商品の販売が低迷すると，ロシアは翌年，自国を経由するヨーロッパのペルシア向けトランジット商品に5％の保護関税を課し，ヨーロッパ商品の価格を引き上げ，ペルシアに輸出されるロシア製品を保護しようとした[35]。ヨーロッパ諸国はロシアの保護関税に対抗して，ロシアを回避してオスマン帝国経由でタブリーズに商品を輸出した。そのため，ロシアのトランジット貿易の取扱量は減少する。ヨーロッパ商品のタブリーズ向け輸出は，以前と同様に活況を呈し，ロシアの保護関税政策の効果は小さかった。ペルシア市場でヨーロッパ製品は，次第にロシア製品を駆逐するため，ロシア製更紗のペルシア向け輸出は減少する。ロシア製更紗の輸出が悪化しても，ロシア国籍アルメニア商人は，ヨーロッパ製更紗をペルシアに輸入し続けた。

### 3．ギリシア商人の台頭と英国更紗の拡販

19世紀にロシア国籍の商人は，必ずしも国益重視で事業を営んだわけではないことに注意を喚起したい。ロシア国籍アルメニア商人は，ロシアからペルシアに更紗を輸出する一方，ライプツィヒからペルシアにヨーロッパ製更紗を輸出した[36]。1830年代にヨーロッパ製更紗とロシア製更紗がタブリーズ市場で競合し，ヨーロッパ製品がロシア製品を市場から締め出そうとした時，ロシア国籍アルメニア商人が国益に配慮するなら，彼らはロシア製品の輸出を支援し，ペルシア向けヨーロッパ製品の輸出を抑制すべきであった。しかし，アルメニア商人はエスニック集団[37]の利益のため，ヨーロッパ製品のペルシア向け輸出を継続しロシア

---

 34) Там же, 2 апреля 1840, N40, c. 158.
 35) Там же, 21 мая 1853, N58, c. 230.
 36) Там же, 8 июля 1841, N81, c. 315.
 37) 宗教，言語，文化を共有する民族集団という意味で，「エスニック集団」を使用する。「エスニック集団」は，必ずしも人類学的な意味で，同一の民族同士で構成されるとは限らず，複数の民族から構成される場合もある。また，人類学的に同一民族でも，宗教や言語

の国益を損ねた。このことから，ロシア国籍を持つ商人は当時，国益よりも，帰属するエスニック集団の利益を重視したと考えられる。

　ヨーロッパとペルシア間の貿易では，ヨーロッパ商品は主に，ライプツィヒからトラブゾン経由でタブリーズに輸出され，一部海路を利用しても陸路が中心だった。1840年代末以降，蒸気船の登場により，英国マンチェスターとイスタンブルが海路で結びつき，迅速・大量に商品を輸送することが可能となり，ヨーロッパとペルシア間の流通ルートが劇的に変わる[38]。これにより，安価な英国商品がイスタンブルに大量に輸出され，その商品がタブリーズ市場に運ばれた。興味深いことに，英国とイスタンブル間の貿易に従事したのは，ロシア国籍のギリシア商人であり，彼らは英国企業の代理人として，オスマン帝国やペルシアに英国製品を輸出した[39]。ロシア国籍アルメニア商人がヨーロッパからペルシアに，ロシア国籍ギリシア商人が英国からペルシアに更紗を輸出したため，ヨーロッパ製更紗と英国製更紗がタブリーズ市場で競合する[40]。

　アルメニア商人もギリシア商人も，ロシア国籍を持つ「ロシア人」だが，同胞であるという理由で，ペルシア市場で連携することはなく，相互に競争した。ロシア国籍ギリシア商人は国益に配慮せず，英国企業の代理人として，英国製品のオスマン帝国・ペルシア向け輸出に尽力し，エスニック集団の利益を求めて貿易を推進した。これが，ロシア帝国エスニック商人の倫理であった。ヨーロッパから陸路を経て，ペルシアに輸出される商品の競争力は，価格とスピードの点で英国製品よりも劣ったため，アルメニア商人が携わってきたヨーロッパ貿易は衰退し，アルメニア商人は，ペルシアとロシア間の貿易に特化したと思われる[41]。

---

が違えば，構成される「エスニック集団」も異なる。本章で使用する「エスニック集団」は，一国に留まらず，場合によっては複数の国に跨る集団を指す。
　38) *Коммерческая Газета*, 25 ноября 1847, N139, c. 559.
　39) Куканова, Н. Г., *Русско-иранская торговля 30-50-е годы XIX века*, c. 144.
　40) 本章では，アルメニア商人がライプツィヒとタブリーズ間，および，ロシアとタブリーズ間の貿易を担い，ギリシア商人がマンチェスターとタブリーズ間の貿易を担ったとして，両商人を区別する。しかし，英国製更紗を販売するアルメニア商人や，ロシア製更紗を販売するギリシア商人は，少数ながら存在したため，明確に区分がなされていたわけではない。
　41) 1850年代以降，ペルシア市場で英国製更紗がヨーロッパ製更紗の販売に悪影響を与える。以後，ライプツィヒから輸入される，ヨーロッパ製更紗に関する記事が，商業新聞に

蒸気船の導入で，ヨーロッパ貿易の重心が陸路から海路に移るが，比較的陸路貿易に長けたアルメニア商人は，ギリシア商人のように蒸気船を使って，海上貿易に乗り出すことはなかった[42]。ギリシア商人も，イスタンブルやオデッサを拠点とする，海上貿易に特化し，ロシアとペルシア間の陸路貿易にほとんど関与しなかった[43]。1830年代以降，ロシアのペルシア向け綿織物輸出は減少するが，ロシアとペルシア間の貿易そのものは，衰退せず一定水準を維持した。20世紀初頭に，モスクワとコーカサス地域の間に鉄道が敷設されるまで，アルメニア商人のキャラバンはロシアとペルシア間の貿易を促進し，アルメニア商人は両国間の貿易で優位を保った。

## III　ロシアと中央アジア間の商業ネットワーク

### 1．ロシアとブハラ間の貿易前史

　ブハラは，中央アジア貿易ルートの結節点となる場所に位置し，ユーラシア交通の要衝だったため，国際商業を担うブハラ商人は，この地を中心に長期にわたり貿易に携わってきた[44]。大国間の狭間にあり，かつ，中央アジア・ステップの中核に位置するため，遊牧民が中央アジア地域を頻繁に移動し，様々な王朝を立てた。ブハラ・ハン国（以下，ブハラ）は，モンゴル帝国の系譜を継承する国（シャイバーン朝，アシュトラハン朝およびマンギト朝）であった[45]。ブハラの首都は当初，サマルカンドに置かれたが，その後ブハラに遷都される。

　「ブハラ人」はブハラ・ハン国の人間を意味するが，ブハラでは，ウ

---

現れなくなるため，1850年代にアルメニア商人は，ライプツィヒとタブリーズ間の貿易から撤退したと思われる。

42）　*Коммерческая Газета*, 19 июля 1849, N84, с. 334.

43）　Куканова, Н. Г., *Русско-иранская торговля 30-50-е годы XIX века*, с. 143.

44）　Потанин, Г. Н., *О Караванной Торговле с Джунгарской Бухарией в XVIII столетии*, Москва.: Университетская типография, 1868, с. 3.

45）　杉山正明・北川誠一『大モンゴルの時代』世界の歴史9，中央公論社，1997年，434頁。

ズベク，タジク，ウイグル，カザフ，カラカルパク等，多民族が混住したため，「ブハラ人」という民族的区分は存在しない[46]。しかし，民族の割合ではウズベクが多数派を占めたと思われる。「ブハラ人」と同様，「ブハラ商人」の範疇にも，複数の民族が含まれるため，一つの民族が該当するわけではなく，宗教とエスニシティを共通基盤として，エスニック集団を形成したと考えられる。ロシア史料では，ブハラ商人の国籍は必ずしも明確でないが，ブハラ商人にはロシア国籍の商人と，ブハラ国籍の商人の二種類が，存在したのは明らかである。外国に定住し商業に携わるブハラ商人も少なくなかったため，「ブハラ商人」は，必ずしもブハラ国内に定住していたとは限らない[47]。ブハラ商人は国籍の如何に関わらず，ロシアと中央アジア間の貿易に貢献したため，国籍に拘泥せず，「ブハラ商人」という視点で検討してみたい[48]。

　ブハラは国際商業の都市国家であったため，ブハラ商人以外にも，アルメニア商人やユダヤ商人，タジク商人等，多くの外国商人がブハラに赴き，中央アジア貿易に関わった[49]。ブハラの貿易は外国商人に広く開かれたが，関税等では宗教により区別が存在した。当時，宗教は商取引で信用を保証する機能を果たした。現在，中央アジアでイスラム教を信仰する国が多いが，当時ブハラは既にイスラム教を国教としていた。近世の貿易では，信仰する宗教は商業と密接に繋がり，同一宗徒の貿易では平等の扱いだったが，異教徒の商人との貿易は異なる条件に設定された。ブハラでは実際にイスラム教徒の商人を，他の宗教を信仰する商人と区別し，イスラム教徒の商人に優遇政策（ほぼゼロ関税）を適用する一方，キリスト教徒の商人には20％，ヒンドゥー教徒の商人には10％の

---

46）『文化人類学事典』に「ブハラ人」という項目は掲載されていない（石川栄吉等編『文化人類学事典』弘文堂，1987年）。

47）Потанин, Г. Н., *О Караванной Торговле с Джунгарской Бухарией в XVIII столетии*, с. 48.

48）羽田明氏はブハラ人を「大ブハーリア」（西トルキスタン）と「小ブハーリア」（東トルキスタン）に区別しており，ロシアが主に緊密な関係を持ったのは，「小ブハーリア」だと主張した（羽田明『中央アジア史研究』臨川書店，1982年）。この区別は，18世紀までの中央アジア世界では有効だが，19世紀以降は意義を失う。ブハラ商人について，羽田氏のような区別をロシア語文献ではしないため，ロシア式に倣い，本書ではブハラ商人の区別は行わない。

49）*Коммерческая Газета*, 16 марта 1840, N33, с. 130.

関税を課した[50]。

　ロシアとブハラの経済関係に着目すれば，ロシアのアストラハン併合が契機となる。1556年にロシアはアストラハンを併合するが，この時期以降，ヨーロッパ・ロシアはブハラと本格的に貿易を開始する[51]。16世紀以前から中央アジアとペルシアは，アストラハン経由の陸路で結びついていたため，ロシアがアジア地域と貿易を行うのに，アストラハンは最適の場所だった。長年ロシアの重要な貿易相手国はオスマン帝国だったが，アストラハン併合後，ロシアはペルシアや中央アジアとの貿易を開始する。16世紀後半にアストラハンはロシアのアジア貿易の拠点となり，ペルシア，中央アジア，インドから，商人がこの地を訪れロシアとアジア間の貿易を促進した[52]。

　16世紀後半以降，シビル・ハンがシベリアを統治するが，ブハラはこの国と貿易を行った[53]。ブハラ商人が両国の流通を担い，貿易は繁栄した。17世紀初頭，ロシアがシベリアに遠征し，シビル・ハンを滅ぼし，シベリアを併合する。シビル・ハン時代に培われたブハラ商人の流通網は，ロシアのシベリア併合後も存続した。ブハラ商人の一部は，シベリアの首都トボリスク近郊に定住し，ロシアの対外貿易や外交を支援した[54]。ブハラ商人はトボリスクだけでなく，トムスクやタラ等のシベリアの街にも定住した。1645年にロシア政府は，シベリアにおけるブハラ商人の商業活動を公的に支援する[55]。17世紀以降，ロシアは清に外交使節を派遣したが，その際，シベリアに住むブハラ商人を北京使節に含めることが多かった。当時，ロシアと清の貿易は，イルティシュ経由で行われたが，1655年にトボリスクのブハラ商人がこのルートで清と貿易を行った[56]。

---

　50) Burnes, A., *Travels into Bokhara: A Voyage on the Indus*, Karachi: Oxford University Press, 1973, p. 441.

　51) Stephan, F. D., *Indian Merchants and Eurasian Trade, 1600-1750*, Cambridge: Cambridge University Press, 2002, p. 78.

　52) *Ibid.*, p. 84.

　53) Зияев, Х. З., *Экономические связи Средней Азии с Сибирью в XVI-XIX вв.*, Ташкент: Издательство «фан», 1983, с. 16.

　54) Зияев, Х. З., *Экономические связи Средней Азии с Сибирью в XVI-XIX вв.*, с. 26.

　55) Burton, A., *The Bukharans: a dynastic, diplomatic and commercial history, 1550-1702*, Richmond: Curzon, 1997, p. 269.

## 2．ロシアと中央アジア間の貿易ルート

ここで，中央アジア（ブハラ）とロシア間の，貿易ルートを確認しておきたい[57]。16～19世紀に，ロシアとブハラ間の貿易ルートには，①西シベリア経由（ブハラ～トボリスク），②ヴォルガ経由（ブハラ～カスピ海～アストラハン～ニジェゴロド定期市），③沿ウラル経由（ブハラ～オレンブルク～カザン）の三ルートが存在した（地図4-2）。歴史的に古いのは，①西シベリア経由ルートであり，中央アジアとシベリア間の幹線道路であった。このルートはシビル・ハン以来，ブハラとシベリアの首都トボリスクを結んだ。16世紀以降，②ヴォルガ川を利用するヴォルガ経由ルートが，ヨーロッパ・ロシアとブハラを結ぶ主要ルートになるが，19世紀以降，中央アジア棉花の需要がロシアで高まると，③沿ウラル経由ルートが，棉花の輸送ルートとして重要になる[58]。

ブハラ商人の輸送手段は，ラクダ，馬，ラバ等の動物であった[59]。馬やラバは比較的近距離の輸送で使われ，ラクダは長距離輸送で利用された。ブハラ商人が諸外国と遠隔地貿易を行う場合，ラクダを利用してキャラバン隊を組織し，ラクダの背に商品を載せ運搬した。キルギス人がこのラクダを準備したが，彼らのサービスはラクダの提供に留まらなかった[60]。当時，キャラバン隊で約20km以上進む場合，ステップを移動する遊牧民により，キャラバン隊が強奪に遭う危険があった。キルギス人は遊牧民であり，中央アジアのステップで親族が放牧しているため，彼らはステップ・ルートを熟知していた。キャラバン隊長がキルギス人なら，商品が奪われる可能性が低くなり，キャラバン隊は安全に運行できた。キャラバン隊を組織する際，ブハラ商人はキャラバン隊長に通常キルギス人を据えた[61]。

---

56) *Ibid.*, p. 287.
57) Зияев, Х. З., *Экономические связи Средней Азии с Сибирью в XVI–XIX вв.*, с. 3.
58) *Коммерческая Газета*, 31 октября 1831, N87, с. 646.
59) Там же, 19 августа 1836, N99, с. 392.
60) Там же, 16 марта 1840, N33, с. 130-131. この「キルギス人」とは，現在のキルギス共和国の人々に限定されるのではなく，当時カザフ・ステップに居住していた遊牧民を広く指すものと思われる。

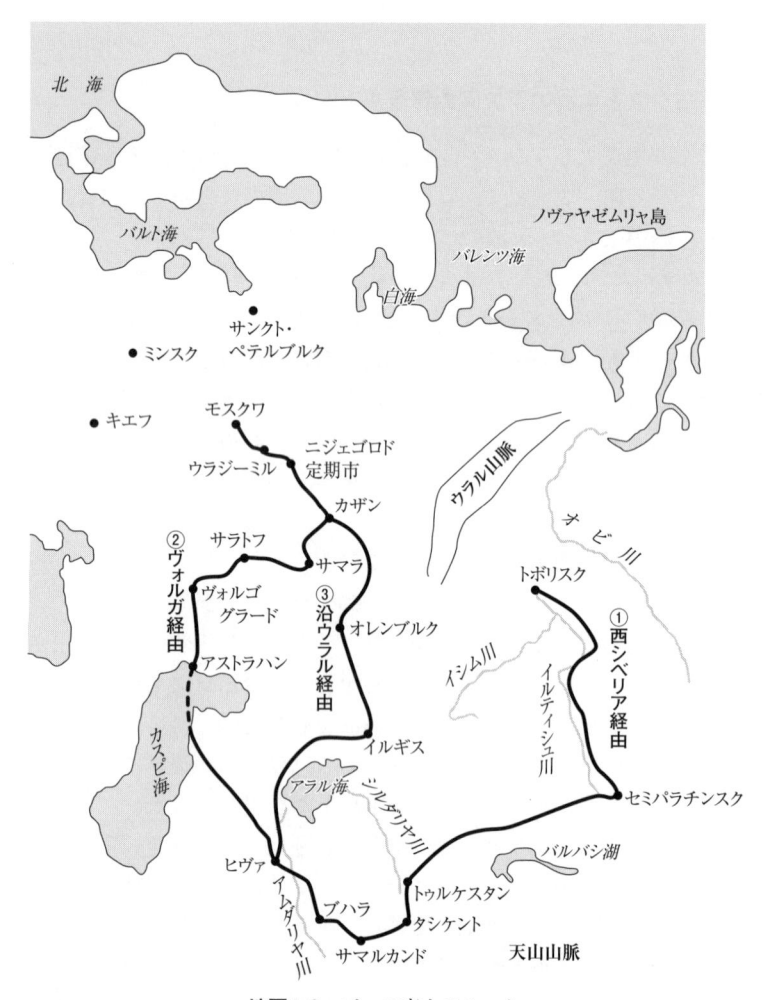

地図4-2　ブハラ商人のルート

　ブハラ商人のキャラバン隊はラクダを輸送手段として利用したが，大規模のキャラバン隊では，5000頭以上のラクダを編成することもあった[62]。キャラバン隊の走行距離はラクダのスピードに依存し，通常，時

---

61) Там же, 22 марта 1841, N35, с. 138.
62) Там же, 8 сентября 1826, N71, с. 2.

第 4 章　アジア商人の商業ネットワークとロシアの綿織物輸出　　　147

速約3.5kmで進んだ[63]。ラクダが1日に15時間進むと仮定すると，一日当たりの走行距離は52.5kmとなる。この計算に基づけば，ブハラからロシア国境のオレンブルクまで32日を要し，ブハラからヴォルガ川の最終地アストラハンまで32日かかったことになる。ブハラから現在のウズベキスタンの首都タシケントまでは10日，ブハラからシベリアの首都トボリスクまで40日を要したことになる。ブハラからヴォルガ川中流都市のカザンまで44日かかった。これは，ラクダが正常に進んだ場合の日数であり，気象条件等でラクダのキャラバン隊は度々遅れた[64]。

　ブハラ商人がロシアと中央アジア間の貿易を促進できた背景には，ロシア政府がブハラ商人に，優遇措置を認めていたことが指摘できる。18世紀にロシアは，国内で外国商人の取引を原則として禁止したが，ペテルブルクやモスクワ，ニジェゴロド定期市，ロシア国境地域の取引を，ブハラ商人に例外的に認めたため，ブハラ商人はロシアに入り，オレンブルク等の国境やニジニ・ノヴゴロド等の定期市でロシア商人と貿易を行うことができた[65]。ブハラ商人の中には，アストラハン，アルハンゲリスク，トボリスク等のロシアの商業都市に滞在し，情報収集を行う者がいた[66]。他方，1760年代にロシア政府は，シベリアのイルティシュ定期市やイルビット定期市で，ブハラ商人が取引に参加できるよう特別に計らった[67]。ロシア政府はまた，シベリアの開発を促すため，ブハラ商人の取引に特恵関税（20分の1税）を認め，シベリアにブハラ商人を引き寄せた[68]。

　18世紀にロシアと中央アジア間の貿易で取引された商品について，ここで確認しておきたい[69]。18世紀前半にロシアは中央アジアに，主に皮と毛皮，毛織物，亜麻・麻織物，金属製品を輸出した。皮の内訳は，ロ

---

63)　Burnes, A., *Travels into Bokhara*, p. 148.
64)　*Коммерческая Газета*, 1 октября 1832, N79, с. 611.
65)　Там же, 12 августа 1825, N64, с. 4.
66)　Потанин, Г. Н., *О Караванной Торговле с Джунгарской Бухариею в XVIII столетии*, с. 3.
67)　Зияев, Х. З., *Экономические связи Средней Азии с Сибирью в XVI–XIX вв.*, с. 3.
68)　Там же, с. 28.
69)　Соловьев, В. Л., Болдырева, М. Д., *Ивановские Ситцы*. Москва: Легпромбытиздат, 1987, с. 4, с. 77.

シア皮，白皮から成り，毛皮の内訳は，主にカワウソ，オコジョであった。金属製品は，銅製釜，洗面器，斧，大鎌から構成された。他方，ロシアは中央アジアから綿織物や皮，毛皮を輸入すると同時に，ダイオウと茶等の清商品も輸入した。18世紀後半に両地域間の貿易に変化が若干生じ，ロシアが従来の商品に加えて，中央アジアに武器（銃）を輸出する一方，ロシアは従来の商品に加え，中央アジアから乾燥果物や金・銀を輸入した。18世紀にロシアと中央アジア間の貿易では，ロシア側が出超を示したため，貿易決済の結果，中央アジアからロシアに金・銀が流出したと思われる。

### 3．ロシアの中央アジア向け綿織物輸出

　19世紀前半に，ロシアと中央アジア間の貿易パターンは劇的に変化する。19世紀初頭まで，ロシアは主に毛皮を中央アジアに輸出し，逆に中央アジアから綿織物を輸入する貿易形態を示したが，19世紀前半にロシアで初期工業化が進み，ロシア国内で工業製品の大量生産が実現すると，ロシアの貿易は中央アジアに綿織物を輸出し，逆に中央アジアから棉花と染料を輸入する形態に変わる[70]。毛皮は従来，ロシアの国家収益源であったが，その毛皮輸出が減少し，代わりに綿織物輸出が拡大する。綿織物輸出は，毛皮輸出ほど収益を稼げなかったため，中央アジアから棉花や染料の輸入が増加すると，ロシアの中央アジアに対する貿易収支は，黒字から赤字に転換する。そのため，ロシアから中央アジアに金や銀が流出したと考えられる。

　中央アジアの棉花と染料の輸入拡大は，ロシア綿工業の発展と密接に結びついていた[71]。棉花は綿工業の原料として必要不可欠である。19世紀前半に，ロシアの輸入棉花全体に占める割合は米国棉花が約80％であり，中央アジア棉花は約20％だったが，ロシアの綿工業が発展するにつれて，米国棉花の輸入が増加するだけでなく，中央アジア棉花の輸入も増加した。中央アジア棉花の割合は小さかったものの，中央アジア棉花

---

70）塩谷昌史「19世紀前半におけるロシア綿工業の発展とアジア向け綿織物輸出」『経済学雑誌』大阪市立大学経済学会，第99巻第3・4号，1998年，41頁。

71）第1章のグラフ1-1を参照。

第4章 アジア商人の商業ネットワークとロシアの綿織物輸出　　149

から紡がれる綿糸需要は，ロシアの家内工業で高かったため，中央アジア棉花のロシア向け輸出は減少しなかった。ロシア製綿織物が国内市場に供給されると，綿織物の中でも更紗販売が大きな割合を占めた[72]。更紗の特徴は色鮮やかなことだが，更紗生産には染料が必要であった。天然染料が中心だった19世紀前半に，ブハラのコチニールや茜は，ロシアの捺染業に重要であり重宝された。この時期，中央アジアからロシア向け棉花と染料の輸出は増加し続ける[73]。

　1830年前後にロシア製綿織物はペルシア，中央アジア，清のアジア市場に輸出され始めるが，中でも中央アジア向け輸出が最も安定した[74]。ロシア綿工業三大中心地の一つ，ウラジーミル県は当時，農民向け綿織物生産に特化した。このウラジーミル県の企業家が，ブハラ商人を仲介し，中央アジア市場に綿織物を積極的に輸出する。ウラジーミル県の企業家は実際に，生産した綿織物をニジェゴロド定期市に運び，この定期市でブハラ商人に更紗やモスリン等の綿織物を販売し，彼らを通じて中央アジアに綿織物を輸出した[75]。ブハラ商人は貿易商として，中央アジアに綿織物を輸出するだけでなく，中央アジアの消費者が求める嗜好やデザイン等の情報を集め，ウラジーミル県の企業家に伝えた。ウラジーミル県の企業家は，中央アジア市場のニーズを把握し，ブハラ商人の助言に従い，中央アジアに特化した製品を開発し，ブハラの綿織物市場でブランドを確立する[76]。

　19世紀にブハラ商人は中央アジアからロシアに棉花を運び，ロシアから中央アジアに綿織物を運んだ。ブハラ商人のキャラバン隊は秋から春にかけて組織され，商品を載せてロシアに向かった。夏に中央アジア・ステップでは，猛暑と害虫の大量発生で通過困難となるため，キャラバン隊は夏に組織されなかった[77]。キャラバン隊は，中央アジアからロシ

---

72)　第3章のグラフ3-9を参照。
73)　第3章のグラフ3-7を参照。
74)　第1章のグラフ1-6を参照。
75)　Балдин, К. Е., Кохова, Л. А., *От кустарного села к Индустриальному «Мегаполис»*, *Очерки истории текстильной промышленности в селе Иванове-городе Иваноао-Вознесенске*, Иваново: Новая ивановская газета, 2004, с. 193.
76)　*Коммерческая Газета*, 1 октября 1832, N79, с. 613.
77)　Там же, 16 марта 1840, N33, с. 130-131.

アに棉花を運び,ロシアから中央アジアに綿織物を積んで帰還した。両地域間貿易でヴォルガ経由・ルートが多用されたが,ロシアの棉花輸入が増加すると,沿ウラル・ルート(オレンブルク経由)が主要ルートになる[78]。冬季にヴォルガ川は凍結するため航行不可能になるが,沿ウラル・ルートは陸上ルートのため冬季も利用できた。ブハラ商人のキャラバン隊はオレンブルクで積荷を降ろし,ロシア商人に商品を渡し,ロシア商品を代わりに積載し帰還した。中央アジア棉花は,主にモスクワやウラジーミルの紡績工場に運ばれた。19世紀半ば以降,オレンブルクはロシアの中央アジア貿易の拠点になる。

ロシアは棉花供給の多くを米国に依存したが,米国の独立戦争の際,ロシアは米国棉花を輸入できなくなり,棉花供給の危機に直面した。ロシアは中央アジア棉花の輸入急増を考えるが,中央アジアの棉花は紡績機械に適合しなかった。しかしロシアは,近隣地域で棉花栽培が可能な中央アジアを,無視する訳には行かなかった。そのため,19世紀後半にロシアは中央アジアで,紡績機械に適合する米国棉,アップランドを移植する試みを開始し,中央アジアを棉花供給基地にしようとする[79]。この試みは1883年に成功し,以後,ブハラ,フェルガナ,サマルカンド,シルダリヤ地方で,米国棉花の移植が進められ,中央アジア棉花の増産が図られる。1879年にカスピ海鉄道[80]が敷設されるまで,ブハラ商人のキャラバン隊による商業ネットワークは,ロシアと中央アジア間で重要な機能を果たし続けた。

## Ⅳ ロシアと清間の商業ネットワーク

### 1. 露清貿易の前史

1727年に露清間でキャフタ条約が締結されるのを契機として,両国間

---

78) Там же, 23 декабря 1843, N150, с. 598.

79) Тер-Аванесян, Д. В., 'К истории Хлопководства в СССР', *Материалы по истории земледелия СССР*., Москва: Издательство академии наук СССР, 1956, Сборник 2, с. 600.

80) 中央アジア鉄道とも呼ばれる。

で本格的な貿易が始まる[81]。その後，1728年からロシアと清（現在のモンゴル領）の国境付近に位置するキャフタは，露清間のバーター貿易の拠点となる。外国商人の長期滞在がロシアで認められなかった当時，シベリア庁から滞在許可を得た清商人は，ロシアに短期滞在し，露清貿易に参加することが許された[82]。シベリア庁は清商人の新規参入を抑制したため，清商人が新たに滞在許可を取るのは困難となり，滞在の許認可そのものが清商人の既得権になることもあった。露清貿易ではキャフタ以外に，清領に設置された買売城（マイマチェン）にも触れる必要がある。ウルガ（庫倫，現在モンゴルの首都ウランバートル）[83]で貿易に従事した清商人は，1730年にキャフタ川左岸に移住し，貿易都市・買売城を建設し，この街に在庫機能を置いた[84]。例年9月後半，清商人は山西からウルガ経由で，買売城に清の商品を発送し，その後，市況に合わせ，買売城からキャフタに商品を発送した。

1743年にロシア元老院はシベリアの商業村を正式にキャフタと名付け，1745年にロシア人がキャフタへ移住する手続きを簡素化した[85]ところ，モスクワ，カザン，シベリアの諸都市からキャフタへ商人が移住した。キャフタで露清貿易が開始されて後も，モスクワと北京間のキャラバン貿易がしばらく継続されたが，1755年にキャラバン貿易は廃止され，キャフタが露清貿易の窓口となる。1760年代以降，露清貿易が発展するにつれて，キャフタと買売城は共に拡大し，1770年代には約200世帯，400

---

81) キャフタ条約締結以前にも，露清間の貿易は不定期に行われたが，恒常的に行われるようになるのは，1727年のキャフタ条約締結以後である。しかし，18世紀に露清貿易はしばしば中断された。これについては，次の文献が参考になる。森永貴子『イルクーツク商人とキャフタ貿易——帝政ロシアにおけるユーラシア商業』北海道大学出版会，2010年。

82) Силин, Е. П., *Кяхта в 18 веке*, Иркутск: Иркутское областное издательство, 1947, c. 45. 清商人がキャフタを訪れる場合，彼らは清の理藩院に院票を発行してもらい，それを持参する必要があった。

83) 中国語では当時，庫倫（クーロン）と呼ばれた。また，モンゴル語では「フレー」と呼ばれる。

84) Сладковский, М. И., *История Торгово-Экономических отношений народов России с Китаем*, Москва: Наука, 1974, c. 149. 中国語で「買売城」は，一般的に漢人の居住区を指すため，キャフタ近辺の買売城を特定する際には，「キャフタの買売城」と呼ばれる。

85) Кяхтинское купечество, *Краткий Очерк возникновения, развития и теперешнего состояния наших торговых с Китаем сношений через Кяхту*, Москва: Издание кяхтинское купечество, 1896, c. 12.

人以上の中国人が買売城に居住した[86]。買売城の住人は，商人と周辺業務に携わる人々であり，彼らが露清貿易の発展に寄与した。買売城の商人は，①キャフタで実際にロシア商人と取引する清商人と，②キャフタでの露清貿易には参加せず，買売城と清間の商品流通に専門的に従事する清商人の，二つのグループに大別できた。

18～19世紀にロシアと清は，密輸により毛皮価格が下落するのを防ぐため，キャフタ貿易を国家管理下に置き奏功するが，ロシアから清に毛皮を密輸する業者が絶えることはなく，密輸を根絶することはできなかった。露清両国の取り決めにより，露清貿易に参加できるのは，ロシア商人と清商人に限定された。ロシア側ではシベリア商人がキャフタ貿易を管轄したが，非ロシア人（ヤクート人，エベンキ人，ブリヤート人等）も，キャフタ貿易に関与した[87]。ロシア商人は通常，非ロシア人との商取引は禁じられたが，シベリア商人は例外的に非ロシア人との商取引が許された。例えば，ヤクーツク商人は毎年キャフタを訪れ，シベリア商人を通じてトナカイの毛皮を清商人に販売し，清商人はトナカイの毛皮を清に輸出した[88]。ヤクーツク商人はまた，キャフタで清商品を購入し，それをヤクーツクやカムチャッカ等に搬送した。

1792年以後，山西商人は買売城に独自の店を構え，キャフタ貿易に積極的に参加し，清商人の中で，山西商人の勢力が次第に強まった[89]。制度化された数年の徒弟修業の期間に，見習いの山西商人は，清国内でロシア語を習得した後に，買売城に赴き貿易に携わった。山西商人は清朝政府と密接な関係を構築し，清朝政府のために自己資金を使って清商品の価格を吊り上げる一方，ロシア商品の価格を抑え，利益を誘導することもあった[90]。ロシア商人と山西商人はキャフタで通年取引を行ったが，12～3月に取引額は増加し，2月に最高額に達した。清側では主に山西商人が露清貿易を担ったが，ウルガから買売城に至る流通ルートでは，モンゴル商人やチベット商人が山西商人のキャラバン隊に加わることも

---

86) Силин Е.П., *Кяхта в 18 веке*, с. 102, с. 109.

87) Там же, с. 156.

88) Там же, с. 168.

89) Тарасова Ст., *Очерк Кяхтинской Торговли*, Санкт-Петербург: Департамент внешней торговли, 1858, с. 17.

90) Там же., с. 17.

あった[91]。19世紀以降，ブリヤート人やロシア人と結婚し，ロシア領西ザバイカル地域に定住する山西商人も現れる[92]。

　清の商品がロシアに輸出されると，その商品は複数の定期市を経て，ロシアの消費者に提供された。18世紀後半のロシアでは，イルビット定期市が清商品の卸売市場であり，この定期市を経由して，清の商品はヨーロッパ・ロシアやウクライナに送られた[93]。18世紀末にロシア国内の市場構造が変化すると，イルビット定期市の機能は，ニジェゴロド（マカリエフ）定期市に移り，多くの清商品は，ニジェゴロド定期市を経由して，ロシア全土に運ばれた。

### 2．露清貿易の貿易ルート

　ここでキャフタから清に到る，山西商人の流通ルートを確認しておきたい（地図4-3）。ロシアから清向け商品の行程は，キャフタ～買売城～ウルガ～山西～漢口というルートであり，キャフタから漢口まで商品をラクダで搬送した[94]。露清間のキャラバン隊は，通常ラクダ100頭で構成され，商品を入れた箱を各ラクダに4～5箱載せた。山西商人が利用する二瘤ラクダは3月末に毛替わりが始まり，6月初めに全ての毛が抜ける。この時期にラクダの力は弱り積荷が運べなくなった[95]。そのため夏期にロシアと清間の商品輸送は停止された。ロシア商品が清に輸出される場合，5月～6月，12月～2月に商品がモスクワからキャフタに発送された。モスクワとキャフタ間ルートは主にロシアが利用したが，ヨーロッパ諸国がこのルートを利用する例もあった。19世紀初頭にナポレオンが海上封鎖し，ヨーロッパ諸国と清間の貿易が不可能になった際，ヨーロッパ諸国はモスクワ～キャフタ間のルートを利用して，清の商品を輸入した[96]。

---

91) Foust, C. M., *Muscovite and Mandarin: Russia's Trade with China and its Setting, 1727-1805*, Chapel Hill: The University of North Carolina Press, 1969, p. 212.
92) Силин, Е. П., *Кяхта в 18 веке*, с. 117.
93) Там же, с. 175.
94) 包慕萍『モンゴルにおける都市建築史研究』東方書店，2005年，100頁。
95) Крита, П., *Будущность кяхтинской торговли*, Санкт-Петербург, 1862, с. 4.
96) Сладковский, М. И., *История Торгово-Экономических отношений народов*, с. 194.

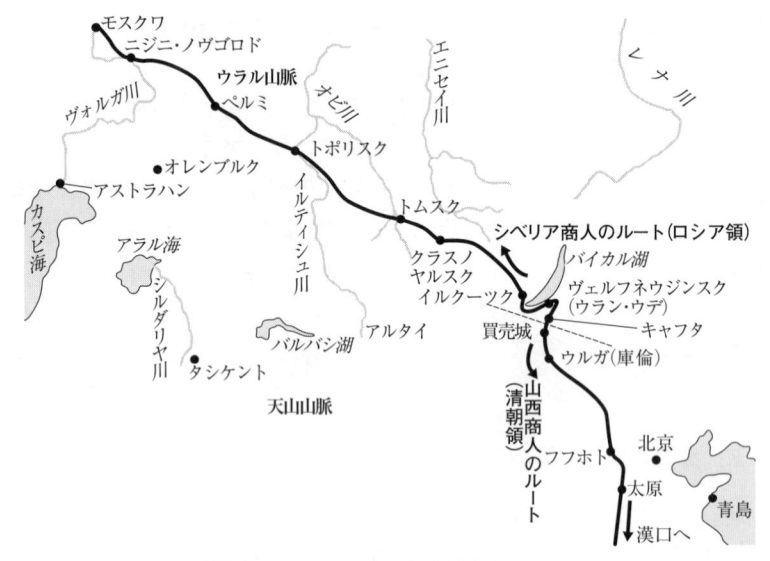

地図4-3 シベリア商人と山西商人のルート

　清からロシアに商品を送る場合，山西商人は，漢口から商品をまず山西まで届け，その後ラクダでウルガへ運び，現地の倉庫に商品を収めた。9月から翌年6月に，山西商人はウルガから買売城に商品を運び，露清貿易の状況に応じて，買売城からキャフタに商品を供給した[97]。キャフタからモスクワには，通常2月〜4月，6月，10月〜11月に清の商品が発送された[98]。5月は悪路のため，7月〜9月はニジェゴロド定期市開催のため，12月はカザンでの茶取引のため，1月はイルビット定期市開催のため輸送が中断された。イルクーツクとモスクワ間の行程には，夏と冬の二ルートが存在した。夏はイルクーツク〜ペルミ〜ニジニ・ノヴゴロド〜モスクワのルートで，冬はイルクーツク〜カザン〜モスクワのルートで商品が運ばれた[99]。

　ここで露清貿易で取引された，ロシアの清向け商品に着目してみよう。18世紀にロシアの清向け代表的輸出商品は毛皮だった[100]。清北部は冬

---

97) Там же., с. 3.
98) Там же., с. 20.
99) Там же., с. 14.

第4章　アジア商人の商業ネットワークとロシアの綿織物輸出　　155

季に厳寒となり，越冬に毛皮が必要であるため，清北部に毛皮市場が形成され，毛皮の需要は安定していた。ロシアは元来シベリアで毛皮用の獣を捕獲してきたが，毛皮獣を乱獲したため，18世紀後半にシベリアの毛皮獣は大幅に減少した。イルクーツクを拠点とする露米会社は，新たな毛皮獣の猟場を探すため，千島列島やカムチャッカ，アレウト諸島等の北太平洋に遠征したところ，極東と北米に毛皮獣の有望な猟場を見出し，そこで捕れたクロテンやビーバーの毛皮が奢侈品として，ロシアから清に輸出され，露米会社は露清貿易の発展に多大な貢献をした[101]。キャフタ経由でロシアから清に輸出された商品には，ロシア毛皮の他に，中央アジアやヨーロッパの毛皮も含まれた。

　次に，清からロシアへの輸出商品に着目しよう。18世紀後半に清の代表的輸出商品はダイオウ，綿織物，絹だった[102]。モンゴルやチベットの山で採取されるダイオウは，ロシアで珍重され，当時，効能ある薬として利用された。ダイオウはロシアで販売されるだけでなく，ペテルブルク経由でヨーロッパにも輸出された。清の綿織物はシベリア住民に必要不可欠な商品だった[103]。当時，ヨーロッパ・ロシアからシベリアへ衣料品を長距離運ぶのは困難だったため，清の綿織物がシベリアで日常衣料として使われた。露清貿易は基本的にバーター貿易だったが，清の綿織物（キタイカ）は，キャフタ市場で交換される代表的商品であり，キャフタにおけるバーター取引の基準となった[104]。バーター貿易では何れかに赤字が生じた場合，赤字国から黒字国へ銀が流出したが，ロシアから清へ銀が流出することが多かった[105]。

　18世紀末からロシアで飲茶習慣が普及し始めると，清のロシア向け代表的輸出商品として茶が躍り出る。17世紀末に，ヨーロッパ商人がアル

---

100) Тарасова С.А., Очерк кяхтинской торговли, *Журнал Мануфактур и Торговли*, 1858, Т. 1, N1-3, отд. 5, Санкт-Петербург, с. 99.

101) 露米会社の活動については次の文献が詳しい。森永貴子『ロシアの拡大と毛皮貿易、16〜19世紀シベリア・北太平洋の商人世界』彩流社，2008年。

102) Силин, Е. П., *Кяхта в 18 веке*, с. 137, с. 150.

103) *Коммерческая Газета*, 25 марта 1843, N36, с. 143.

104) Силин, Е. П., *Кяхта в 18 веке*, с. 137.

105) Attman, A. "The Russian Market in World Trade, 1500-1860", *Scandinavian Economic History Review*, Vol. XXIX, No. 3, 1981, p. 202.

ハンゲリスク経由で，清からロシアに茶を輸出した。これがロシアの飲茶習慣の始まりとされる[106]。その後，茶の貿易ルートはヨーロッパ経由からアジア経由に移り，キャフタが輸入窓口となる。ヨーロッパ向けの茶は，広東から海路でヨーロッパへ運ばれたが，ロシア経由の陸路で運ばれる場合もあった[107]。18世紀後半から山西商人は，清の福建省で採れる茶をロシアに輸出した。その後，茶の卸販売を行う貿易会社を清に設立し，茶産地（福建，浙江）[108]から茶を買付け，ロシア向け茶輸出をほぼ独占する。茶がロシアに輸出される前に，一旦，漢口に茶が集積され，漢口の工場で，ラクダのキャラバンで運び易い大きさに加工された[109]。加工された茶は最終的にロシアに運ばれたが，ロシアに到る途中のモンゴル（当時は清朝領）でも，茶が販売された。

### 3．ロシアの清向け綿織物輸出

　ロシアは従来，原料を清に輸出し，清から綿織物などの手工業製品を輸入してきたが，19世紀前半にロシアが初期工業化を実現すると，露清貿易の特徴は，清から原料を輸入し工業製品を清に輸出する形態に変化する。ロシアの保護関税政策が，この貿易構造の転換を象徴的に示している。1822年にロシアは保護関税を導入し，キャフタ経由の茶の輸入を増やすため，清以外から茶を輸入することを禁じ，キャフタ経由の清茶の輸入を優遇した[110]。他方，ロシアはヨーロッパの工業製品に対する関税を高め，ヨーロッパ製品の輸入を抑制し，ロシアの国内産業を育成した。1820年代以降，この保護関税により，ロシアから清向けの工業製品の輸出が飛躍的に成長する[111]。ロシアで清の茶の需要が急速に高まる一方，ロシアの清向け工業製品（綿織物と毛織物）輸出が増加した[112]。

---

　　106）Силин, Е. П., *Кяхта в 18 веке*, с. 145.
　　107）Кяхтинское купечество, *Краткий Очерк возникновения, развития и теперешнего состояния наших торговых*, с. 44.
　　108）その他に，山西商人は四川省や湖南，蘇州，杭州からも茶を調達した。
　　109）包慕萍，前掲書，99頁。
　　110）Тарасова, С. А., *Журнал Мануфактур и Торговли*, с. 106.
　　111）Корсак, А., *Историко-Статистическое обозрение торговых сношений России с Китаем*, Казан: Издание книгопродавца Ивана Дубровина, 1857, с. 140.

1820年代初頭に，ロシア製綿織物がキャフタ経由で清に輸出される。ロシアの企業家は国内で生産した綿織物を，そのまま輸出するのではなく，綿織物に対する清側の要求と嗜好をあらかじめ把握した上で，製品を開発するように努め，また製品の価格を徐々に安価にすることで，キャフタ経由の綿織物輸出を促進した。そのため，清向けロシア製綿織物輸出は成功を収めた[113]。清は広大な領土を持ち，地域により自然環境が異なる。ロシア製綿織物は，清の内陸部の生活文化に適したこともあり，ロシアは特に清の内陸部へ綿織物を積極的に輸出したと考えられる。ロシアから清に輸出された綿織物，中でも，更紗と南京木綿は，清の消費者に受け入れられた[114]。

1830年代以後，清に輸出されるロシア製綿織物は変わり，従来の更紗や南京木綿から綿ビロードに重心がシフトする。綿ビロードは，新たに輸出向け綿織物の品目に加わり，急成長を遂げて代表的製品になる。この綿ビロードは他のロシア製綿織物とは異なり，主にモスクワで生産された[115]。1840年代以後，綿ビロードが，キャフタ経由で清に輸出されるロシア製品の中で，最大の割合を占めた[116]。綿織物と同様に，ロシアの企業家は山西商人の要請に応じ，清の市場に特化した毛織物商品を開発したため，ロシアの毛織物も清市場で好調な売れ行きを示す[117]。

19世紀前半にロシアの茶の消費量は増加の一途を辿り，ロシアの清に対する貿易赤字は拡大した[118]が，ロシアは清に工業製品の輸出を増やすことで，貿易赤字を解消しようとした。1858年に露清間で天津条約が締結され，広東港がロシアに開放されると，広東港からオデッサ港に海路で茶を輸出するルートが開かれ，ロシア向け茶の貿易ルートは，陸路

---

112) Остроухов, П. А., 'К вопросу о значений русско-китайской меновой торговли в Кяхте для русского рынка в первой половине XIX-го века', *Записки Научно-Исследовательского обьединения*, Прага: Русский свободный университет, 1939, T. IX, с. 211, с. 218.

113) Корсак, А., *Историко-Статистическое Обозрение Торговых Сношений России с Китаем*, с. 200.

114) Департамент Внешней Торговли, *Журнал Мануфактур и Торговли*, Санкт-Петербург, 1830, Ч. 3, No. 7, с. 97.

115) *Журнал Мануфактур и Торговли*, 1858, Ч. 1, No. 1-3, с. 105.

116) *Коммерческая Газета*, 27 октября 1836, N129, с. 506.

117) *Журнал Мануфактур и Торговли*, 1859, T. 6, N4-6, отд. 5, с. 3.

118) Тарасова, С. А., *Журнал Мануфактур и Торговли*, 1858, с. 102.

と海路の二つになる[119]。1862年に露清間で締結される陸路通商協定により，清でロシア商人に貿易特恵が認められ，ロシア商人は張家口に居留地を設け，清の国内流通網に参入する[120]。ロシア商人は張家口から天津，漢口に赴き，清の商品を直接買い付け，天津からロシアに海路あるいは陸路で商品を輸出した[121]。ロシア商人は，山西商人が掌握する露清貿易に打撃を与えるが，山西商人がロシア向け磚茶[122]輸出を依然として管理したため，西口（殺虎口）経由の露清貿易は，山西商人の管轄下に置かれ続ける[123]。

## V 結　び

　これまで検討してきたように，18～19世紀にロシアのアジア貿易は，アジア商人が担った。ユーラシア大陸では，時代により国の領土は伸縮するため，住民の帰属する国はしばしば替わった。山西商人は清国に強い帰属意識を持っていただろうが，アルメニア商人やブハラ商人にとって，帰属する国よりもエスニック集団への忠誠が強かったと思われる。この帰属集団への忠誠が，国際商業を円滑化する要素となった。19世紀にロシアでは「国民」という概念は，まだ成立しておらず，「ロシア国民」という意識は，人々の間で共有されていなかった[124]。そのため，宗教とエスニシティ（ethnicity）が人々の拠り所となり，両者を共有する集団でコミュニケーションが促された。これがアジア商人の商業基盤

---

119) Силин, Е. П., *Кяхта в 18 веке*, с. 196.
120) 包慕萍，前掲書，225頁。
121) 同上，225頁。
122) 当時の露清貿易では，茶は葉茶と磚茶に大別された。葉茶は主に紅茶として飲まれるものであり，磚茶は主にミルクと塩と混ぜ，遊牧民により利用された。現在でも，ロシア国内でモンゴル系民族の末裔は磚茶を飲んでいる。
123) 劉建生・豊若非「山西商人と清露貿易」塩谷昌史編『帝国の貿易――18～19世紀ユーラシアの流通とキャフタ』東北アジア研究シリーズ11，東北大学東北アジア研究センター，2009年，97-138頁。19世紀末にシベリア鉄道が開通し，キャフタ貿易の重要性は低下するが，1912年の清朝滅亡まで，露清間のキャフタ貿易は継続される。
124) 1860年代にさえロシアでは国民意識がまだ形成されていなかった（Миронов Б. Н., *Социальная История России*, Санкт-Петербург: Дмитрий Буланин, 1999, Т. 1, с. 63）。

第4章　アジア商人の商業ネットワークとロシアの綿織物輸出　　159

であり，彼らは容易に国境を越えて事業を営んだ。ロシアとペルシア間の貿易で考察したように，エスニック集団の利益は，時に国家の利益と対立する場合があった。

　ロシアはアジア地域との貿易を推進する際，近隣商業圏[125]の商業ネットワークを利用したと考えられる（図4-1）。ペルシア商業圏ではアルメニア商人が，中央アジア商業圏ではブハラ商人が，清朝の商業圏では山西商人が，国内外の商業ネットワークを掌握していた。それぞれのアジア商人は，ロシア近隣商業圏で支配的な地位を占めていたため，ロシアのアジア貿易で各アジア商人が重要な役割を果たしたのは不思議ではない。アルメニア商人は古来ペルシア商業圏の流通・金融取引に精通しており，歴代のシャー（国王）は貿易を促進する際にアルメニア商人を利用した[126]。ブハラ商人は中央アジアのシルクロード貿易の中核を握

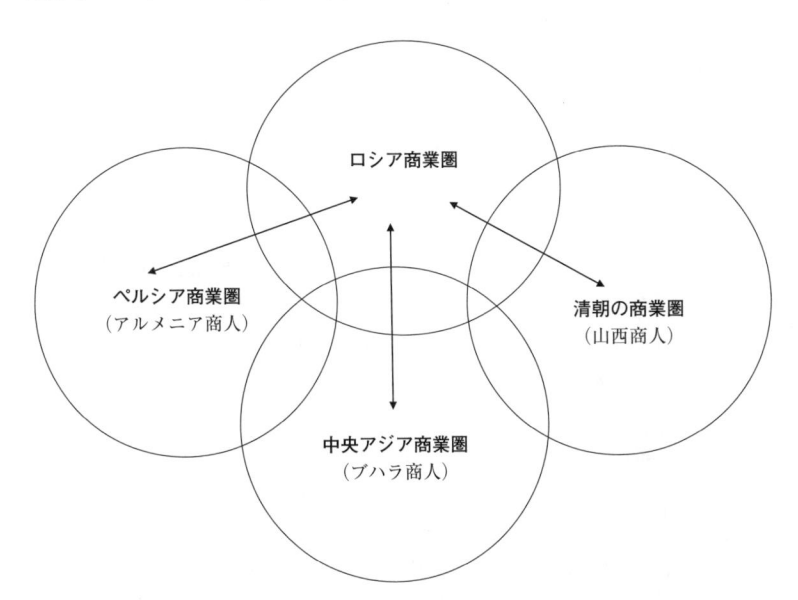

**図4-1　ロシアのアジア向け綿織物輸出の構図（1800〜60年）**

---

　125）　本章では，一つの商業システムが機能する空間的領域を「商業圏」として理解する。金融システムや契約システム，共通言語が，この商業システムに含まれる。「商業圏」は必ずしも当該国の国境の範囲内に留まるのではなく，システムの影響が及ぶ領域全てを包括する。
　126）　Payaslian, S., *The History of Armenia from the Origins to the Present*, p. 107.

り，ロシアとの貿易だけでなく，清，インドなどユーラシア諸国との貿易を発展させた[127]。山西商人は清朝政府と緊密な関係を築き，清朝全土で商業・金融システムを構築したため，山西商人が清の経済を掌握していたと言っても，過言ではない[128]。

19世紀ロシアでは，人間社会が自然環境に依存する状況から離れていく時期だったと考えられる[129]。これを，動力源が自然エネルギー（風力や水力）や畜力（馬，ラクダ等）から化石燃料（石炭等）へ移行する時期，と言い換えても良い。19世紀ロシアを二期に分けるなら，19世紀前半に生産領域で，動力源が自然エネルギーや畜力から化石燃料へ移行した。すなわち，綿工業を例に挙げれば，捺染工程，紡績工程，織布工程の順で，蒸気機関が生産領域に導入され，動力源が自然エネルギーと畜力から化石燃料に変わり，綿織物の大量生産が可能になった。他方，19世紀後半に流通領域で同様の移行が生じた。すなわち，蒸気機関（鉄道と船）が流通領域に導入され，動力源が自然エネルギーと畜力から化石燃料に移り，大量・高速輸送が実現された。この趨勢的変化は，ロシアのアジア貿易を根本から変え，アジア商人の商業ネットワークに多大な影響を及ぼしたことは想像に難くない。

本章で見たように，19世紀半ばまでアジア貿易は，自然環境と調和する形で行われた。ユーラシア地域の多くはステップ地帯に属し，その生態系はラクダ，馬，ラバ等の牧畜に適していた[130]。ロシアのアジア貿易に携わったアジア商人は，ラクダやラバを輸送手段として利用し，キャラバン隊を組織し商品流通に携わった。通常，商品の回転[131]には一

---

127) Потанин, Г. Н., *О Караванной Торговле с Джунгарской Бухарией в XVIII столетии*, с. 3.

128) 劉建生『山西典商研究』山西経済出版社，2008年。

129) これは，従来，前近代から近代への移行と表現されてきたが，私は自然環境と人間社会の関係という観点から，工業化を捉えたいと考えており，別の表現方法を模索している。当面は，「環境依存型システム」から「環境独立型システム」への移行と表現したい。「環境依存型」とは，各地域で環境に調和した，あるいは，環境に依存した形態を指す。主に，工業化以前の生産や流通の形態を意味する。「環境独立型」とは，各地域で環境の及ぼす影響が少ない形態を指す。主に工業化以降の生産・流通の形態を意味する。複数の国を跨る水平的国際分業による生産システムも「環境独立型」に含まれる。この「環境依存型」と「環境独立型」はまだ十分に吟味した用語として確立できていないため，本文に記すことを避けた。

130) マッキンダー，H. J.（曽村保信訳）『マッキンダーの地政学——デモクラシーの理想と現実』原書房，2008年，266頁。

年を要し，遠距離貿易の清算は年周期で行われた。ラクダの毛替わり期を避けて，商品の輸送が行われたように，年周期貿易のシステムは，自然環境や牧畜動物の特徴に合わせてデザインされた。長年に亘って形成された，この貿易システムは，ある種の合理性を有していたと思われるが，蒸気機関あるいは化石燃料が，生産領域に導入され，商品の大量生産化が定着すると，年周期貿易のシステムは，生産形態の革新（イノベーション）に適合できなくなる。そこで，19世紀後半に蒸気機関，あるいは化石燃料が流通領域に導入され，流通形態が生産形態に適合する形で変革される。

　蒸気機関あるいは化石燃料が，ロシア綿工業の領域に導入され，安価な綿織物の大量生産が実現された際，ロシアは近隣商業圏のアジア商人の商業ネットワークを利用して，アジア向け綿織物輸出を推進したことを，本章で確認した。19世紀全体を俯瞰すると，アジア商人が媒介するロシア製綿織物輸出のメカニズムは，ロシア社会が自然環境に依存する状況から離れていく時期に現れた，過渡的な形態であったと考えられる。

131) 生産者から消費者に商品が渡るまでの期間。

# 第四部

# 更紗の消費

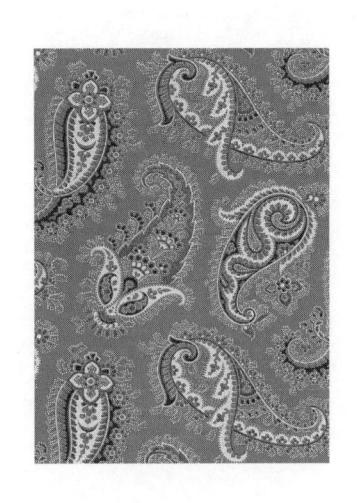

第5章

アジア綿織物市場におけるロシア製品の位置[1]

## I はじめに

　18世紀末に，西ヨーロッパからロシアへ安価な綿糸が輸入されたのを契機に，ロシアで綿織物生産が本格的に始まる[2]。19世紀初頭に，ロシアは綿糸の輸入代替化を図るため，西ヨーロッパから機械や技術を輸入し，国内に近代的工場を設立した。19世紀前半を通じて，主に米国棉花を原料とし，綿糸生産の拡大に努めた結果，ロシアは輸入代替を遂げ，綿糸生産量で世界第5位の地位を占める。国産綿糸を基に織布されたロシア製綿織物は，国内需要に応じるだけでなく，早くからアジア地域（ペルシア，中央アジア地域，清）へ輸出された。だが，その実績は地域により異なっていた[3]。1830年代にロシアのペルシア向け綿織物輸出は成功を収めたが，1840年代以降，衰退する。一方，中央アジア地域と清向け綿織物輸出は，多少の変動はあるものの，一定の成果を収める。
　従来，19世紀のロシアの工業化を評価する際，西ヨーロッパの先進諸

---

　1）　本章は，2001年10月28日に開催された，ロシア史研究会（2001年度大会）の「自由論題3」で報告した内容に基づく。後にその報告内容は，雑誌『ロシア史研究』に掲載された。塩谷昌史「19世紀前半のアジア綿織物市場におけるロシア製品の位置」『ロシア史研究』No.70, 2002年，16-29頁。

　2）　De Tegoborski, M. L., *Commentaries on the productive forces of Russia*, Vol. II, London, 1856.

　3）　第1章を参照。塩谷昌史「19世紀前半におけるロシア綿工業の発展とアジア向け綿織物輸出」『経済学雑誌』大阪市立大学経済学会，第99巻3・4号，1998年，38-59頁。

国と比較し，ロシアは後発工業国と位置づけられることが多く，そのためロシアの工業製品は品質において，西ヨーロッパ製品に追いつけなかったと考えられてきた。この見解を踏襲してきたため，ロシア綿工業の発展に対し，積極的評価は与えられず，ロシア製綿織物の品質が西ヨーロッパ製品よりも劣ったため，ロシア製綿織物は西ヨーロッパ市場に参入できなかったと解釈された[4]。19世紀前半にすでに，英国製綿織物はペルシアに相当輸出されたが，このことがロシアのペルシア向け輸出の失敗と関連づけられ，英国製品に競合できなかった故に，ロシア製品はペルシアで販売不振に陥ったと説明された。他方，中央アジアと清の綿織物市場でロシアが成果を収めたのは，西ヨーロッパ製品がアジア市場に供給されなかったためだと考えられた。しかし，これは実際の市場分析に基づいた検討結果とは言えない。

　従来，ロシア経済史研究で綿工業を分析対象とする場合，綿織物を一様な製品と認識し，共通の市場で同様の綿織物が販売されることを，研究の前提にしてきたように思われる。しかし，近年の経済史研究では，同じ製品の複数市場の存在を前提とする研究が現れ，その手法が多様な領域に応用される可能性が広がっている[5]。この同一製品の複数市場という観点からの分析は，ロシア綿工業史研究にも応用可能である。19世紀の実態経済に関する文献では，綿織物は多様な製品群と考えられ，用途も製品ごとに異なった。文献によっても異なるが，ロシアの綿織物は，更紗，キャラコ，南京木綿[6]を含む15種類の製品に分類された[7]。後に

---

　4) Blackwell, W. L., *The Beginnings of Russian Industrialization 1800-1860*, Princeton: Princeton University Press, 1968, p. 43; Fitzpatrick, A. L., *The Great Russian Fair Nizhini Novgorod, 1840-90*, Hampshire: Macmillan, in association with St. Antony's College, Oxford, 1990, p. 63; Gately, M. O., The Development of the Russian Cotton Textile Industry in the Pre-Revolution years, 1861-1913, dissertation of the Graduate school of the University of Kansas, 1968, p. 39；有馬達郎『ロシア工業史研究』東京大学出版会，1973年，129頁，254頁。

　5) 川勝平太「19世紀末葉における英国綿業と東アジア市場」『社会経済史学』第47巻，第2号，1981年。沢井実「第一次大戦後における日本工作機械工業の本格的展開」『社会経済史学』第47巻，第2号，1981年。

　6) 平織りの厚い綿織物であり，通常青色であった。

　7) 例えば，①更紗（ситцы と выбойки），②綿スカーフ（бумажные платки），③綿ビロード（плисы），④薄い木綿の布（холстинки）・粗い綿布（серпянки），⑤キタイカ（русская китайка），⑥赤更紗（クマーチ）（кумач），⑦南京木綿（нанка），⑧木綿の粗い柄織り（пестряды），⑨白木綿（коленкоры）・キャラコ（миткаль）・厚織り綿布（демикотон），⑩モ

第5章　アジア綿織物市場におけるロシア製品の位置　　　　167

触れるように，ロシア製綿織物はアジア地域に一様に輸出されたのではなく，輸出される綿織物の種類は地域により異なった。

　複数市場の観点から，ロシアのアジア向け綿織物輸出を検討するに当たって，最も重要となる文献の一つに，『雑誌：工業と貿易』(*Журнал мануфактур и торговли*)（以下，『雑誌』）が挙げられる。帝政ロシアの大蔵省対外貿易局が，貿易政策を決定する際の参考に資するため，1825～1865年の期間，毎月この雑誌は発行された。雑誌の掲載論文は，輸入すべき技術から，国内定期市における取引，外国の商業レポートの翻訳まで多岐にわたるが，アジア市場における，ロシア製綿織物の販売状況に関する報告は，極めて重要な示唆を与える。本章における分析は主に，この『雑誌』論文の情報に基づく。

　すでに触れたように，19世紀前半にロシア製綿織物は，ペルシア，中央アジア，清の三つのアジア地域に輸出されたため，アジア綿織物市場における，ロシア製品の販売状況を把握するには，各地域の市場全体を

**地図5-1**　アジアの綿織物市場

---

スリン（кисея）等に分けられた。Департамент внешней торговли, *Журнал мануфактур и торговли*, Ч. 3, No. 7-9, Санкт-Петербург, 1849, с. 363-375.

詳細に検討する必要がある。だが，それには大きな困難が伴う。本章で依拠する『雑誌』論文には，アジア綿織物市場に関する詳細な情報が記されているが，地域により偏りが見られる。ペルシアとの貿易では，タブリーズ市場，中央アジア地域との貿易では，ブハラ市場，清との貿易では，キャフタ市場を中心に報告される。それ以外の市場については，あまり触れられていない。そこで本章では，資料の制約に配慮し，タブリーズ市場（ペルシア），ブハラ市場（中央アジア），キャフタ市場（清）について検討を行うことで，アジア綿織物市場の分析に替えたい（地図5-1）。

## II　タブリーズの綿織物市場（ペルシア）

　既存の経済史研究では，19世紀のペルシア綿織物市場を検討する際，ロシア製品と英国製品との競争に関心が向けられたため，それ以外の製品の状況は注目されなかったように思われる。しかしペルシアでは古来，棉花栽培が行われており，地元棉花を基に綿織物の生産が行われる一方，長期にわたりインド製綿織物が輸入されてきた歴史がある。インド製品はペルシア市場で常に高級品として珍重された。したがって，19世紀のペルシア市場では，4カ国の綿織物，すなわち，ロシア製品，英国製品，ペルシア製品，インド製品が競合した。これらの4カ国の綿織物は一様な製品ではなく，様々な製品群，主に更紗[8]，キャラコ[9]として販売されたため，個別市場に分類できる。では，タブリーズ（写真5-1）の綿織物市場を個別市場ごとに検討して行きたい。

---

　8)　ロシアで更紗は，ルバシカ，サラファン，エプロンなどの衣服の仕立てに使われた。用語としての更紗は日本で一般的だが，チンツ，バティックが国際共通語である。インドやイランではカラムカリ（kalamkari）と呼び，清では印華布という。

　9)　綿布の一種。ヨーロッパで喜ばれたインド更紗も，キャラコの捺染製品である。現在，日本では30～40番手単糸を使用し，2.5センチにつき径緯120～140本のものを漂白したものをいう。

第5章 アジア綿織物市場におけるロシア製品の位置　　169

写真5-1　タブリーズのバザール

## 1．更紗市場

　そもそもペルシアは更紗の供給について，全面的にインドに依拠したが，19世紀初頭以降，更紗の国内生産がエストやイスファハーンで，インド製更紗の模倣という形で始まるため，1820年代前半にペルシアの更紗市場では，国産製品とインド製品が販売された[10]。ペルシア製品は，インド製品ほど品質は良くなかったが安価だったため，インド製品の代替財として消費された。1820年代後半以降，英国とロシアがペルシアに更紗を輸出し始める。英国製品はインド製品とデザインが酷似したため，タブリーズ市場でインド製品およびペルシア製品と競合関係になる。
　インド製更紗と英国製品とを比べれば，英国製品は安価だったが，「色落ち」するという欠陥があり，質的にはインド製品が勝っていた。そのためか，当初ペルシアでは英国製品は衣服の表地に利用されず，裏

---

10)　*Журнал мануфактур и торговли*, Ч. 1, No. 1-2, 1844, c. 213.

地にのみ利用された[11]。しかし，ペルシア製品と英国製品を比べれば，捺染は英国製品の方が良く，しかも安価だったため，英国製品が富裕層向けペルシア製品のシェアを奪うことになる。その結果，ペルシア製更紗（калямкер）は販売不振に陥った[12]。1840年代に，更紗市場における英国製品とインド製品の位置づけが逆転する[13]。英国製更紗は更に安価になり，また「色落ち」という欠陥を解消したため，英国製品はタブリーズ市場でインド製品と互角に競争する関係になり，英国製品がインド製品の位置に取って代わる。その結果，インド側が巨額の損失を被り，1844年以後，タブリーズの更紗市場で英国製品が圧倒的な地位を占める。

1820年代後半から，ロシア（シューヤ）の企業家ポシーリン（C. Посылин）は，ロシア製更紗をペルシアに輸出し，一時的に利益を挙げた。しかし，1830年代に更紗の柄がペルシアの消費者に受け入れられなくなるため，1835年にポシーリンはペルシア向け事業から撤退した[14]。当初，ロシアのペルシア向け綿織物輸出が成長したのは，ポシーリンの更紗の功績が大きいと思われるが，彼の更紗の市場シェアは英国に取って代わられた。当時のペルシアの消費者は，花束と幅広い線を持つ更紗模様を好んだ。ロシア政府は，ペルシアの消費者の嗜好に合ったデザインを開発するよう，ロシアの企業家に注意を喚起したが，企業家はペルシア市場に十分に対応できなかった。ロシアがペルシア向け綿織物輸出に失敗した原因の一つは，この点にあった。他方でロシアは，ペルシアの低所得層向けの更紗も輸出したが，その緑色更紗の捺染は変則的だったが，「色落ち」はしなかった[15]。このロシア製緑色更紗は，インドや英国の製品と競合関係にならず，一定の販売を維持する。

## 2．キャラコ市場

1820年代前半まで，ペルシアのキャラコ市場では，国産キャラコのみ

---

11) Там же, Ч. 3, No. 8, 1843, с. 283.
12) しかし，低所得階層向けの国産更紗（калек）は存続する。
13) *Журнал мануфактур и торговли*, Ч. 1, No. 1-2, 1844, с. 214.
14) Там же, Ч. 2, No. 5, 1834, с. 80.
15) Там же, Ч. 3, No. 8, 1843, с. 283.

販売されたと考えられる。国産キャラコはペルシア棉花を基に，手紡により綿糸に加工し，イスファハーンやエストで織布された。だが1827年以後，英国から「アメリカン」と呼ばれる，キャラコが輸入され始める[16]。「アメリカン」と呼ばれたのは，米国棉花から紡いだ綿糸が用いられたためである。ペルシアの国産キャラコは，低級綿糸で織られ，無漂白で無彩色の丈夫な織物だった。英国製キャラコはペルシアの消費者に直接供給されたのではなく，ペルシアに輸入された後に，ペルシア国内で捺染され，衣服やテントに加工された後に，市場で販売された。英国製キャラコは，紡績機械で紡がれた綿糸で織布されたため，手紡糸で織られたペルシア製品よりも安価だった。ペルシアの消費者は次第に，国産キャラコよりも，英国製品を選択するようになる。1843年のペルシアにおける，英国製キャラコの輸入額は，英国製綿織物輸入総額の3割を占めるに到る[17]。その結果，ペルシアの国産キャラコの販売は減少し，キャラコ生産者は損害を被った。

　1830年以降，ロシア製キャラコは，一部ペルシア市場に輸出されたが，顕著な成果は得られなかった。だが『雑誌』論文で，「ロシアはペルシアのキャラコ市場から英国製品を締め出すべきである」と何度も論じられるため，ロシアは可能であれば，ペルシア向けキャラコ輸出で挽回の機会を狙っていたと考えられる[18]。しかし当時，ロシアが品質の同じキャラコを生産しても，1840年代前半まで，ロシアの綿織物生産は英国綿糸に半ば依存したため，ロシア製品は価格の点で，タブリーズ市場で英国製品と競争することはできなかった。以後，ロシアは綿糸の輸入代替を実現するものの，費用の面で英国製品に太刀打ちできなかったため，ロシアの紡績工場をコーカサス地域に設立し，ペルシア棉花を基に綿糸を生産し，それを基にロシア製キャラコを生産する計画が持ち上がった。そうすれば，価格の面で，ロシア製品は英国製品に対抗できると考えられたが，この計画は実現されなかった。

---

16) Там же, Ч. 3, No. 8, 1843, c. 291.
17) Там же, Ч. 1, No. 1-2, 1844, c. 234.
18) Там же, Ч. 1, No. 2, 1848, c. 226.

### 3．ペルシア市場に綿織物を輸出した商人

　ペルシアの綿織物市場の検討を締めくくる前に，ロシア製品と英国製品を国内に供給した商人に触れておきたい。第4章で触れたように，ロシアとペルシア間の貿易は基本的に，ロシア国籍アルメニア商人（以下，アルメニア商人）が担っており，彼らがモスクワやニジェゴロド定期市に赴き，現地で仕入れた製品をペルシア市場に輸出した[19]。アルメニア商人は綿織物をペルシアに輸出するだけでなく，ロシアとペルシア間の貿易に従事し，様々な商品を取引したと考えられる。

　興味深いことに，アルメニア商人は，ヨーロッパの陸路を経由して，英国製綿織物も輸入した[20]。英国製綿織物がペルシア市場に輸出されるルートは二つ存在した。その一つが，ドイツのライプツィヒ定期市を経由するルートだった。毎年アルメニア商人はライプツィヒ定期市を訪れ，製品を買い付け，ペルシアに輸出した[21]。ライプツィヒ定期市で商品の買い付けは，ドイツ系ユダヤ商人が仲介したため，アルメニア商人とユダヤ商人は，国境を越えた商業ネットワークを構築していたと考えられる。1840年代後半以降，英国からイスタンブルを経由してペルシアに輸出する，もう一つのルートが重要になる。イスタンブルに居住するロシア国籍ギリシア商人[22]が，この貿易に専ら従事した[23]。ペルシアの綿織物市場に外国製品を輸出したのは主に，陸路ではロシア国籍アルメニア商人であり，海路ではロシア国籍ギリシア商人であった。

---

　19) Там же, Ч. 4, No. 11-12, 1837, с. 460.
　20) アルメニア商人は，ロシアとペルシア間の貿易に従事するだけでなく，インドやイスラム世界にも，幅広い商業ネットワークを構築した。Aghassian, M. and Kevonian, K., "The Armenian merchant network: overall autonomy and local integration", Chaudhury, S. and Morineau, M. (ed.), *Merchants, Companies and Trade: Europe and Asia in the early modern era*, New York: Cambridge University Press, 1999.
　21) Неболсин, Г., *Статистические записки о внешней торговле России*, Санкт-Петербург, 1835, с. 141.
　22) *Журнал мануфактур и торговли*, Ч. 3, No. 7-8, 1846, с. 117.
　23) ロシア国内のギリシア商人の役割について，近年，次の興味深い文献が出版された。Kardasis, V., *Diaspora merchants in the Black Sea: the Greeks in Southern Russia, 1775-1861*, Lanham: Lexington Books, 2001.

第5章 アジア綿織物市場におけるロシア製品の位置　　173

では，タブリーズの綿織物市場についてまとめておきたい。これまで更紗とキャラコという二つの綿織物市場の検討から明らかなように，ペルシアの綿織物市場で生じた主な変化は，英国製品が，従来ペルシア製品とインド製品が占めたシェアに，取って代わったことである。中でも，インド更紗に対する英国更紗のキャッチアップが顕著であり，英国製更紗はデザインと「色落ち」を改善し，タブリーズ市場で販売を伸ばした。他方，富裕層向けに販売したロシア製品，ポシーリンの更紗は，現地の嗜好に配慮しなかったため，消費者に受け入れられず，英国にシェアを奪われた。ペルシア向け輸出でのロシアの失敗は，ペルシアの消費者が望む，更紗デザインの開発を怠ったことにあると思われる。この事実に着目すれば，ロシアの企業家が現地消費者の情報を軽視した印象が強まるが，ブハラの綿織物市場では状況は異なった。

## Ⅲ　ブハラ綿織物市場（中央アジア地域）

旧ソ連時代，中央アジアが棉花生産の中心地だったことは記憶に新しいが，この地域は古来，棉花栽培が盛んであり，綿糸を手で紡ぎ，それを基に綿織物を生産した。ブハラ（写真5-2）は中央アジア貿易の要衝であり，インドとペルシアとの中継貿易も担った。そのため，ブハラはインド製綿織物を売買したが，ブハラの人々がインド製品を生活の中で使用する習慣はなかったと思われる。1830年代以前，ブハラの綿織物市場では，主に中央アジア産の綿織物が支配的だったと考えられる。1830年代以降，ロシア製綿織物が，また後に英国製綿織物がブハラ市場に参入し，3ヵ国の綿織物がブハラ市場で競合する。ブハラ綿織物市場の特性を考慮し，ペルシア市場での分析手

**写真5-2　ブハラ**

法と異なり，市場を時期別，すなわち，①伝統的綿織物市場，②ロシア製品の参入時期，③英国製品の参入時期の三つの時期に分け，ブハラ市場を検討してみたい。

### 1．伝統的綿織物市場

　中央アジア地域にはブハラ以外に，ヒヴァやサマルカンドなど，様々な棉花栽培地域があり，各地の棉花を基に手織りの綿織物を長期にわたり生産してきた。中央アジア産の綿織物は製品により複数種に分類される。すなわち，黄色や青色の密な平織り木綿地である，粗織りキャラコ（бязи），単色で捺染された更紗（выбойка），更紗よりも良質な縞木綿（бумажная полосатая ткань）[24]，ベール（покрывал）などが挙げられる[25]。これらの綿織物と毛織物，毛皮により，中央アジアの服飾文化は形成された。ブハラの綿織物は国内で消費されるだけでなく，キルギスやアストラハン・ステップのカルムイクを始め，シベリア地域にまで，中央アジアの近隣世界に広く輸出された。

　ロシアが歴史的に初めて綿織物と遭遇したのは，中央アジアの製品であり，ロシアは長期にわたり，ブハラを含む中央アジア地域から綿織物を輸入した[26]。19世紀初頭に近代的な綿紡績工場を設立する以前，ロシアはブハラ綿糸を輸入し，それを基に綿織物を手で織布するのが典型的なスタイルだった。そのため，中央アジア製綿織物への愛着が，ロシアの基層文化に育まれた可能性は十分あり得る。19世紀前半にロシアが綿織物の大量生産化に成功して後も，ブハラ製綿織物のロシア向け輸出は衰えず，ブハラ製綿織物はロシア国境に住む人々だけでなく，ロシア国内の消費者にも受け入れられた。

---

　24）　縞柄を織りだす綿織物のこと。縞とは，二種類以上の色糸を用いて平行，あるいは交差する縞文様を表したもの。経糸の色配列を変えた経縞と，緯糸の入れ方で色配列を作る緯縞，その両者を組み合わせた緯経縞（格子縞）がある。

　25）　*Журнал мануфактур и торговли*, Ч. 2, No. 6, 1838, c. 445.

　26）　Брокгауз, Ф. А., Ефрон, И. А., *Энциклопедический Словарь Россия*, Санкт-Петербург, 1898, c. 285.

## 2．ブハラ綿織物市場へのロシア製品の参入

　1830年代前半にロシア製品が中央アジア地域に輸出され，ブハラ綿織物市場に参入し始める。タブリーズ市場では，外国製品と国内製品の競争が生じたが，『雑誌』論文によれば，ブハラ市場で，ロシア製品とブハラ製品の競争が生じたという情報はない。そのため，ブハラの綿織物市場で，両製品は棲み分けたと考えられる。このことは価格に注目すれば一目瞭然である。例えば，1841年のブハラ製綿織物の価格と，ロシア製品の価格を比較すれば，ロシア製品が倍以上の差で高い[27]。このことからロシア製品は，ブハラの消費者が日常品として購入する一般消費財ではなく，富裕層が購入する奢侈品だったと推察される。

　ロシアからブハラに輸出された代表的な綿織物は，更紗，亜麻と交織した白木綿（коленкор），キャラコ，モスリンであった[28]。特に女性の下着を作る際や，部屋着の裏地として，ロシア更紗は利用され，亜麻と交織した白木綿とキャラコは，富裕層の下着に用いられた。モスリンは[29]重要な高官のターバンとして利用された。ロシア製更紗，キャラコ，亜麻と交織した白木綿のほとんどは，ロシアのウラジーミル県（シューヤ）で生産された。中でも，ポシーリンの工場が生産した綿織物は，ブハラで最も人気があり，良質の製品として現地で高く評価された。ポシーリンの工場は，ロシアの国内消費者向けではなく，アジアの消費者向けに特化して綿織物を生産したため，ウラジーミル県の企業家はブハラの嗜好に精通していたと考えられる。

## 3．ブハラ綿織物市場への英国製品の参入

　1840年代初頭に英国製品が，ペルシアからマシュハド経由でブハラに

---

27) 例えば，1841年のブハラ綿織物市場では，ブハラ製更紗一反（читы）は3ルーブル6カペイカであるのに対し，ロシア製更紗一反は，25ルーブル16カペイカした。
28) Журнал мануфактур и торговли, Ч. 1, No. 2, 1843, с. 270.
29) 本来は，上質の綿糸を使用した，軽く目の粗い平織り綿布である。30番手×36番手，72本×69本などの種類の規格がある。

輸出され，ブハラの綿織物市場に参入する。1841～42年に限って英国は市場のシェアを高めるため，特別に安価な価格で綿織物を輸出した[30]。ブハラ市場に輸出された英国製綿織物は，更紗，白木綿，モスリンなどであり，ロシアが輸出する製品と共通する商品が多かった。英国製品とロシア製品の価格を比較すれば，更紗を除いて，英国製品は全体的にロシア製品よりも安価だった[31]。そのため，ブハラの綿織物市場でロシア製品の地位が揺らぐと考えても不思議ではなく，実際に，ロシア製品の販売は一時的に低迷した。既存のロシア経済史研究では，1841～42年の英国製品による，ロシアの販売不振に過度に着目したため，英国製品の中央アジアへの参入はロシアに脅威だったと，しばしば論じられた[32]。しかし『雑誌』論文には，「今のところブハラでは，英国製綿織物はロシアの脅威にならない」という楽観論が説かれた[33]。

当時ブハラの消費者は，英国製品を評価するどころか，織物の長さを測る基準が中央アジアの尺度と異なり，仕立てるのが難しいとか，更紗の色彩が不鮮明で欠陥があるとか，編み糸に綿糸を固定させていない，などの不満をもらした[34]。英国が誤って質の悪い製品をブハラに輸出した可能性も否定できないが，商人が儲からない事業に取り組んだとは考えにくい。ブハラの綿織物市場で，英国製品が好意的に受け止められなかった理由として，ブハラとタブリーズの消費者では，綿織物への嗜好が相当隔たり，この嗜好の違いが，英国製品の評価に影響したと思われる。それを示唆する例は，ポシーリンの工場が生産した綿織物である。彼の製品は，ブハラ市場で高く評価されたが，ペルシア市場では燦々たる結果に終わり，撤退を余儀なくされた。したがって，中央アジアとペ

---

30) Неболисин, П., *Очерки Торговли России с странами Средней Азии, Хивой, Бухарой и Коканом*, Санкт-Петербург, 1856, с. 24.

31) 1841年のブハラ綿織物市場では，英国製モスリン一反が8ルーブル50カペイカから12ルーブル24カペイカの範囲にあったのに対し，ロシア製モスリン一反は10ルーブル80カペイカだった。一方，英国製更紗一反は，32ルーブル13カペイカであるのに対し，ロシア製更紗は27ルーブル20カペイカだった。*Журнал мануфактур и Торговли*, Ч. 1, No. 3, 1843, с. 425.

32) Мельников, П., *Нижегородская Ярмарка в 1843, 1844 и 1845 годах*, Нижний-Новгород, 1846, с. 138.

33) *Журнал мануфактур и Торговли*, Ч. 1, No. 3, 1843, с. 408.

34) Неболисин, П., *Очерки Торговли России с странами Средней Азии, Хивой, Бухарой и Коканом*, с. 25.

ルシアの綿織物に対する消費者の嗜好の違いが，ブハラ市場で英国製品の販売不振を招いたと考えられる。

### 4．ブハラ市場に綿織物を供給した商人

ペルシア向け貿易と同様に，ブハラ向け貿易でも，ロシア商人が流通を掌握したわけではなく，ロシアとブハラ間の貿易を担ったのは，実際には，ブハラ商人，キルギス族，タタール商人であった[35]。ブハラからロシアまでの最短距離は，ブハラ～ヒヴァ～サライチク～アストラハン～ヴォルガ川のルートであるが，別にオレンブルク経由のルートもあった。何れのルートを選択しても，中央アジアのステップをラクダのキャラバン隊で通過する必要があった。ブハラのキャラバン隊は，毎年秋から春に組織され移動した。このキャラバン隊でステップを通過する際，キルギス族が案内役に加わり，自分の親族をツテとして頼り，進路の選択やキャラバンの選択に影響を与えた。タタール商人は，貿易の全行程に関与したと見られるが，彼らは実際にブハラを頻繁に訪れた[36]。

ロシア商人が貿易に従事しなかった背景には，ロシア人がキャラバン隊を組織することに不得手だった点が挙げられるが，それだけではなく，イスラム世界である中央アジア地域では，異教徒が積極的に商取引に参加することを好まなかった点も挙げられる。ロシアのタタール商人，例えば，カザンのムスリム商人が，中央アジアの貿易に関わったのは，彼らがロシア国籍を持ちつつも，イスラム教徒であったため，現地で容易に取引に参加できたためである。実際に，商品取引に対する関税の割合が，イスラム教徒と異教徒で異なり，ロシア正教徒ならイスラム教徒より10％余計に支払わなければならなかった[37]。だが，カザンのムスリム商人は，イスラム教徒と同率に扱われた。

---

35) *Журнал мануфактур и Торговли*, Ч. 2, No. 6, 1832, c. 95.
36) 第4章でロシアとアジア間の貿易に携わった商人に触れたが，タタール商人には言及しなかった。ロシア語で書かれた経済史研究で，タタール商人の役割を論じた研究が極めて少ないためである。しかし，ロシアのアジア貿易におけるタタール商人の役割は，無視できない程大きく，今後の研究で明らかにしたいと考えている。
37) Неболисин, П., *Очерки Торговли России с странами Средней Азии, Хивой, Бухарой и Коканом*, c. 30.

では，ブハラの綿織物市場の検討結果をまとめておきたい。外国の綿織物が輸入される以前から，ブハラには伝統的綿織物市場が存在し，そこで販売される綿織物は，国内の消費者に供給されるだけでなく，中央アジア周辺地域に広く輸出された。ロシア製綿織物がブハラ市場に参入した際も，ブハラの伝統的綿織物市場は維持され，現地の富裕層からロシア製品は，新しい種類の織物として歓迎され，現地の伝統的織物と競合せず棲み分ける形で市場に浸透した。1840年代に英国製品が新たに参入した際，ブハラ市場で英国製品とロシア製品の競争が生じると推測されたが，実際には，英国製品は現地の消費者から好意的に迎えられず，ロシア製品の輸出に影響を及ぼさなかった。ペルシアで惨敗したポシーリンの綿織物が，ブハラ市場で成功を収めたのは，ブハラ市場がペルシア市場と全く異なる市場だったことを示唆する。

## Ⅳ　キャフタ綿織物市場（清）

　19世紀前半に，ロシアと清の貿易の要衝として栄えたのが，ロシアと清（現在のモンゴル領）の国境沿いに位置するキャフタ（写真5-3）である。そもそもキャフタ市場は，ロシアと清の間で毛皮貿易を行うために設定されたが，毛皮貿易の重要性は，時代が経過するにつれて低下し，ロシアが工業製品を輸出し，清から茶を輸入する形態に移行する[38]。ロシアが本格的に清から茶を輸入する以前，清からの重要な輸入品に清製の綿織物があり，キャフタ経由でロシアに輸入された。ロシアの綿織物生産の拡大に伴い，清製品の輸入は次第に減少し，逆にロシア製品が清に輸出されるようになる。他方，英国製綿織物もトランジット商品として，ロシアからキャフタ経由で清に輸出された。したがって，19世紀前半のキャフタの綿織物市場では清製品，ロシア製品，英国製品が混在した。そこで，キャフタの綿織物市場を，各国製品別に清製綿織物市場，ロシア製綿織物市場，英国製綿織物市場の三つの市場に分類して，検討していきたい。

---

　38)　*Журнал мануфактур и Торговли*, Ч. 1, No. 1-3, 1858, с. 102.

第5章　アジア綿織物市場におけるロシア製品の位置　　179

写真5-3　キャフタのロシア正教会

## 1．清製綿織物市場

　清では古来，棉花栽培が盛んであり，地場の綿織物を生産し，国内で消費されるだけでなく近隣地域へも輸出された。18世紀以降，ロシアも清の綿織物を輸入してきた経緯があり，特にシベリアの住民が清の綿織物を利用した[39]。18世紀を通じて，ロシアの清からの輸入全体に占める，綿織物の輸入額は常に60％を超えた。代表的な清の綿織物には，キタイカ（китайка）と呼ばれる，平織りの耐久性のある青色の綿織物や，ダバ（даба）と呼ばれる，赤や青で染色された更紗のような粗い綿織物が挙げられる。ロシアが輸入した清の綿織物の約90％はキタイカであり，残りの10％がダバだった[40]。

---

　39) Burton, A., Bukharan Trade 1558-1718, *Paper on Inner Asia*, No. 23, Indiana: Indiana University Research Institute for Inner Asian Studies, 1993, p. 36.
　40) Foust, C. M., *Muscovite and Mandarin: Russia's Trade with China and Its Setting,*

18世紀末までに、ロシアに輸入された清の綿織物は、シベリアからヨーロッパ・ロシアを経て、ポーランド、ベラルーシ、ウクライナなどにも輸出され、利用された。1820～1830年代の露清貿易で、ロシアのキャフタ経由の清製綿織物輸入は、重要な役割を果たしたが、以後、ロシア綿工業の発展に伴い、清製綿織物の輸入は次第に減少し、キャフタの清製綿織物市場は縮小する。

## 2. ロシア製綿織物市場

1820年代初頭に、ロシア製綿織物がキャフタ経由で清に輸出され始める。ロシアの企業家は、国内で生産した綿織物をそのまま輸出するのではなく、綿織物に対する清側の要求と嗜好をあらかじめ把握した上で、製品を開発するように努め、また、製品の価格を徐々に安価にし、キャフタ市場の綿織物販売を高めようとした。そのため、清向けロシア製綿織物輸出は成功を収める[41]。ロシア製綿織物が清に輸出されたと言っても、ロシア製品が清全域に普及したわけではなく、主たる消費地は清の内陸部に限定されたことに注意する必要がある。同じ清といえども、地域により商慣習は異なり、キャフタ市場に参加する山西商人は、清内陸部の商売の仕方に精通したこともあり、ロシアは、特にこの地域へ綿織物を積極的に輸出した。ロシアが清に輸出した綿織物は、具体的には更紗、キャラコ、亜麻と交織した白木綿（коленкор）、南京木綿等だったが、中でも、更紗と南京木綿が清の消費者に好意的に受け入れられた[42]。

時代が経過するにつれ、清に輸出されるロシア製綿織物も変わり、1830年代以降、従来の更紗や南京木綿から綿ビロード[43]に重心がシフトする。従来、ロシア製綿ビロードは、清に輸出されていなかったが、清向け綿織物輸出の品目に新たに加わると、急成長を遂げ、ロシア製綿織物の代表的製品になる。この綿ビロードは、他のロシア製品と異なり、

---

*1727-1805*, Chapel Hill: University of North Carolina Press, 1969, p. 355.

41) Корсак, А., *Историко-Статистическое Обозрение Торговых Сношений России с Китаем*, Казан, 1857, с. 200.

42) *Журнал мануфактур и торговли*, Ч. 3, No. 7, СПБ, 1830, с. 97.

43) ビロード・タイプのパイルを持つ綿織物。帽子、チョッキ型の衣服、婦人用袖なし上着、衣服を仕立てるために農民の間で使用された。

主にモスクワで生産された[44]。1820年代前半にモスクワの企業家は，綿ビロードの開発に取り組み，1827年に清向け綿ビロード輸出を開始する。当初，綿ビロード用の染色技術がモスクワに存在しなかったため，ペテルブルクの企業に染色を委託したが，モスクワでも徐々に技術を習得し，綿ビロードを生産するための工場を拡大する。1840年代以後，キャフタ経由で輸出されるロシア製綿織物の中で，綿ビロードが最大のシェアを占めたが，このロシア製綿ビロードは，外国製綿ビロードの清向け輸出に打撃を与える。

### 3．英国製綿織物市場

19世紀初頭以降，トランジットの外国製綿織物が，ロシア～キャフタ経由で清に輸出される。その代表的製品は英国の綿織物，特に綿ビロードであった。英国は清に綿織物を輸出した最初の外国である。19世紀前半に英国は，ロシア～キャフタ経由のトランジットの陸路で更紗，南京木綿，綿ビロードなどの綿織物を輸出すると同時に，清沿岸部から海路で綿織物を清に輸出した。英国製の更紗と南京木綿の販売は良くなかったが，綿ビロードは現地消費者に受け入れられ，販売は増える[45]。他方，英国は清沿海部から陸路と異なり，長布（longclothes），白木綿（shirting），布製家庭用品（domestics）などの綿織物輸出を試み，長布と白木綿の輸出は成功を収める。

1840年以降，清沿海部からの英国製綿織物輸出は継続されるが，ロシア～キャフタ経由の清向け英国製品の輸出は停滞する[46]。すでに触れたように，1830年代にロシアは清向け綿ビロード輸出を開始し，輸出額を伸ばすが，キャフタの綿織物市場で，ロシア製品と英国製品が競合し，最終的に，英国製品はロシア製品により，市場から駆逐され撤退する。1822年にロシアが外国製綿織物に高関税をかけたことが，英国製品の敗因として挙げられる。英国製綿ビロードは，ロシアの高関税により価格

---

44) *Журнал мануфактур и торговли*, Ч. 1, No. 1-3, 1858, с. 105.

45) Корсак, А., *Историко-Статистическое Обозрение Торговых Сношений России с Китаем*, с. 197, 204.

46) Там же, с. 174.

の優位性を失うが，関税実施後も，キャフタ市場で英国製品はロシア製品よりも安価だったため，高関税による製品価格の上昇は，決定的な敗因とは考えられない[47]。ロシアの企業家は，綿織物の染色や寸法を，清の消費者の要望に合わせる形で綿織物を生産した。このことが，ロシア製綿ビロードがキャフタ市場で英国製品から市場を奪った，決定的要因だと思われる。

### 4．キャフタ市場に綿織物を輸出した商人

キャフタ市場では，主にロシア商人と清の山西商人（写真5-4）が綿織物取引に従事した。ロシア商人は秋と冬にモスクワからチュメニ～トムスク～イルクーツクを経て，多くの商品をキャフタ市場へ供給し，逆

写真5-4　山西商人，常家の庭園

---

47) キャフタの綿織物市場で販売額において，ロシア製品が英国製品を凌駕するのは1833年であり，ロシアの保護関税が導入された1822年ではない。

第5章　アジア綿織物市場におけるロシア製品の位置　　　　183

にキャフタからヨーロッパ・ロシアには，ニジェゴロド定期市の開催期間に合わせて，2月から3月に商品を輸送した。だが，キャフタでの商品取引は一年中行われた[48]。キャフタ市場では露清の商品を取引する前に，露清間で各商品の予定価格を決め，商人間で協定を結んだ後にバーターで取引された。実際に，山西商人は協定を頑なに守り，値下げを一切認めなかったが，ロシア商人には値下げを求めた。ロシア商人はしばしば山西商人に譲歩し，協定で合意した価格よりも安い価格で，山西商人に販売した。結果としてロシア商人は，キャフタ市場の取引で山西商人に多額の利益を与える[49]。

　キャフタ市場の取引に関わったロシア商人は，シベリア商人とモスクワ商人の二つに分けられる。イルクーツク周辺に居住するシベリア商人が元来，キャフタ市場の取引に積極的に関わってきた。彼らはキャフタ経由でロシアの毛皮を清に輸出する代わりに，当初は綿織物を，後に茶を，清から輸入した。しかし，1830年代にモスクワ商人がキャフタ経由でロシア製綿織物を清に輸出し始めると，シベリア商人とモスクワ商人の間で軋轢が生じる[50]。すでに触れたように，キャフタ市場で取引する前に予定価格を決めたが，その際，綿織物を安価に設定して，大量に綿織物を販売しようとするモスクワ商人と，清の茶を安価で大量に販売しようとするシベリア商人の間で，衝突が起こった。最終的に，シベリア商人がモスクワ商人に妥協する代わりに，モスクワ商人は露清の販売ルートをシベリア商人に明け渡し，綿織物販売の信用をシベリア商人に提供する形で，問題は解決される。

　では，キャフタの綿織物市場に関する議論をまとめてみたい。19世紀初頭に露清間でキャフタ貿易が行われた際，ロシアの毛皮を輸出する代わりに，清から綿織物を輸入することが重要な取引だった。しかし1820年代に，ロシアが更紗と南京木綿などの綿織物を清に輸出し，逆に清から茶を輸入する形に，露清貿易は変化する。他方，同時期に英国はロシア～キャフタ経由で，清に綿ビロードを輸出し，順調に実績を伸ばす。

---

48)　*Журнал мануфактур и торговли*, Ч. 1, No. 2, 1839, с. 320.
49)　Там же, Ч. 1, No. 1-3, 1858, с. 97.
50)　Там же, Ч. 1, No. 1-3, 1858, с. 104.

1830年代初頭まで，ロシアは綿ビロードを清に輸出したことがなかったが，モスクワの企業家は，英国製綿ビロードの成功から学び，新たに清向け綿ビロードの輸出に着手し，清の消費者の要望に適う製品を開発し，生産した。ロシア製綿ビロードがキャフタ市場で，英国製品のシェアを侵食し，次第にロシア製品が英国製品に取って代わり，英国の陸路経由の清向け綿ビロード輸出は，1840年代に終焉を迎える[51]。

## V 結 び

ロシア経済史研究の通説では，19世紀前半にロシアの工業製品は，品質の点で西ヨーロッパ製品に追いつけなかったため，ロシア製品はペルシア市場で英国製品に適わず，西ヨーロッパ製品が輸出されない，中央アジアと清の市場でのみ，ロシアは綿織物を販売できたと考えられた。だが，アジア綿織物市場を本章で個別に検討してきた結果から明らかなように，通説は事実に立脚していない。確かにタブリーズの更紗市場で，ロシア製品は英国製品とインド製品に適わなかったが，中央アジアや清の市場に西ヨーロッパの製品が輸出されなかったわけではなく，この二つの市場に英国製品が輸出されていた。少なくともブハラとキャフタの綿織物市場では，ロシア製品は英国製品を凌ぐ成果を示した。

現代の経営学のマーケティング論が教えるように，仮に安価で良質であっても，消費者の嗜好に適った製品に仕上げ，消費者に合わせた販売方法を行わなければ，市場で受け入れられない[52]。このメカニズムは，19世紀の綿織物市場にも妥当すると考えられる。19世紀前半に西ヨーロッパの製品が良質で安価であっても，消費者の嗜好に合わせた製品を開発し，現地の慣習に合った販売方法を取らなければ，アジアの消費者に受け入れられなかった可能性は十分に考えられる。

19世紀前半にロシア製綿織物の品質は，総じて英国製品に劣っていたに違いない。だが，ロシアの企業家は，技術的制約の中で市場から情報

---

51) ただし，英国の海路を通じての，清向け綿織物輸出は順調に拡大した。
52) 次の文献における，ヨーロッパでの日産自動車の販売プロセスを示すケースは示唆深い。野中郁次郎・竹内弘高（梅本勝博訳）『知識創造企業』東洋経済新報社，1996年。

第5章　アジア綿織物市場におけるロシア製品の位置　　　185

を収集し，輸出先の消費者に受け入れられる製品を開発し，ブハラとキャフタで成功を収めた。ブハラ市場では，ウラジーミル県（シューヤ）の企業家ポシーリンが，現地の消費者に受け入れられる染色を綿織物に施し，キャフタ市場では，モスクワの企業家が綿ビロードを開発し，寸法等も清の尺度に合わせて生産した。このため，ロシアの企業家はマーケティングを実践したと考えられる。英国製品は優れていたかもしれないが，英国企業はブハラ市場と清の内陸部市場で，消費者に適した製品を開発しなかったため，ペルシア市場のようには成功できなかったと思われる。

　では，ブハラやキャフタで成功したロシアの企業家が，なぜペルシアで失敗したのか，という疑問が生じるが，その問題について仮説を挙げておきたい。ロシアの嗜好が，そもそもインド更紗と異なる文化圏に属した可能性が考えられる。タブリーズの更紗市場では，英国製品もペルシア製品も，インド更紗の模倣品として販売された。その背景には，以前から英国もペルシアもインド更紗に魅了され，インド更紗を輸入してきた経緯があった。だが，歴史的にロシアは，インド更紗に馴染んだ経験がなく，ロシア側にインド製品を模倣する動機はなかった。このことも，ペルシア市場でロシアが成果を挙げられなかった重要な要因だと思われる。

# 第6章

# ロシア製綿織物と服飾文化の変容

---

## I　はじめに

　これまでの章で，ロシア綿工業の発展と綿織物の流通を考察してきたが，本章ではロシア製綿織物の消費に焦点を当て，ロシア製綿織物が国内外の市場に浸透した際，ロシアと中央アジアの服飾文化がどのように変容したのかを検討してみたい。序章で触れたように，本書の主要課題の一つに，自然と人間の関係に関する考察がある。人間は周囲の資源を利用して生活を営むため，人間の生活は近隣の自然環境に制約される。本来，人間は周囲の資源（動植物）を利用する形で，エネルギーを摂取し，衣服を作ってきた。衣服は文化の基層を成すが，衣料資源は周囲の自然環境により規定される。国土の大部分が寒冷地であるロシアでは，麻の栽培や毛皮動物の捕獲に適するが，棉花栽培や養蚕は困難になる。ロシア人は麻と毛皮を主な衣料資源として，服飾文化を作り上げてきた。
　現在では普通，衣料を既製品として市場で購入するが，工業化以前には動植物の資源を加工する形で，各家庭で自分達の衣服を作るのが自然であった。春から秋に農家は農作業を優先するため，冬に農家の女性が紡糸や織布の作業に取り組んだ。毛皮・皮の加工は専門技術を要するため，一般のロシア人は毛皮や皮の加工を専門の職人に委託し，職人が毛皮や皮を加工した。しかし，麻や毛皮以外の衣料資源が，ロシアで利用できなかったわけではない。近隣アジア地域からロシアに絹織物や綿織物，あるいは，絹糸や綿糸が輸入され，国内で織布・加工された。19世

紀以前，絹織物や綿織物は高価な商品であり，庶民が入手できる製品ではなく，教会関係者や上流階層のみが外国製織物を入手し，利用した。

衣服は実用品としてだけ利用されるものではない。衣服を着る人間が裕福かどうか，また人間の帰属する社会階層などの属性も表すため，衣服にはシンボル的機能も備わっている。衣服のシンボル的機能と染色はかつて緊密な関係にあった。近代以前，希少な植物や鉱物等が染料として利用された。ロシア国内で染料を調達するのは困難だったため，外国から染料を輸入しなければならず，外国染料は自然と高価になった。当時，染色は少数者集団の中で秘匿すべき特殊な技術であり，衣服の染色自体が容易ではなかったため，染色された衣服を着用する人間は，上流階層に属することを意味した。1830年代以降，ヨーロッパのモードを紹介する雑誌がロシアで刊行され，ロシアの上流階層がヨーロッパの流行を追いかけ始める[1]。19世紀に一般のロシア人は西欧のモードから遠かったが，無縁だったわけではなく，19世紀後半にヨーロッパの流行が，ロシア製更紗のデザインに影響を及ぼすようになる。

長期にわたり人間は，周囲の資源を利用して衣服を作ったが，16世紀以降，ヨーロッパが，航海による遠隔地貿易システムを構築すると，ヨーロッパは遠隔地市場から資源を比較的容易に利用できるようになるため，人間は自然環境の制約，すなわち，衣料資源の限界から解放される。遠隔地貿易システムを実現するには，大量の商品を積載可能な大型船や，船が難破した際の保険制度，貿易決済のシステムなど，様々な要素を整備する必要があるが，ヨーロッパはこれらの条件を満たし，地球規模の商業ネットワークを作り上げた。ヨーロッパの自然環境は本来，棉花や絹の栽培に適さなかったが，ヨーロッパは遠隔地貿易システムにより，域外から棉花や絹を恒常的に調達可能にする。この遠隔地貿易システムの延長線上に，英国の産業革命が位置づけられる。そのため，遠隔地貿易システムにより，綿織物の大量生産を実現するための必要条件が準備され，ヨーロッパ経済が発展に導かれたものと思われる。

ロシアの気候条件の下で棉花栽培は困難であるが，18世紀末以降，ヨ

---

1) Рындин, В., *Русский Костюм 1830-1850*, выпуск второй, Москва: Всероссийское театральное общество, 1961, с. 6.

ーロッパの遠隔地貿易システムを利用する形で，ロシアは原料や機械を輸入し，近代的綿工業を発展させる。19世紀前半にロシア綿工業は，綿織物製品を内外の市場に供給したが，国内外の消費者はロシア製更紗を利用し始めると，消費者の服装が変わり始める。従来，農民の家庭では自家製衣料が普通だったが，19世紀以降，既製綿織物が農民の衣料に加わり，自家製織物と既成織物が併用されて衣服が作られる。19世紀前半にロシア製更紗の生産が増加しても，ロシア国内の消費者需要を完全に満たす程の生産能力には到らなかった。従来に比べ，安価になったとはいえ，農民全員が購入できる程に，綿織物価格は安価ではなかったため，農民にとって更紗は奢侈品であり，普段着ではなく，晴着に利用された。本章では，内外の消費者がロシア製綿織物をどのように受け入れ，それにより服飾文化がどう変わったのかを検討する。

## II　ヨーロッパの経験

### 1．フランスにおける捺染業の発展

　ロシア製綿織物が国内市場や中央アジア市場に普及すると，ロシアと中央アジアの伝統的服飾文化は変わる。しかし，両地域の変化にのみ着目すると，服飾の変化が局地的現象のように理解され，服飾の変化に関する，ヨーロッパとロシアの共通点を軽視することになりかねないため，ヨーロッパで綿織物が普及した際，どのような現象が生じたのかを捺染業を中心に概観してみたい。18世紀以前，ヨーロッパの更紗生産の代表的地域として，英国とアルザス地域（ミュルーズ）が挙げられる。19世紀のロシアは英国とアルザスの製品から，更紗の柄のいくつかを借用したため[2]，ロシアとヨーロッパは更紗デザインの領域で共通性を持つ。英国とアルザスの事例を中心に，ヨーロッパにおける染色業の発展過程を辿り，ヨーロッパの特殊性と普遍性を考察してみたい。

---

　2）　佐野敬彦『ミュルーズ染織美術館』第1巻，フランスの染織 I，学習研究社，1978年，220頁。

ヨーロッパの東インド会社がインド更紗を本国に輸出したことが，ヨーロッパで綿織物が生産される契機となった[3]。綿織物には実用価値だけでなく，綿織物の着用により美しく見せるファッションの価値（シンボル的機能）もあった。インド更紗の染色は世界的に卓越したため，ヨーロッパ人はインド更紗に魅了される。更紗生産には棉花と染料が必要になるが，インドの地理的条件は棉花や染料の育成に適しており，インド国内で両方の原料を調達するのは容易であった。更紗生産には原料以外に捺染技術も必要になる。インドでは何世紀にもわたり染色技術が培われ，改善された。東インド会社は，ヨーロッパにインドの国内市場向け更紗を輸出するだけでなく，ヨーロッパの消費者向けに，ヨーロッパの嗜好に合った更紗を作るよう，インド職人に発注する[4]。インド更紗は，当時のヨーロッパで希少な商品だったと思われるが，絹織物よりも安価であるだけでなく，インド更紗の柄は絹織物と同様に美しかった。

　インド更紗のヨーロッパ向け輸出が急増すると，ヨーロッパで貿易赤字の問題が生じる。ヨーロッパ各国は奢侈品禁止令等を発令し，インド更紗の輸入を抑制する。しかし，更紗の魅力はヨーロッパ人には断ちがたく，ヨーロッパの染色業者は国内の需要を鑑みて，インド更紗の輸入代替に取り組む。その際，染色技術が障害となり，輸入代替はすぐには成功しなかったが，1648年にマルセーユ（フランス）で，ヨーロッパ製更紗が初めて生産される[5]。フランスから約30年遅れて，1676年に英国も更紗生産に成功する。その後，他のヨーロッパ諸国も更紗生産に参入するが，ヨーロッパ市場で更紗は絹織物や毛織物等と競合し，絹織物業者や毛織物業者の収益を悪化させる。織物業者が倒産する例も現れたため，職人の失業が社会問題になり，1686年にフランスは綿布の捺染や版刻を国内で禁じ，更紗生産を抑制した[6]。その後，フランスでは1758年まで更紗生産は中止される。

　フランスで綿布捺染が禁止されても，ヨーロッパで更紗生産が停滞したわけではない。英国やアルザスでは，捺染業は引き続き発展する。17

---

3) 佐野敬彦，同上書，214頁。
4) 佐野敬彦，同上書，214頁。
5) 深沢克己『商人と更紗』東京大学出版会，2007年。
6) 佐野敬彦，同上書，214頁。

世紀後半に捺染業が英国で始まり，18世紀までに国内で事業を拡大する一方，英国も綿布捺染を抑制する。しかし，英国には規制を回避する方法が存在したため，英国の捺染業が停滞することはなかった[7]。18世紀後半にヨーロッパでは化学の発展に伴い，化学が繊維産業に応用され始め[8]，英国やフランスでは染色にも化学が適用される。従来，捺染を行う際，木版の平板を使い，版刻職人が木版に模様を刻んだが，版刻には相当な時間が必要であり，染色業者は熟練の版刻職人を抱える必要があった。

18世紀半ばに濃化剤が発明され，版刻された銅板を利用して，布地に捺染することが可能になる。その後，濃化剤が捺染工程に導入され，銅板で綿布に捺染し，染料（インク）を綿布に定着させることができるようになる[9]。銅版が捺染業に使われると，銅板に彫刻する職人が養成され，染色技術が改善される。1783年に英国のトマス・ベルが，回転銅を応用してローラー捺染機を開発し，布地の捺染工程を高速化する[10]。当時，ローラー捺染機の動力はまだ手動だったが，この機械の登場で多色刷の捺染が可能になり，鮮明な模様が表現できるようになり，生産性が飛躍的に向上する。後に，蒸気機関がローラー捺染機の動力に導入され，染色の生産性が更に向上した。この生産性の向上により，何れの捺染企業でも更紗を大量生産できるようになり，国内の更紗市場で捺染業者の販売競争が激化し，国内で競合できない企業は外国の販売市場に活路を見出すようになる[11]。

## 2．更紗の大量生産化と外国市場

18世紀前半にアルザス（ミュルーズ）で染色工房が設立された後，捺染業が当地で開花し，ヨーロッパ染色業の中心地の一つになる[12]。ミュ

---

7) 佐野敬彦『ヴィクトリア＆アルバート美術館』イギリスの染織，第2巻，ロココ-ヴィクトリア朝（1750-1850），学習研究社，1978年，228頁．
8) 佐野敬彦『ミュルーズ染織美術館』第1巻，216頁．
9) 佐野敬彦『ヴィクトリア＆アルバート美術館』第2巻，228頁．
10) 佐野敬彦『ミュルーズ染織美術館』第1巻，218頁．
11) 佐野敬彦『ヴィクトリア＆アルバート美術館』第2巻，231頁．
12) 佐野敬彦『ミュルーズ染織美術館』第1巻，214頁．

ルーズの染色企業はヴォージュ山脈近郊で工場を拡大し，捺染業を発展させたが，国内市場に更紗を供給するだけでなく，ヨーロッパ市場に製品を販売した。18世紀末にローラー捺染機が当地の染色業に導入され，多色刷捺染が可能になり，捺染の生産性が向上する。ミュルーズは元々スイスと同盟関係を結んでいたが，人口に占めるカルヴァン派教徒の割合が大きかったこともあり，フランス革命途中の1798年にスイスからフランスに編入される。1820～30年代にミュルーズの企業はトルコ赤のペイズリー更紗を開発し，オスマン帝国の市場に製品を輸出する[13]。このため，ミュルーズ製更紗が，オスマン帝国経由でペルシア（タブリーズ）市場に輸出された可能性が高い。19世紀半ば以降，ミュルーズの企業は南米や東アジア等，世界市場に製品を輸出する。

更紗の模様は，市場での製品販売を左右するため，捺染業で更紗のデザインは重要になる。当時，捺染工やデザイナーが更紗のデザインを考案したが，更紗のデザイナーを育てるには，若い職人に様々な図案や模様を見せ，感性を高める必要があった。18世紀後半に東インド会社はインド更紗の模様を本国に送った。その送られた模様を参考にして，英国のデザイナーはインドの模様を直接模倣するのではなく，複数のインドの柄を組み合わせ，構図や色彩を変えて英国捺染業の図案に活かした[14]。英国の捺染業者はインド更紗だけでなく，絹織物の模様も参考にして，絹製の縫取織（綾織物）を模倣する。歴史的に英国の捺染業はインドや中国製織物の柄を参照し，独自の模様を創造したが，19世紀以降，新たな図柄を求め，エジプト製織物の模様を参照し始める[15]。

木版捺染では，二人の捺染工が綿布1枚を染色するのに6時間を要したが，18世紀末にローラー捺染機が導入されると，一人の染色工が1枚の綿布を4分で捺染できるようになる[16]。そのため，多くの染色工場はローラー捺染機を導入し，染色の多色化と捺染工程の大量・迅速化を実現する。ローラー捺染機が染色する更紗模様は高級品ではなく，安価な

---

13) 佐野敬彦，同上書，第1巻，215頁。
14) 佐野敬彦『ミュルーズ染織美術館』第3巻，染織デザイン集，学習研究社，1978年，210頁。
15) 佐野敬彦『ヴィクトリア＆アルバート美術館』第2巻，233頁。
16) 佐野敬彦，同上書，235頁。

第6章　ロシア製綿織物と服飾文化の変容　　　　　　　　　　　193

大衆消費市場向けの模様であり，斬新な図案は必要とされなかった。一部の工場は更紗の大量生産化路線を取らず，別の方向を目指して木版捺染に拘り，富裕層向けに室内装飾用高級更紗を生産する。ローラー捺染機により，鮮やかな染色が可能となり，更紗が安価になったのは良かったが，多くの捺染企業は，安易な更紗模様を大量に複製することに甘んじたため，創造的模様は減少する。1837年に英国でデザイン学校が設立され[17]，更紗デザインの改善が図られるが，大衆消費市場向けデザイナーの育成が中心になり，深みのないデザインが更紗模様の主流となった。

　従来，染色業では植物や鉱物等の天然染料が主に利用されたが，19世紀初頭に化学が進歩し，次第に染料を人工的に合成することが可能になり，自然環境の制約を克服するために，高価な天然染料から安価な人工染料への転換が進む。天然の染料では赤，青，黄が中心になり，それ以外の色を表現するには色を重ねる必要があった。従来，緑色を表現する際，黄に青の染料を重ねたが，1809年に緑色の染料が発明されると緑染料の需要が高まり，緑染料が単体で使われ，色重ねが不要となる[18]。ほぼ同時期に，赤に媒染剤として作用し，青に防染剤として作用する化学物質が発見される。この化学物質が発見されて以降，ラピス・スタイル[19]が主流になる。大陸ヨーロッパで化学的発見が行われた後，英国の化学者がその発見を産業に応用する流れが中心になる。1856年に藤色の合成染料が，1858年にアニリン・レッド等の合成染料が発明され，天然染料から合成染料に染料の重心が移り，化学産業と染色業が連携して発展する。

---

　17）　佐野敬彦，同上書，231頁。
　18）　佐野敬彦，同上書，234頁。
　19）　防染作用を持つ赤が見出される以前，赤と青を捺染するには別の工程，つまり二色の間に白か黒の輪郭線を入れる必要があった。青色染料に対する防染剤は同時に，茜の定着剤を含有し，1808年以来，この2色を明瞭に並置して染めることができるようになる。この方法はミュルーズで開発され，英国でもジェームズ・トムソンにより開発された。

## Ⅲ　ロシアにおける服飾文化の変容

### 1．アジア製織物のロシアへの影響

　16世紀半ばにロシアがカザンハンとアストラハンを併合して以降，ロシアはヴォルガ川岸地域を統治下に置き，河川貿易ルートを整備し，ペルシアや中央アジアを含む近隣アジア地域との貿易を，アストラハン経由で発展させる。16世紀に英国商人がロシアに「モスクワ会社」を設立したが，彼らはヴォルガ川を通じてヤロスラヴリとカスピ海を結び，ヨーロッパ商品をアジアに輸出する一方，ヨーロッパにアジア商品を輸出した[20]。ヴォルガ川の河川ルートは，ロシアとアジア間の流通網となるだけでなく，ヨーロッパとアジア間を結ぶ架け橋にもなる。16世紀にロシアは近隣アジア地域から，綿織物を含む様々なアジア商品を輸入したが，アジア製ビロードとダマスク織は，ロシアで高価な商品となり，主に宮廷や教会等，ロシアの上流階層がこれらの織物を着用した[21]。

　当時，ロシアとアジア間で取引された商品に焦点を当てれば，ロシアはアジアに毛皮，蜂蜜，蝋などを輸出し，アジアから染料，貴金属，織物を輸入した[22]。アジア染料は中央アジアやオスマン帝国，インドからロシアに輸入された。ロシアは中央アジアの瑠璃色染料とインドのインディゴ染料を青染料として輸入する。この染料はロシアにとって重要であり，織物の染色に利用された。皮をなめす工程が皮産業では必要であるが，皮をなめす際に，明礬が使われる。当時のロシアでは国内で明礬を調達できなかったため，ロシアはオスマン帝国から明礬を輸入した。布を染色する際，明礬は媒染剤として，布地に色を固定する機能を果たし，染色にも使われる。インドやアフガニスタンなどの中央ユーラシアで採掘された貴金属は，タブリーズやコンスタンティノープルなどの貴

---

20）Фехнер, М. В., *Торговля Русского Государства со странами востока в XVI веке*, Москва: Государственное издательство культурно-просветительной литературы, 1936, с. 20.

21）Там же, с. 76.

22）Там же, с. 83-87.

第 6 章　ロシア製綿織物と服飾文化の変容　　　　　　　　　　195

金属市場で取引された後，ロシアに輸出された。

　19世紀以前，近隣アジアのイスラム芸術がロシアで評価され，ペルシアを含む近隣イスラム圏の美術品がロシアに輸入される[23]。16世紀以降，ロシアはアジアから綿織物を輸入するが，特に中央アジア製の赤更紗がロシア人を魅了する。そのためロシアは，中央アジアから多くの赤更紗を輸入するが，アジアからの輸送費が付加され高価になるため，ロシア人は安価な赤更紗を入手しようと模索する。18世紀初頭，カザンのムスリム商人はアストラハンにブハラの染色工を招聘し，現地に染色工房を作り，赤更紗の生産を始め，輸入代替に尽力する[24]。アストラハンで赤更紗の生産が成功した後，赤更紗の染色工房はヴォルガ川を北上する形で拡大し，18世紀後半にウラジーミル県のイヴァノヴォにまで到達する。

　16世紀にロシアは初めて近隣アジアの綿織物に出会って以降，アジアの綿糸や綿織物を輸入してきた。18世紀以降，ロシアは中央アジアの赤更紗に憧れ，中央アジアの赤更紗を模倣し輸入代替する形で，捺染業を発展させる。ロシアはブハラ製綿糸を輸入し，織布する必要があったが，ロシア国内で赤更紗が生産可能になる。時期は異なるが，東インド会社がヨーロッパにインド更紗を輸出したのを契機に，ヨーロッパはインド更紗に魅了され，インド更紗を輸入代替する形で，捺染業を発展させ，更紗生産を実現した。インド更紗の輸入代替過程で，ヨーロッパは科学技術（化学と機械工学）と海上の遠隔地貿易システムを発展させ，更紗の生産性向上に繋げた[25]。残念ながらロシアは，ヨーロッパのように遠隔地貿易システムや科学技術を，独自に発展させることはできなかったが，18世紀末にロシアが英国製綿糸や綿織物を輸入した際，ヨーロッパの貿易システムと科学技術を利用する形で，ロシアは近代的綿工業を発展させる。

　17～18世紀にロシアはアジア製織物を大量に輸入したため，アジアの模様が織物を通じてロシア文化に浸透したと考えられる。ロシアの捺染業は麻布の染色から始まったが，イコン画に使用する油絵具が当初，麻

---

23) Соболев, Н. Н., *Очерки по истории украшения тканей,* Москва: Akademia, 1934, c. 372.
24) Там же, c. 402.
25) この点については，本書の 2 章を参照。

織物の染色に応用される[26]。18世紀後半にロシアは中央アジア製綿糸を織布し，綿布に加工する一方，英国製綿糸や綿布を輸入し，捺染し始める。19世紀にロシア綿工業が発展すると，ロシアの中央工業地域の捺染業が成長し，安価な更紗が大量に生産され，国内市場に供給される。アジア製織物に表現された模様や色合いが，ロシアの捺染更紗の基調となる。ロシアはアジア風模様を直接借りるのではなく，アジア風模様をロシア風にアレンジした。1830年代にロシアの国内定期市で綿織物取引に占める更紗の割合が高まるが，ペルシアやオスマン帝国のアジア風模様がロシア製更紗の模様の規範となる[27]。19世紀後半にロシアの綿織物生産が劇的に拡大する時期，捺染業の図案で模倣の対象が，アジアから西ヨーロッパに移り，パリの流行がロシアに影響を及ぼすようになる。

## 2．19世紀前半における服飾文化の変容

19世紀のヨーロッパ・ロシアを前半と後半に分けるなら，19世紀前半に農民の服飾文化は地方の伝統的特徴を維持したが，19世紀後半に農民の衣服は大勢として，伝統的服装から都市型の服装に移行したと言える[28]。農民の衣服は，農作業に適する形で作られるが，19世紀前半に農民の主な衣料は麻織物であり，農民は各家庭で麻を織布し，衣服を自給した。ロシア農民の世界観で赤と白は，純粋，明白，喜びの調和を表す。当時，白を基調とした麻布は赤にも染色され，農民の世界観が赤と白の麻布に反映された[29]。ヨーロッパ・ロシアと言っても地理的には広大な領域を指し，農民の衣服は地域により異なった。そのため服飾文化の地域差に着目する必要がある。ノヴゴロド，アルハンゲリスクに代表される北部と，タンボフ，ヴォロネジに代表される南部とでは，服飾文化は大きく異なった（地図6-1）。北部と南部間の社会構造や歴史，文化の違いが，両地域の衣服に反映されたため，両地域間の農民の服飾文化が異

---

26) Соболев, Н. Н., *Очерки по истории украшения тканей*, с. 404.

27) Там же, с. 411.

28) Работнова, И. П., *Русская народная одежда*, Москва: Издательство легкая индустрия, 1964, с. 4.

29) Там же, с. 7.

第 6 章　ロシア製綿織物と服飾文化の変容　　　　　　　　　　197

**地図6-1　ロシアの北部と南部**

なったと思われる。

　北部と南部の相違を生み出した要因の一つに，モンゴル帝国の統治が挙げられる[30]。13〜15世紀にモンゴル帝国がロシアを統治した際，ロシアの南部は甚大な被害を受けるが，北部はモンゴル帝国の影響が少なかったため，北部の社会構造は大きくは変わらず，人口は緩慢に成長し，手工業や商業が発展する。16世紀以降，北部はアルハンゲリスク港を通じてヨーロッパ諸国と貿易を行う。この外国貿易は，アルハンゲリスク港に到る北ドビナ川沿いのヴォログダ，ウスチュグ等にも影響し，北部の河川沿いの町に好影響をもたらした。北部の納税形態は賦役（農奴

---

30)　Там же, с. 20.

制）ではなく，貢租中心であった[31]。他方，南部はモンゴル帝国の影響を被り，さらに外国の様々な民族が南部に移住したため，南部の社会構造は大きく変わった。南部の土壌は農耕に適したため，当地で農奴制が拡大しただけでなく，国境地帯に近接するという理由で，兵役が南部の男性に課せられる。

　綿織物が農村に普及する以前，農民はどのような衣服を着ていたかを，ここで確認しておきたい[32]。当時，農民は各家庭で自家製の生地を麻で織布し，麻織物で衣服を作った。北部の農民男性の衣服はルバーハ（上着），ポルトゥイ（ズボン），カフタン（ダブルの長裾上衣）から成るが，南部の農民男性はルバーハ（上着）（口絵1），シャロヴァールイ（ズボン），スヴィータ（長い上着）を着た。北部と南部共にルバーハは共通する衣服だが，ズボンと上衣は両地域間で異なった。農民男性の上着は亜麻織物や毛織物で作り，ルバーハや下衣は白，青，赤に染色された亜麻布で作られた。北部と南部ではロシア農民女性の服装も異なり，北部女性はルバーハ（口絵2）とサラファーン（口絵3）を，南部女性はパニョーヴァ（スカート）（口絵4）とシューバを組合せて着た[33]。農民女性の衣服には北部と南部共に，未婚と既婚の区別はなかったが，頭飾りには未婚と既婚の区別があった。

　19世紀前半に農民層は伝統的な衣服を着たが，ロシア国内の初期工業化を反映して，1830年代以降，衣料素材として綿織物が農民層に浸透すると，農民の服飾文化が変わり始める。当時，北部の農民女性はサラファーン，南部の女性農民はパニョーヴァを着ることが多かった。しかし1830年代以降，普段着のサラファーンは従来通り，自家製麻布で作るものの，晴着用サラファーンには厚地綿布やシナ木綿，更紗などが使われるように，サラファーンの普段着と晴着では素材が異なった。男性用衣服も同様に，普段着のルバーハは麻布で作ったが，晴着用ルバーハには厚地綿布，アレクサンドリーイカ（赤地に白，黄色，または青色の縞柄が付いた綿布），更紗等が利用されるように，普段着と晴着では素材が異なった[34]。普段着用ズボンは麻布で作られたが，晴着用ズボンは青の厚

---

31)　Там же, с. 8.
32)　Рындин, В., *Русский Костюм 1830-1850*, выпуск второй, с. 22-29.
33)　Там же, с. 23.

地木綿やシナ木綿で作られた。この時期の特徴をまとめると，農民は普段着を自家製の麻布で，晴着を綿織物と麻布で作ったことになる。

　1850年代以降，ロシア貴族や都会の女性はヨーロッパの流行に追随しようとするが，ロシア農民は綿織物を晴着用素材として使い始めるものの，伝統的な服装を維持する[35]。農民の作業着は自家製麻織物で作られたが，晴着は自家製麻織物を既成綿織物や毛織物と合わせて作られた。1850年代以降，更紗や厚地綿布，縞木綿が農民男性のルバーハの素材に加わり綿織物の利用が増える。カムゾール（胴着）や，カフタン（ダブルの長裾上衣），綿ビロード製ズボンが男性用衣服として新たに現れる。農民女性の頭飾りとして，ココーシニク（婦人用帽子）（口絵5）やソローカ（婦人用帽子）等が新たに現れるが，この頭飾りに金襴や絹布，ビロード，麻布が使われる。19世紀半ばに絹布や繻子製の重厚な頭飾りが減少する一方で，キャラコやモスリンで出来たスカーフの着用が，農民女性の間で顕著になる。サラファーンの生地も，自家製麻織物から厚地綿布や更紗に変わり，綿織物の利用が農民の間で増える。

## 3．19世紀後半における服飾文化の変容

　19世紀半ばにロシア綿工業が発展し，綿糸が輸入棉花を基に国内で自給され，綿織物が安価に供給されると，農民の衣料素材が自家製麻織物から既製綿織物に移行する。農民の生活が，家庭内自給自足経済から，既製の商品を市場で購入する市場経済に移行し，交換手段としての貨幣が農民の間に浸透する[36]。従来，自家製の麻布がサラファーンに使われたが，19世紀半ば以降，定期市の取引額に占める，綿織物取引の割合が高まるにつれ，安価な綿織物がサラファーンに使われ始める。綿織物が農民衣料の中心になると，自家製麻布で作る衣服は減少する。19世紀末になると，ヨーロッパ・ロシアの北部や中部の富裕農民の衣料は都市型の服装に変わり，流行服を着るようになる。だが，南部の農民は都市型

---

34）Там же, с. 23.

35）Рындин, В., *Русский Костюм 1850-1870*, выпуск третий, Москва: Всероссийское театральное общество, 1963, с. 19-25.

36）Александров, В. А., *Русские, Серия, Народы и Культуры*, Москва: Наука, 2005, с. 333.

と無縁であり伝統的服装を堅持した。

　19世紀半ば以降，ヨーロッパ・ロシアで女性の頭飾りが重厚な頭飾りから，既成スカーフ（薄手の綿織物）に変わる[37]。19世紀前半に北部の農民女性はサラファーン等の伝統的服装を着用したが，19世紀後半に北部や中部で，農民女性はサラファーンを着ることが少なくなり，農民女性の間でも，スカート（口絵6）とジャケットを組合せる服装が広がる。1830年代にモスクワやニジニ・ノヴゴロドなどの都市近郊で，1840年代にイヴァノヴォ（ウラジーミル県）などの繊維産業の都市近郊で，自家製麻織物から既製綿織物に変わるため，19世紀前半にロシアの都市部はすでに，自給自足経済から市場経済に移行するが，19世紀後半に農村でも，そのような傾向が現れ，農民男女のシャツの生地が自家製麻織物から既製綿織物に移行する。

　19世紀後半に北部や中部の農民が，赤更紗，サテン，更紗等の織物を衣料として利用したが，南部では農民の衣料に大きな変化はなかった。しかし，赤更紗と更紗等の綿織物が，南部農民の晴着に使われるようになり，シャツと前掛けの布地が，自家製麻織物から既製綿織物（キャラコ，更紗）に変わった[38]。赤更紗（クマーチ）と更紗は，比較的安価な綿織物であり，赤を基調としたため，南部農民は赤更紗と更紗に馴染みがあった。19世紀前半に手工業や出稼ぎの顕著な地域で，未婚女性が麻布とキタイカを基に，モスクワ風サラファーンを作り晴着として着用するが，19世紀後半に南部の農民女性も，モスクワ風サラファーンを作り着用する[39]。南部の農民女性が衣服をパニョーヴァからサラファーンに変えるように，南部の農民生活は変わるが，中高年女性はパニョーヴァを着続ける。

　北部の農民男性は従来，ルバーハ，ポルトゥイ（ズボン），カフタンを着用した。ルバーハとポルトゥイは麻織物や綿織物で作られたが，冬に農民男性が履くズボンは，防寒のため毛織物で作られた。1870～80年

---

　　37)　Работнова, И. П., *Русская народная одежда*, с. 31.

　　38)　Там же, с. 37.

　　39)　Лебедева И. И., Маслова, Г. С., 'Русская крестиянская одежда XIX–начала XXв.', Александров, В. А., *Русские, Историко-этнографические атлас, земледелие, крестианское жилище, крестиянская одежда, (середина XIX–начало XX века)*, Москва: Наука, 1967, с. 208.

代に,農民の服飾文化は更に変化する。更紗や厚地綿布などで作られる,都市型ルバーハやカルトゥーズ(帽子)が,男性用衣服として新たに現れるだけでなく,既製品のポドジョーフカ(男性用外套)やジャケット風の上衣,靴も流行した[40]。19世紀末に近づくと,伝統的な農民の服装は北部と中部で見られなくなり,都市型の衣服が農民層の間に普及する。農民の夏の普段着の衣料は,従来同様に,自家製麻織物が中心だったが,晴着用衣料では既製綿織物が主流になった。

19世紀末にロシア北部・中部の農村では,既製品のルバーハや綿ビロード製チョッキ,フロック・コート等の都市型の服装が広がり,白いルバーハ等の伝統的服装は少なくなり,更紗,厚地木綿,縞木綿等を使って,晴着用ルバーハが作られた。この時期,貧困層は麻織物や綿織物でズボンを仕立てたが,富裕層は伝統的ズボンを着用しなくなるように,貧富の差が農民層の衣服に反映される。19世紀半ばまで北部や中部の農民女性は都市型の衣服を着るようになり,サラファーンの着用は少なくなる[41]。19世紀半ばに南部で農民の未婚女性がルバーハを着て,既婚女性がパニョーヴァを着るような,違いはあった。19世紀後半に南部では,従来同様に,普段着は自家製麻織物と既製綿織物で作られたが,農民女性は晴着にモスクワ風サラファーンとスカーフを着るようになった。19世紀末に南部では,自家製麻織物は晴着用材料に使われなくなり,既製綿織物で仕立てられた。

## Ⅳ 中央アジアにおける服飾文化の変容

### 1. 中央アジアの繊維産業

古来,中央アジアは棉花栽培や養蚕を行い,棉花や絹から織物を作り,近隣市場に製品を販売するだけでなく,遠隔地市場に商品を輸出したが,

---

40) Рындин, В., *Русский Костюм 1870-1890*, выпуск четвертый, Москва: Всероссийское театральное общество, 1965, с. 24-28.

41) Лебедева, И. И., Маслова, Г. С., 'Русская крестиянская одежда XIX-начала XX в.', с. 196.

その際，地元のユダヤ商人が綿織物や絹織物の取引で重要な役割を果たした[42]。彼らはペルシア経由で中央アジアに移住し，仲間内でペルシア語に近いタジク語を話したため，セファラディウムの系統に属すると思われる。8世紀にアラブが中央アジアに侵攻した際，中央アジアの人々の多くは，イスラム教に改宗するが，ユダヤ教徒は自分達の信仰を堅持し，地域内のマイノリティーとして域内商業に従事した。15世紀以降，中央アジア地域のムスリム商人とユダヤ商人の間で，商業の棲み分けが行われ，ユダヤ商人は染料と織物製品などの取引に特化し，ムスリム商人は織布業に専念した。

アフガニスタンからウズベキスタンに到る，ユーラシアのステップは，植物染料の生育に適し，この地域で天然染料が豊富に取れた[43]。中央アジア内の染色業で，茜は重宝されるだけでなく，貴重な輸出品でもあった。青染料のインディゴは，中央アジアの地理的条件では栽培が不可能なため，インディゴはインドから輸入された。中央アジアのインディゴ取引は，地元のユダヤ商人の管轄下にあり，ムスリム商人はインディゴの染色業に従事できなかった。貿易の観点から見れば，中央アジアでマンギト朝ブハラ（1757～1920年）の時代，ブハラとサマルカンドは遠隔地貿易の重要拠点になり，アジアの商品や技術，情報が，この二都市で活発に交わされた。19世紀初頭にブハラとサマルカンドで，綿・絹混合織物のイカト（ikat）（口絵7）の生産が始まる[44]。赤（コチニールと茜）や緑（マメ科の実やパゴダ・フラワー），青（インディゴ）の染料が，イカトの染色に利用されたが，ユダヤ商人，あるいは，チャラ・ムスリム商人（Chala Muslim）[45]がイカト用染料を供給した。

中央アジア製更紗の柄は木版で捺染され，縞模様と格子模様が多かった。中央アジア製更紗は域内に供給されるだけでなく，ロシアを含む外

---

42) Meller, S., *Russian Textiles, Printed cloth for the bazaars of Central Asia*, New York: Abrams, 2007, p. 11.

43) Harvey, J., *Traditional Textiles of Central Asia*, London: Thames & Hudson, 1996, p. 60.

44) Clark, R., *Central Asian Ikats, from the Rau Collection*, London: V&A Publications, 2007, p. 19.

45) 中央アジアの隠れユダヤ人を意味する。表面的にはイスラム教に改宗したものの，ユダヤ人の伝統をムスリム共同体内で維持する。

第 6 章　ロシア製綿織物と服飾文化の変容　　　　　　　　　203

国にも輸出される。16世紀以降，ロシアは中央アジアから綿織物や絹織物を輸入したが，19世紀初頭まで中央アジア製綿織物はロシアにとって重要な輸入品だった。だが，19世紀前半にロシアで初期工業化が進行すると，ロシアと中央アジア間で綿織物の輸出入の流れは逆転し，ロシア製綿織物が中央アジアに輸出されるようになる。19世紀前半の中央アジアでは，絹織物と綿ビロード（velvet）が高級織物であり，手工業製品の織物が低級織物だったが，ロシアは現地の高級市場と低級市場の間に市場を見出し，ロシア製品を供給する中間市場を創出する[46]。19世紀半ば以降，中央アジアの農民はロシア製更紗とイカトを普段着に利用する。

　19世紀半ばにロシアが中央アジア市場に綿織物を輸出した際，中央アジアでトルコ赤のペイズリー更紗（口絵8）の需要が高まる[47]。この更紗模様は元々アルザスのミュルーズで考案されたが，それがロシアに伝播した後，ロシア製更紗として中央アジアに輸出された。東インドに由来するトルコ赤（アドリアノープル風）は，長年ヨーロッパの染色工が模倣しようと努力した色であるが，1747年にフランスの化学者がトルコ赤の成分を化学的に解明したため，18世紀末までにヨーロッパにトルコ赤の染色法が普及し，ロシアにも伝播する。ペイズリーの起源は，17世紀のカシミール・ショールに由来する[48]。ムガール朝期にペルシアの花模様が修正される形で，カシミール・ショールのペイズリー模様が確立された。18世紀にヨーロッパで，このカシミール・ショールの模様を，綿織物に応用したのがペイズリー更紗である。ペイズリー模様を捺染したロシア製更紗は，国内外の消費者に受け入れられた。

　19世紀後半にロシア製綿織物が中央アジア市場に広がると，地元の織物業者に否定的な影響をもたらした。ロシア製品の影響で地元の織物，イカトの販売は不振に陥り，廃業に追い込まれる企業も出る[49]。イカトの生産業者は生き残りをかけ，織物の色の数を減らし模様のパターンを単純化し，製品価格を下げてロシア製品に対抗する。中央アジアの町工場はイカトとは別に，絹と綿の混合織物ベカサブ（bekasab）[50]を新た

---

46) Meller, S., *Russian Textiles, Printed cloth for the bazaars of Central Asia*, p. 25.
47) *Ibid.*, p. 32.
48) *Ibid.*, p. 43.
49) Clark, R., *Central Asian Ikats, from the Rau Collection*, p. 51.

に生産する。この織物は中央アジア市場で販売されただけでなく，ロシア市場にも輸出された。19世紀後半にロシアから中央アジアに綿織物が輸出されるが，この中央アジア製ベカサブは例外的に，中央アジアからロシアに輸出された。中央アジアの綿織物市場で，ロシア製綿織物の割合が高まるにつれ，ロシア製綿織物は現地の消費者の嗜好を反映した柄に変わる。

### 2．中央アジアの綿織物消費

では，中央アジアの消費者がロシア製綿織物を，どのように利用したかを，ソ連民族学の服飾研究に基づいて検討していきたい。1930年代にソ連民族学が確立され，工業化以前の諸民族の生活史を記録し始めるが，19世紀後半から20世紀初頭の諸民族の生活が，民族学の研究対象となるため，19世紀前半の事例研究は少ない。しかし，ソ連民族学の服飾研究

地図6-2　中央アジア

---

50) この織物は，経糸に絹糸を使い，緯糸に太い綿糸を使って交織する織物である。

を参照すれば，中央アジアでのロシア製綿織物の消費事例を知ることができ，19世紀前半の状況を推測できる。中央アジアは広大であり，ウズベクを始め多民族が居住したため，当地の服飾文化は一様ではなく，地域差が存在した。本節では，サマルカンド，トルクメニスタン，タシケント，キルギスにおける服飾研究を参照し，ロシア製綿織物が中央アジアの諸民族にどのような影響を与えたかを概観してみたい（地図6-2）。

### a）サマルカンドの事例

まず，サマルカンドの事例に着目してみよう[51]。当地の男性の服装は，①肌着（シャツ），②ズボン，③上着（長い上衣：ハラート）から成るが，さらにターバンが加わる。肌着に使われる綿織物（mata）は，サマルカンドでは通常，家庭で織布された。ロシア製綿織物がサマルカンドに輸出された際，ロシア製キャラコが肌着として使われる。中央アジアでは男性が肌着のまま外を歩くのは失礼に当たるため，男性は長い上衣（ハラート）を羽織って外出した。19世紀に当地のハラートは，現地製の縞木綿，アラチャ（alacha）から作られた。ターバンの着用は義務ではなかったが，職場などに出かける際，現地の男性は頭にターバンを覆った。サマルカンドの女性の服装は，①肌着と，②長衣（palandja），③長い上衣（ハラート）から成るが，頭飾用スカーフがさらに加わる。1850年代に地元業者が生産する，白の綿スカーフが普及し，当地の女性はこのスカーフを頭に被ったが，この綿スカーフは女性用だけでなく，ターバンとして男性も利用した。

1870年代にペルシア系住民が現地で絹製スカーフを生産すると，絹製スカーフが地元の綿スカーフに取って代わる[52]。富裕層は地元のスカーフを着用せず，インド製やロシア製のモスリンをターバンなどに利用した。19世紀末以降，当地の織物業者はロシア製綿糸を輸入し，モスリンの輸入代替を進める。サマルカンドは，フェルガナ文化を長期に受容した歴史があり，フェルガナから多くの製品を受け入れた[53]。19世紀末以

---

51) Сухарева, О. А., *История среднеазиатского костюма, Самарканд (2-я половина XIX-начало XXв.)*, Москва: Наука, 1982, с. 12.
52) Там же, с. 85.
53) Там же, с. 29.

降，都市男性のハラートの生地はアラチャ製ではなく，ベカサブ（be-kasab）製が主流になる。サマルカンド女性の晴着用ハラートは，フェルガナ製ベカサブで作られたが，当初フェルガナ風だったベカサブの模様は，次第に地元の嗜好を反映し，サマルカンド風に変わる。しかし，都市貧困層や農民は，縞木綿アラチャのハラートを利用し続ける。1930年代にソ連の体制が安定軌道に乗る時期，サマルカンドではハラートの素材は，完全にアラチャとベカサブから繻子織や更紗に変わる。

### b）トルクメニスタンの事例

次に，トルクメニスタンの事例を見てみたい[54]。19世紀末にトルクメニスタンは，中央アジアで栽培する棉花を基に，白や青の綿織物を生産した。織布された綿織物は，男性用普段着のシャツやズボン，女性用普段着のシャツやワンピースに利用される。普段着のシャツは白の綿織物（mata）か，赤の縞木綿アラチャで作られたが，晴着用シャツは地元製の，赤の絹織物（Gyemyzy）で作られた。地元製の黒・赤・茶・緑の綿織物や絹織物が，ハラートの素材に使われたが，白の綿織物はハラートの裏地に使われた。青の綿織物は，各家庭で織布された。19世紀末に既製の更紗，繻子織，絹などの織物が農民の生活に浸透し，自家製織物から既製織物の利用に移行する。トルクメニスタンの衣服は赤を基調としたが，それは現地の伝統文化で赤が豊穣を意味したことと，現地で茜染料が入手し易かったことによる。

トルクメニスタンでは晴着は絹織物で，普段着は綿織物で作られた[55]。トルクメニスタン人は，普段着の材料として，白い綿布や更紗を利用した。赤の更紗は女性向け衣服やズボン，頭飾りに使われ，青の更紗は男性用シャツや，男児の服，ターバンに利用された。中央アジアで生産された縞木綿（alacha, kalami）は，男性と女性の肌着や上着に利用された。19世紀後半にトルクメニスタンは，東部カシュガルから織物を輸入する。当時，外国製の織物はほぼ全て東部カシュガル製の輸入品であり，遊牧民の衣服に使われた。だが，19世紀末にトルクメニスタン商人がペ

---

54) Сазанова, М. В., *Традиционная одежда народов Средней Азии и Казахстана*, Москва: Наука, 1989, с. 39.

55) Там же, с. 240.

ルシアから，ペルシア製更紗やモスリン，そして英国製更紗を輸入する。トルクメニスタンの男女は，英国製更紗をシャツの仕立てに利用した。

19世紀末にロシアとトルクメニスタン間の貿易が始まると，ロシア製綿織物がトルクメニスタンに輸入される[56]。スカーフ，モスリン，キャラコ，更紗などのロシア製綿織物がトルクメニスタン市場で販売されたが，ロシア製品の中で，深紅のスカーフの販売が好調だった。ロシア製モスリンは男性用ターバンや女性用スカーフに使用され，キャラコや更紗は長い上衣の裏地や肌着に使われた。トルクメニスタン北部では赤と緑のロシア更紗が，黒の繻子織や毛織物で作る胴着（kamzor）の裏地に使われた[57]。従来，トルクメニスタン人は家庭でアガリ（agari）という長い上衣を自家消費用に作ったが，20世紀初頭にトルクメニスタンの牧畜業が市場経済化に向かうと，周辺地域市場への販売用に長い上衣（agari）を生産し，現金収入を得るようになる。1920年代以降，ロシア製綿織物がブハラ近郊に普及したが，長い上衣の表地の色と対照になるように，ロシアの赤更紗（クマーチ）が長い上衣の裏地に利用された[58]。

### c）タシケントの事例

タシケントの人々は，現地の手工業者が生産する綿織物を普段着とした。19世紀半ばに地元の手工業者が青の更紗を安価に生産したが，この更紗は女性用スカーフに使われた。1880年代以降，ロシアはタシケントに綿織物を輸出したが，ロシア企業は現地の消費者の嗜好を把握し，それを中央アジア向け綿織物生産に反映させる[59]。中でも，ロシアの赤更紗（クマーチ）の評判が高く，地元の富裕層がこの赤更紗を購入した。当初，ロシア製綿織物の価格は中央アジア製品よりも高く，地元の貧困層は安価な中央アジア製品を購入した。19世紀末にロシア製モスリンがタシケントに輸出されると，ロシア製品が綿織物市場から地元スカーフを駆逐したため，スカーフを生産する地元企業は廃業に追いやられる。

---

56) Там же, с. 249.
57) Там же, с. 95.
58) Там же, с. 110.
59) Сухарева, О. А., *Костюм народов Средней Азий, Историко-этнографические очерки*, Москва: Наука, 1979, с. 135.

20世紀以降，ロシア製綿織物の価格が中央アジア製品より安価になると，貧困層もロシア製品を購入するようになり，衣服の仕立てに利用した[60]。しかし，ロシア製更紗の希少性がなくなると，地元の富裕層はロシア製更紗の購入を控え，ロシア製綿ビロードや絹の購入に転じる。

### d）キルギスの事例

最後に，キルギスの事例に着目したい[61]。19世紀後半にキルギス人は地元で棉花栽培を拡大し，その棉花を基に綿織物を生産した。キルギス人は既製綿織物を購入し，それを衣服に仕立てた。キルギスはカシュガルに近接したため，カシュガルから綿織物や絹，絹製品を輸入した。遊牧民は丈夫なカシュガル製品を重宝し，キルギスの成人及び子供用シャツ，ズボンの仕立てに利用した。中央アジア製の白い綿織物が中央アジア各地で普段着の材料に利用されたが，キルギスでは白い綿織物よりも，丈夫なカシュガル製綿織物（ダバ）の方が好まれた。そのためキルギス市場では，カシュガル製品（ダバ）の利用が中央アジア製品を上回る[62]。だが，キルギスでも中央アジア製更紗（naboika）は，長い上衣の裏地に利用された。19世紀末にロシアがキルギスを併合した後，ロシアは更紗や南京木綿，毛織物などのロシア製品をキルギスに輸出したが，ロシア製更紗は当地で長い上衣の裏地（口絵9）や男性の帯に利用された。

### 3．ペルシアの綿織物消費

アッバース朝ペルシアの時代，イスファハーン近郊を拠点とするアルメニア商人が，ペルシアの貿易を掌握した。アルメニア商人はロシア語とトルコ語に堪能で，ロシア国境沿いにアルメニア商人の植民地を形成し，この植民地を通じてペルシアとロシア間で貿易を促した。イランに残存する18世紀半ばのロシアとペルシア間の貿易の記録によると，ロシアはペルシアから様々な織物を輸入したが，特にペルシア製キャラコを受け入れ，シャツやベール，仕事着として利用した[63]。18世紀に中央ア

---

60) Там же, с. 225.
61) Там же, с. 217.
62) Там же, с. 223.

ジアと同様に,ペルシアのタブリーズ等で絹・綿混合織物のイカトが生産される。ティムール朝期のペルシア文化圏では,中央アジアのサマルカンドとブハラが流行の発信源となり,この二都市の衣服の流行はペルシアだけでなく,オスマン帝国やロシアにまで波及した。この時期にティムールの文化がロシアの服飾文化に浸透する[64]。

ペルシアは各地域の地理的条件に合わせて,繊維原料や染料を地域別に生産し,製品に加工した[65]。西部では,羊の放牧に適しており羊毛が豊富に取れるため,絨毯が生産された。北部は養蚕に適しており,ギラン等で絹が豊富に生産された。北部は棉花栽培にも適しており,棉花から綿糸や綿布などに加工された。ペルシアでは動植物の染料の生産が盛んであり,コチニールや茜の染料が生産された。コチニールはペルシアの綿織物や絹織物の染色に利用されたが,茜は絨毯の染色に用いられた[66]。茜はインド起源の植物であり,インダス川流域から西アジアへ伝播した後,中央アジアやロシア南部で栽培された。捺染技術もインドで発明され,それがペルシアに伝播した後,ペルシアは独自の染色文化を発展させた。サファヴィー朝(1501~1736)期に,ペルシア製更紗のカラムカリ(qalamkar)が増産され,捺染職人と版刻職人が連携して更紗生産を行う。

カージャール朝(1796~1925)は,インドから良質棉花を輸入し,その棉花を基にインド更紗に似た更紗を生産するが,これは一時的な成功で終わる[67]。19世紀前半にショールはペルシアを代表する輸出品であり,ペルシア製ショールはオスマン帝国やロシア,中央アジアに輸出される。1830年代以降,アルメニア商人等がペルシアにヨーロッパ製綿織物を輸出すると,ペルシアの消費者はヨーロッパ製品を受容した。ペルシアの

---

[63] Pope, A. U., *A Survey of Persian Art, from prehistoric times to the present*, Vol. 5, Tehran: Soroush Press, 1977, p. 2163.

[64] *Ibid.*, p. 2246.

[65] Gluck, J., Gluck, S. H., *A Survey of Persian Handicraft*, Tehran: The Bank Melli Iran, 1977, p. 184.

[66] ヴルフ, H. E.『ペルシアの伝統芸術——風土・歴史・職人』平凡社,2001年,197頁。

[67] Bier, C., *Woven from the soul, Spun from the Heart, Textile Arts of Safavid and Qajar Iran 16$^{th}$-19$^{th}$ Centuries*, Washington, D. C.: The Textile Museum, 1987, p. 26.

消費者が外国製綿織物を選択する際，色調と柄が重要な要素になり，この要素が綿織物の販売に影響を与えた。ペルシアの富裕層は，ロシアの赤更紗に関心を示し，赤更紗を絨毯のカバーに利用した[68]。ヨーロッパやロシアなどの外国製綿織物がペルシア市場に輸出されると，ペルシア製綿織物の販売が悪化する。19世紀後半にロシアはペルシアから棉花を輸入したが，19世紀末までペルシア棉花のロシア向け輸出は増加の一途を辿る。

## V 結　び

　工業化あるいは産業革命が長年，経済史研究で論じられてきた。工業化で注目される産業はまず軽工業（繊維産業）であり，綿工業は中でも代表的産業の一つになる。工業化の考察では生産量に注目され，生産が劇的に増加する前後の時期に，関心が寄せられることが多い。ロシアを例に挙げれば，そのような画期となる時期は，1870～80年代の「ロシア産業革命」と言われる時期か，1930年代のソ連大躍進の時期になる。従来の工業化に関する研究は，供給の側面から検討されることが多く，需要（消費）の側面は軽視された。従来，軽視された流通や消費の側面に焦点を当て，看過された事実を明らかにするのが本書の立場である。消費の側面を考察するなら，消費者が工業製品をどのように利用したのかが重要になる。また，当然のことながら，消費者が工業製品を利用する場合，それを使用したいという願望が，事前に消費者の意識に内在していなければならない。

　19世紀のロシアの工業化の事例では，更紗が最も人気の高い綿織物であった。この更紗を生産するには，当然ながら更紗原料（棉花と染料）と染色技術が必要になる。従来の工業化研究では，工業化を考察するのに50年程度の期間を設定してきたが，工業化の本質を理解するなら50年の期間は短い。工業化の本質を理解する際，200年～300年の時期を設定した方が良いと思われる。人間は周囲の資源を利用して，生活を営んで

---

68）　*Ibid.*, p. 30.

　　　　第6章　ロシア製綿織物と服飾文化の変容　　　　　　　　211

きた。ロシアの気候条件では，棉花と植物染料の栽培は適さず，近代以前にロシアが棉花と染料を調達するなら，ペルシアか中央アジアに頼る以外，方法がなかった。17世紀以降，ロシアは中央アジアの赤更紗に魅了され，18世紀にロシアのヴォルガ川岸地域で，中央アジア製（ブハラ）の赤更紗の輸入代替に取り組む。この輸入代替過程がロシア全土に波及する途中の，18世紀末に，安価な英国製綿布と綿糸がロシアに輸入される。

　19世紀前半にロシアの中央工業地域のモスクワ県やウラジーミル県は，ヨーロッパの貿易システムと科学技術を利用して，近代的綿工業を発展させた。ロシアは英国から棉花や紡績機械，蒸気機関を輸入し，綿織物（更紗）の大量生産に成功する。発展段階論に従えば，後発国ロシアは英国を先行例として追いつこうとしたことになる。1820〜30年代にウラジーミル県は，フランスのミュルーズの捺染模様を模倣し，トルコ赤（アドリアノープル風）のペイズリー更紗を生産した。この更紗は国内だけでなく，中央アジアやペルシアなどのアジア市場に輸出される。消費の側面から見ても，ロシアはヨーロッパの技術と資源を利用して，初期工業化を実現したと考えるのが自然であり，歴史現象の半分は発展段階論で説明できる。しかし，ロシアは長期にわたり，どの更紗を輸入代替したかったのかを，想起する必要がある。ロシアは長期的には，中央アジアの赤更紗の生産を実現したかったと思われる。

　ロシアの綿工業を理解する際，捺染業が鍵になり，染色の色と柄が重要になる。19世紀にロシアは様々な種類の綿織物を生産し，更紗に焦点を当てるにしても，様々な色調や模様を生み出した。その中で赤色の染色に着目すると，本質を捉えやすい。ロシアや中央アジアで，赤は特別な色であり，絹織物，麻織物，綿織物の染色で，赤が消費者を惹きつけられるかどうかの一つの基準であった[69]。この赤の色は，「トルコ赤」（アドリアノープル風）と「赤更紗」（クマーチ）の二種類に大別できる。ヨーロッパ更紗を模倣して染色したのは「トルコ赤」（口絵8）であり，中央アジア更紗を模倣して染色したのは，「クマーチの赤」（口絵10）に

---

　　69）　茜による赤の染色については，次の文献が参考になる。Chenciner, R., *Madder Red, A history of luxury and trade*, London: Routledge Curzon, 2011.

なる。「トルコ赤」に注目すれば、ロシア更紗はヨーロッパ製品を模倣して生産されたことになり、発展段階論を想起させる。しかし、「クマーチの赤」に着目すれば、ロシア更紗は中央アジア製品を模倣して、生産されたことになる[70]。したがって、ヨーロッパ製品を模倣した側面と、中央アジア製品を模倣した側面の両面が、ロシアの近代的綿工業に内在したと考えられる。

　20世紀に行われたソ連民族学の服飾研究から明らかになるのは、中央アジアの消費者は複数種のロシア製綿織物を利用したが、19世紀半ば以降、中央アジアの農民や遊牧民が利用する代表的綿織物は「赤更紗」（クマーチ）であり、それは中央アジア製長い上衣（ハラート）の裏地に利用された。この「クマーチの赤」は、農民や遊牧民の世界で伝統的な色であり、ロシア南部と中央アジアで馴染み深い色であった。19世紀から20世紀初頭の、中央アジアの織物の写真集を眺めると、中央アジア製綿織物や絹織物の染色にも、この「クマーチの赤」が見られる[71]。ロシアの工業化を300年の期間で考察するなら、ロシアには、ヨーロッパを目標に工業化を進めた側面と、中央アジアを目標に工業化を進めた側面の、両面があると考えられる。ロシアは中央アジアの赤更紗に憧憬を抱き、300年を経て、赤更紗の輸入代替を実現した。その後、ロシアから輸出という形で、中央アジアの消費者に赤更紗を贈り返したと思われる。

---

　70) これについて詳細に論じた文献として、次の文献が挙げられる。Прохоров, С. И., Материалы к истории кумачевого производства в России, *Известия общества для содействия улучшению и развитию мануфактурной промышленности*, Москва, 1892, с. 1-10.

　71) 例えば、次の文献が挙げられる。Clark, R., *Central Asian Ikats*, London: V&A Publication, 2007; Harvey, J., *Traditional Textiles of Central Asia*, London: Thames & Hudson, 1996.

第五部

結　　論

## 終　章

# ロシア更紗とアジア商人
―― 近代の始まり ――

## I　遠隔地貿易の転換

### 1．近代以前の貿易：自然環境の相違を活かした商品の取引

　工業化以前，自然環境の相違から生じる文化的差異を認識し，その相違により生産されるモノの交換が，貿易の意義だったと思われる。それは，地域Aが有するモノと，地域Aには無いが地域Bにはあるモノとの交換が，基本的貿易形態であったことを意味する。日本古代を例に取れば，山の民と海の民が固有の商品を相互に交換し合うのが，貿易の原点だった。贈与は貿易とは異なるものの，交換の一形態である。贈与は誰にでも喜ばれるが，最も喜ばれる贈与品は，被贈与者の地域にないモノ，容易に入手できないモノである。人間は文化，あるいは生態系の相違に驚嘆する。寒冷地域では，獣皮や毛皮が交換対象のモノとなり，温暖地域では，香辛料や乾燥果物が交換対象のモノとなる。また，金・銀・銅などの鉱脈があれば，その鉱物が交換対象のモノになる。自然環境の相違を活かして，生産されるモノ（商品）は，生態系の異なる地域間で交換されると，双方に利益をもたらす。

　本書で焦点を当てた更紗（綿織物）は，工業化以前には，特定地域でしか加工できなかった商品である。更紗の原料として，棉花と染料が必要になるが，一定の地理的条件を満たさなければ，両者を栽培することはできない。川勝平太が指摘したように，棉花の起源はインドに由来し，

人類史で棉花はインドから西方，あるいは東方へと移植された[1]。ロシアを始め様々な地域で，棉花栽培は試みられたが，南北緯30～40度の範囲外では，棉花栽培は不可能であった。また，更紗生産に必要な植物染料である茜は，ユーラシア大陸の中央部で育つが，それ以外の地域では，栽培が難しく，入手も困難であった。人類史の長期にわたり更紗は，ユーラシアの中央部（西アジア，中央アジア，インド，中国）で生産されたが，ロシアや西ヨーロッパでは，棉花と染料の栽培は困難なため，工業化以前には，ユーラシアの中央部以外の人間が更紗を獲得しようと思えば，アジアから更紗を輸入する以外に方法がなかった。

　工業化以前には，農業や手工業生産は，四季の変化に応じて行われた。春から秋に農作業が優先され，冬に農家は家内手工業に従事した。当時，全ての作業が自然エネルギー（水力や風力）や畜力（人間の労働も含む）を利用して行われた。農産物や手工業製品は生産された後，定期市を通じて域内市場に供給された。主要な定期市は，宗教施設の行事に合わせて開催されることが多く，輸送手段として利用する畜力（ラクダや馬）の特徴や，地域の自然環境を考慮した上で，教会や修道院等の近郊で，定期市が開催された。海上貿易の場合，海流の変化が航海に影響を与えた。インド洋を例に挙げれば，モンスーンの与える影響は大きく，海流が夏に北東から南西に，冬に南西から北東に向かうが，モンスーンという自然エネルギーを利用して，船の航行と貿易が組織された。

　工業化以前に，主要な貿易は域内および周辺地域で完結したが，宝石，絹，毛皮，染料，金等のように，高価かつ軽量で，腐食しにくい商品は，複数の定期市を経て，域外市場や遠隔地市場に輸出された。歴史的には絹や毛皮が高価な奢侈品だった。養蚕や毛皮獣の捕獲には，一定の気候条件や自然環境が必要であるため，絹と毛皮の生産は明らかに，自然環境と密接な関係にあった。宝石や金属も汎用性の高い商品だが，この商品を加工できるかどうかは，宝石や金属が採掘可能な鉱脈が，近隣に存在するかどうかで決まる。遠隔地貿易を推進する場合，陸上貿易ではラクダが，海上貿易では船が主要な輸送手段であった。誰もが遠隔地貿易

---

　1）　川勝平太『日本文明と近代西洋――「鎖国」再考』日本放送出版協会，1991年，68頁。

に携わったわけではなく，一つの商業圏の中で，主流派の集団ではなく，少数民族や少数宗教に属する，マイノリティ集団が，主に遠隔地貿易を担った[2]。その代表例として，ユダヤ商人やアルメニア商人，ギリシャ商人が挙げられる。

遠隔地貿易は近代に突然始まるわけではなく，古来，遠隔地貿易は行われていた。従来の遠隔地貿易では，特定の商人集団が遠距離商業網を独占するか，一定区間内に責任を持ち，次の区間に商品を渡す，リレー式貿易が中心だった。遠距離商業網を独占管理する場合でも，リレー式貿易でも，商品を搬送し代金や代物を回収する方法は，大きく変わらなかったと思われる。大西洋貿易以前にも，遠隔地海上貿易は，長期にわたり行われたが，その場合，一定区間毎に寄港可能な港が用意され，水と食料が補給された。しかし，大西洋貿易の場合，ヨーロッパからアメリカ大陸まで島や陸地がないため，無寄港で航行しなければならない。その種の大型で頑丈な船は，大西洋貿易が始まるまで，存在しなかった。ヨーロッパによる大西洋貿易の開始が，遠隔地貿易の歴史で一つの画期となる。

## 2．近代以降の貿易：国際的水平分業システム

15世紀末に，無寄港で航行可能な（大量の水・食料が積載可能な）大型帆船が建造可能になり，海上の真ん中で帆船の位置を確認する，天文・測量技術も発達したため，ヨーロッパは地球規模の貿易システムを構築する条件を準備した[3]。以後ヨーロッパは，アメリカ大陸の鉱物や物産を求めて，ヨーロッパとアメリカ間の航路を確立し，大西洋貿易を実現させる。16世紀にヨーロッパが構築した大西洋貿易は，従来の遠隔地貿易と根本的に異なった。例えば，オランダはモノとモノ，あるいは，モノと貨幣という単純な交換で利益を得るのではなく，異なる商業圏を跨ぐ貿易システムを構築し，システムの維持・管理により収益を高める方

---

2) これについては，次の文献が参考になる。赤坂憲雄『異人論序説』，筑摩書房，1992年，13-24頁。
3) メンデルスゾーン，K.（常石敬一訳）『科学と西洋の世界制覇』みすず書房，1980年，19-62頁。

法を確立した。オランダはアムステルダムに統括拠点を置き，大西洋貿易とアジア貿易の情報と商品を管理し，貿易遂行の手数料収入により富を形成し，ヨーロッパの強国となる[4]。

　ヨーロッパの東インド会社は元来，香辛料を求めてアジア貿易に参加したが，アジアでインド更紗と出会った際，その魅力に惹かれ，ヨーロッパ本国に輸入する。インド更紗がヨーロッパに輸入されると，ヨーロッパの需要が劇的に高まった。当初は，ヨーロッパ市場にインド更紗を直接輸出したが，後にインドの染色職人にヨーロッパの消費者の嗜好を伝え，ヨーロッパ市場に適した更紗をインド職人に作らせ，それをヨーロッパに輸出した。インド更紗の人気はヨーロッパで高まり，製品需要が増加したため，ヨーロッパとアジア間の貿易は赤字になり，ヨーロッパ諸国は更紗の輸入を抑制する。その後，ヨーロッパは貿易赤字を解消するため，インド更紗の輸入代替を目指す。だが，ヨーロッパでは，棉花栽培が困難なため，中近東から綿布や綿糸を輸入し，綿布に染色を施す形で，更紗生産を試みる。だが，染色（捺染）技術が最大の障害となり，インド更紗の模倣は滞る[5]。

　綿布の捺染技術は，紀元前インドに由来する。棉花と染料の栽培はインドの気候条件に適合し，綿織物生産はインドの自然環境に合致したと言える。自然環境の優位性はあっても，インドの捺染技術は，何世紀にもわたる試行錯誤の中で培われたと思われる。インドだけでなく，近代以前の手工業は熟練技能に頼るものであり，熟練知は後の世代に口頭で実践を通じて伝えられた。ヨーロッパは多年の労力をかけ，インドの捺染技術の粋を理解しようとしたが容易には摑めなかった。最終的に，フランス企業は，オスマン帝国から捺染工をマルセーユに招聘し，彼らの熟練技能を観察し，普遍的知識（科学）に変換する。現在から見れば，染色工程は一連の化学反応の過程である。当時，ヨーロッパの企業は化学の知識を染色業に応用し，インド更紗生産の熟練知を普遍的知識に置き換えることで，捺染技術の粋を理解し，その知識をヨーロッパに普及させた。後にヨーロッパが天然染料から人工染料に転換する際にも，化

---

　　4）　これについては次の文献が示唆深い。玉木俊明『近代ヨーロッパの誕生――オランダからイギリスへ』講談社，2009年，50-89頁。

　　5）　これについては本書の第2章を参照。

学の知識が重要になる。

　ヨーロッパの綿工業は，中近東や植民地に棉花や染料などを依存するものの，インド更紗を模倣して，更紗の輸入代替を推進した。ヨーロッパの更紗生産は成功を収め，ヨーロッパの消費者需要に応えたが，更紗販売が過度に成長し，他の麻織物や毛織物産業の販売に悪影響を与えたため，ヨーロッパ諸国は綿布捺染業を抑制した。このためフランスなどでは綿布の捺染業は停止されるが，アルザス地域（ミュルーズ）と英国は，政府の抑制策を回避して捺染業を発展させる[6]。両地域の捺染業は次第に木版から銅板に移り，次に平板の銅板からローラー捺染機（回転銅）に転換し，更紗の生産性を高める。ヨーロッパの自然環境は更紗生産に本来，不向きだったが，ヨーロッパは強い意志で，更紗の輸入代替に取り組み，化学を応用して染色技術を解明し，ヨーロッパが構築した遠隔地海上貿易システムを利用して，自然環境の負の側面を克服し，インド更紗の輸入代替に成功した。

　綿織物生産への蒸気機関の導入が，更紗生産を抜本的に変革する。元来，蒸気機関は鉱山採掘の際，坑道から水を汲み上げるために利用されたが，その応用範囲は広く，綿工業を始め，様々な領域に導入された。世界で初めて蒸気機関を捺染工程や紡績工程に導入したように，英国は蒸気機関を様々な産業に応用し，工業化を促進する[7]。蒸気機関は化石燃料（石炭）をエネルギー源にするため，工業化を通じて，諸産業のエネルギー源が自然エネルギー（水力や風力）や畜力（人間も含む）から，化石燃料（石炭）に転換された。その後，自然エネルギーや畜力の重要性は低下する。19世紀後半に，米国の奴隷解放やロシアの農奴解放を推進した要因として，化石燃料が自然エネルギーや畜力を代替したことが指摘できる。ヨーロッパは科学技術（化学+蒸気機関）と遠隔地海上貿易システムを利用して，綿織物（更紗）の大量生産を実現するが，この影響はロシアの更紗生産にも波及した。

---

[6] 第6章を参照。
[7] これについては本書の第4章を参照。

## Ⅱ　ロシアの初期工業化

### 1．工業化以前のロシア

　本書では，人間と自然の関係を課題の一つに設定したため，自然環境の人間社会への影響を考察してきた。工業化以前には，各地域で生産されるモノは，周囲の自然環境に規定された。ロシアも例外ではない。ロシア領の大部分は寒冷地に属し，小麦やライ麦，亜麻，麻等の生産は可能だが，野菜や果物を栽培するには困難が伴う。ロシアの自然環境を活かした商品として，毛皮，獣脂，麻織物が挙げられるが，国際商品として取引されたのは毛皮である。獣から毛皮を剥いだ後，温暖の環境では，毛皮の品質は低下するため，低温状態で毛皮を加工する必要がある[8]。毛皮加工には，寒冷地が最適である。現在でも，イタリアの毛皮産業は，毛皮の加工工場をシベリア（クラスノヤルスク）に持っている。ロシア史を振り返れば，毛皮が外国商人をロシアに引き寄せたと考えられる。アジアやヨーロッパの商人は，毛皮を購入するためにロシアを訪れたのである。

　14～15世紀にロシアはモンゴル帝国の支配下に置かれた。ヴォルガ川を例に挙げれば，カザン以南はモンゴル帝国領だったため，ロシア（モスクワ大公国）が単独でアジアと貿易するのは不可能であった。当時ペテルブルクは，まだスウェーデン領であり，ヨーロッパと貿易する場合，ヴォルガ川最北に位置するアルハンゲリスク港を通じて，北ヨーロッパと貿易するのが最善だった。当時ロシアにとっては，ヨーロッパよりもアジアの方が重要な貿易相手であり，ロシアはカザンハン経由でアジアと貿易を行った。その際，現在のニジニ・ノヴゴロドが，ロシア領とモンゴル帝国領の境界に位置した。ニジニ・ノヴゴロドを南下すれば，ムスリムが集中するカザン（タタールスタン共和国の首都）に到る[9]。近代

---

　　8）毛皮の加工については，ロシア科学アカデミーシベリア支部・細胞遺伝学研究所の研究員から直接お話を伺った。

　　9）カザンの歴史的位置を考察する際，次の文献が参考になる。小松久男「ブハラとカ

以前のロシアでは，ニジニ・ノヴゴロドに位置するマカリエフスク定期市（後のニジェゴロド定期市）が，ロシアのアジア貿易の窓口になり，ここから毛皮を始め，様々な商品がアジアに輸出され，逆にアジアからロシアに商品が輸入された[10]。

　近代以前の遠隔地貿易システムは年周期を中心に設計された。遠隔地貿易のルート沿いの自然環境や四季，搬送手段の動物や船の航行に配慮して，遠隔地貿易は行われた[11]。ロシアとアジア間の貿易では，船とラクダが搬送手段に利用されたが，ロシアでは冬季に河川が凍結し，船の航行が不可能になるため，船による商品の搬送は夏季に集中した。ラクダの進行速度は遅いが，相当量の積み荷がラクダで搬送可能であり，ラクダは遠距離の行程に耐えられる。しかし，ラクダの体力は，初夏の毛替わり期に弱り，商品が搬送できなくなるため，キャラバンを組織する際，初夏は避けられた。ロシアがモンゴル帝国の統治下にあった時期，ロシアはアジアと貿易を行う場合，モンゴル帝国の商業ネットワークを利用したと考えられる。後にモンゴル帝国は，複数の国に分裂したが，船とラクダを使った年周期貿易のあり方は，モンゴル帝国以後も，大きくは変わらなかったと思われる。

　長期にわたりロシアの代表的な輸出商品は，毛皮と金属製品だったが，ロシアは近隣アジアから綿織物や絹織物そして貴金属を輸入した。このアジア貿易では，ロシア商人ではなくアジア商人が主導的な役割を果たした。モンゴル帝国統治下では，ロシアが主体的に商業網を整備したというよりも，モンゴル帝国の統治層が遊牧民やアジア商人を統括し，貿易システムを整備したと考えられる[12]。ロシアがモンゴル帝国の統治下から離れて以後も，モンゴル統治期の商業ネットワークの多くは，ロシアに継承されたと思われる。ロシアと中央アジアの貿易では，カザンのムスリム商人や，ブハラ商人の役割が大きかったが，これらの商人は，モンゴル帝国の統治期にも，ユーラシアの遠隔地貿易を担っていた可能

---

ザン」，護雅夫編『内陸アジア・西アジアの社会と文化』山川出版社，1983年，481-500頁。
山内昌之『スルタンガリエフの夢——イスラム世界とロシア革命』岩波書店，2009年。
10) 第3章を参照。
11) 第4章を参照。
12) モンゴル帝国を考える際，次の文献が参考になる。杉山正明『クビライの挑戦』講談社，2010年。

性が高い。17世紀以降，アルメニア商人や山西商人の陸上商業ネットワークが構築される。ブハラ商人と比べると，アルメニア商人や山西商人の商業ネットワークは比較的新しいと言える。

　寒冷地ロシアは棉花栽培に不向きな地域であるため，ロシアが綿織物を入手する場合，近隣アジアから綿織物を輸入するか，綿糸を輸入し，ロシアで織布する以外に方法がなかった。16世紀以降，ロシアはペルシアや中央アジアから綿織物を輸入した。綿織物は輸入品であるため，一般のロシア人には入手困難な商品であり，ロシアの社会的上層（統治者や聖職者）が綿織物を利用したと考えられる。しかし，中央アジア製の赤更紗に対する需要（願望）は，一般ロシア人の間でも高かったため，18世紀以降，カザンのムスリム商人とブハラの染色工が連携して，ロシアのアストラハンからヴォルガ川岸に到る地域で，中央アジア製の赤更紗の輸入代替を始める。ロシアが中央アジア綿糸を輸入し，それをロシアで織布し染色（捺染）して国内市場に供給した。18世紀末に，ブハラの染色工が主導する染色工房は，赤更紗の生産を拡大し，ヴォルガ川を北上しイヴァノヴォに到る[13]。

## 2．工業化以後のロシア

　ウラジーミル県では土壌が農耕に適さないため，手工業の発展に熱心だった。ウラジーミル県近郊は，ロシア正教会が集中する地域であり，当地はイコン画と聖書の製作に携わり，ロシア全土にその製品を供給した。18世紀以降，ウラジーミル県で麻の栽培が広がり，この原料を利用して麻織物の捺染業が発展する。他方，18世紀に赤更紗の生産がロシアのヴォルガ川を北上する形で拡大したが，この赤更紗の染色技術は18世紀後半にイヴァノヴォ（ウラジーミル県）に伝播した。18世紀以来，ブハラの染色工が赤更紗の生産を支援したため，ブハラの染色工がイヴァノヴォに一時滞在した可能性は高い。しかし，18世紀後半にイヴァノヴォの染色工はペテルブルク近郊を訪れ，ドイツの染色技術を習得する。イヴァノヴォの職人は中央アジアの染色技術だけでなく，ヨーロッパの

---

13）これについては，第2章および第6章を参照。

染色技術も学ぶ柔軟性を持っていた。19世紀以降，ウラジーミル県がロシアの捺染業の中心になる[14]。

　18世紀後半にイヴァノヴォでは麻織物の捺染技術を綿織物に転用し，アジア綿布かアジア綿糸を織布した綿布に染色し，更紗生産を始める。しかし，ほぼ同時期に，英国製綿布と綿糸がペテルブルク経由でロシアに輸入される。18世紀末に英国製の綿糸と綿布がロシアに輸出されたのを機に，ロシアは近代的綿工業を発展させる。既に捺染技術の基盤のあったウラジーミル県では，ブハラ製綿糸を利用する一方，英国製綿布や綿糸を利用し，色鮮やかで安価な更紗を生産した。アジア綿布や綿糸と比べると，英国製綿糸と綿布は安価であり，恒常的かつ大量に，調達可能だったと思われる。1812年にナポレオンのモスクワ遠征が行われ，モスクワの一部が焦土と化した時，ロシア軍にフランス兵が捕虜として捕えられる。この捕虜の中にフランスの染色職人が混じっており，その染色職人が捺染技術をウラジーミル県の捺染業に伝えた。

　19世紀初頭までロシアに染色技術は存在したが，それは熟練技能に基づくものであった。当時，西ヨーロッパでは自然科学，特に化学を染色業に応用し，化学物質を染色工程に導入して，色を固定する方法や鮮やかな染色を発展させたが，化学を染色に応用する例は，ロシアではまだなかった。だが，1810年代にウラジーミル県の染色業は，フランスの捕虜からだけでなく，ロシアに移住したヨーロッパの染色職人から，化学を応用した染色技術を学び，トルコ赤（アドリアノープル風）の捺染を実現する一方，捺染工程の機械化を進める。回転銅を応用したローラー捺染機の登場により，三色同時の捺染が可能になっただけでなく，染色時間が短縮される。後に，蒸気機関がローラー捺染機の動力となり，生産性は劇的に高まる。19世紀半ばに捺染工程の生産性が上昇すると，紡績工場や力織機の動力に蒸気機関が導入される。

　ロシアはヨーロッパの貿易システムを利用する形で，棉花や染料を輸入する一方，ヨーロッパの科学技術を導入して，綿工業の近代化を図った。19世紀に蒸気機関はヨーロッパの産業だけでなく，ロシアの産業をも変革した。蒸気機関の登場以前，畜力か自然エネルギー（風力や水力

---

14) 第2章を参照。

が動力の中心だったが,19世紀前半に蒸気機関がロシアの生産領域に動力として導入され,エネルギー源の中心が化石燃料になる。畜力および自然エネルギーと化石燃料(蒸気機関)が異なるのは,化石燃料の場合,一日中休みなく稼働することである。蒸気機関が登場する以前,仕事は日照時間内に終わり,季節変化の影響を被ったが,蒸気機関の導入以降,商品の生産は日照時間や季節に左右されず,常時可能となった。ロシアは当初,英国製綿糸を基に織布したが,1840年代に綿糸の輸入代替に成功すると,ロシア製綿糸を基に綿織物生産を行う。蒸気機関の導入により,綿糸生産量の増加と捺染工程の生産性が向上し,ロシア製綿織物の供給が国内需要を超え,生産余剰が生じる。

　余剰を抱えたロシアは,ペルシア,中央アジア,清等のアジア市場に,アジア商人を通じて綿織物を輸出する。その際,ロシアは積極的にアジア市場への流通網を構築するのではなく,近隣商業圏の既存の商業ネットワークを利用する形で,ロシア製品をアジア市場に輸出した。この背景として,少なくとも中央アジアの貿易については,ロシア商人が貿易に携わるのは,危険だったことが指摘できる。19世紀前半に貿易隊商に参加するロシア商人が,中央アジアで遊牧民の略奪に遭うのは珍しくなく,取り扱う商品が奪われるだけでなく,商人自身が捉えられ,中央アジアの奴隷市場で売買されることもあった[15]。このような危険性が,ペルシアや清との貿易で存在したかどうかは定かでないが,中央アジアの貿易では,ロシア商人が身の危険を晒すよりも,既存の流通網を掌握する中央アジア商人に任せる方が安全だった。貿易のリスクを回避するという意味でも,近隣商業圏の既存の商業ネットワークを利用する方が,ロシアには好都合だった。

　ロシアとアジア間の貿易を実際に遂行したのは,特定のエスニック商人だった。ペルシア市場へはアルメニア商人が,中央アジア市場へはブハラ商人が,清市場へは山西商人が,ロシア商品のアジア向け輸出を担った。これらのエスニック商人がロシアとアジア間の貿易に介在したのは,偶然ではない。彼らは近隣商業圏の中核的商人であり,アルメニア

---

15) Allworth, E., *Central Asia, 120 years of Russian Rule*, Durham: Duke University Press, 1989, pp. 30-33.

商人はペルシア商業圏で,ブハラ商人は中央アジア商業圏で,山西商人は清の商業圏で,流通網を掌握した。アジア商人の商業ネットワークは,19世紀に突然現れたものではなく,何世紀にも亘り形成された流通網だった。これらのアジア商人は畜力と自然環境を巧みに活用し,年周期の貿易を組織した。ロシア製綿織物は,ロシア最大の定期市である,ニジェゴロド定期市を経由して,アジア商人の商業ネットワークを通じて,アジア市場に輸出される。

## III 19世紀前半の意味:近代の始まり

### 1. 工業化:自然環境の克服

　本書の研究を通して,最後に,工業化の意味を問うてみたい。本来,人間の生活は自然環境に規定され,衣料資源も自然環境や気候条件に制約される。ロシアは地理的に棉花栽培に不向きであるものの,過去に何度も棉花栽培の実験を行い,悉く失敗した。ロシアが綿織物を生産するには,綿布を輸入するか,綿糸を輸入して,織布する以外に方法がなかった。ロシア近隣では中央アジアやペルシアが,歴史的に綿織物の生産地であった。だが,ロシアは英国経由で米国棉花を輸入し,ロシア国内で紡糸を行い,綿布に織布する形で,近代的綿工業を発展させる[16]。また,ロシアはヨーロッパとアジアから,綿織物生産に必要な染料を輸入した。本来,ロシアの自然環境では綿織物の生産は不可能であるが,ロシアはヨーロッパの遠隔地海上貿易システムと科学技術を利用して,自然環境の制約を克服し,近代的な綿工業国になった。この点で,ロシアの初期工業化は,自然環境の制約からの解放(emancipation)を意味した。

　ロシアの気候条件の下でも麻の栽培は可能である。本来,麻織物がロシアの衣料資源であった。また,毛皮獣が豊富に生育する寒冷地ロシアでは,冬季の衣料資源として,毛皮が役立った。ロシアでは綿織物は歴

---

[16] 第1章を参照。

史的に奢侈品であり，少数の上流階層の人間が利用し，一般ロシア人が入手可能な商品ではなかった。だが，彼らも以前から綿織物を利用してみたいという期待を抱いていたと思われる。近代以前のロシアには定期市が存在し，市場で生活用品を購入することはできたが，農村では，基本的に自給自足経済が中心であり，通常，帰属する村や家庭で食料や衣料を自給した[17]。毛皮や皮の加工は職人に任せるとはいえ，麻については家庭で糸を紡ぎ，麻織物に織布した。しかし，19世紀前半のロシアの初期工業化により，以前には入手困難だった綿織物，特に更紗が安価に国内市場に供給される。

　安価なロシア製更紗が市場に供給されると，衣料として綿織物がロシア農民の生活に浸透する。ロシア衣料の中心である，麻織物の基調は赤と白だったが，多色の更紗がこの二色の世界に参入する。ロシアの服飾には，農民に限らず，普段着と晴着があり，安価な素材が普段着に，高価な素材が晴着に使われた。当時，絹織物は高価な商品であり，晴着に使われることが多かった。ロシア更紗が農民の生活に浸透すると，更紗は晴着に使われた。多色刷り更紗は特別感を与えるため，晴着に適っていた。更紗が農民の間で普及し，市場経済が農村経済に浸透する。これは，物々交換の経済から，貨幣を媒介とする市場経済に転換が始まったことを意味する。ロシア製綿織物の生産性が向上すると，更紗は更に大量かつ安価に生産され，農民の晴着に使われていた更紗が，普段着にも使われるようになる。

　従来，ユーラシアの陸上遠隔地貿易では年周期が中心だった[18]。遠隔地貿易だけでなく，ロシアを代表する定期市の開催も年周期が基本であり，国内最大のニジェゴロド定期市は年に一度，夏季に開催された。年周期は貿易や定期市にのみ該当するのではなく，春から秋に農作業が行われ，冬季に衣服が農家で作られるように，年周期は農民の仕事の基本的な流れでもあった。18世紀に中央アジアの赤更紗がロシアで生産され始めた頃，ロシア人は年周期に合わせて，更紗を生産したと思われる。綿糸から綿布への織布過程は，農閑期を中心に，外注制度により農家に

---

17) 第6章を参照。
18) 第4章を参照

委託されたが，蒸気機関が生産過程に導入され，化石燃料が捺染工程や紡糸工程のエネルギー源になると，年周期や日照時間に関係なく，一日中あるいは一年中，綿織物の生産が可能になる。この生産形態の革新を通じて，ロシア製綿織物の生産量は国内需要を上回り，生産余剰を生み出した。

　このロシア製綿織物の生産余剰は，ペルシア，中央アジア，清の各市場に輸出されたが，ロシア製綿織物は特に中央アジア市場で受容された。その背景には，ブハラ商人がロシア国内のムスリム商人と協力して，中央アジアとロシア間で，商品と情報の交換を促したことが要因として挙げられる。カザンを中心とするムスリム商人は，宗教や商慣習の近似性から，ブハラ商人と協力し易かったと思われる。1445年にロシアはカザンハン国を併合したが，その後も，カザンとブハラの連携は断たれず，イスラム教を基盤とする，ロシアと中央アジアの関係は緊密だったと考えられる。18～19世紀にカザンとブハラは，国境は違えども「同一の世界」を共有した[19]。当時，カザンにあるモスクの聖職者は，ブハラのメドレセ（神学校）で学ぶことが多かった。ロシアのムスリム商人は，カザンとブハラ間を頻繁に往来した。この関係が，ロシア製綿織物の中央アジア向け輸出を成功に導いた要因の一つに挙げられる。

　ロシア製綿織物が中央アジアに輸出された際，ロシア製品は現地の綿織物と競合する関係にはならなかった。中央アジアの織物市場は，絹や綿ビロード等の高級織物市場と，地元製綿織物やイカト等の低級織物市場の，二市場が存在した。ロシア製綿織物は高級にも，低級にも属さず，中間市場を創出する。当時，中央アジアの衣服は男女共にシャツ，長衣，ハラート（長い上衣）の三種類から構成されたが，ロシア製更紗は主に富裕層のハラートの裏地に使われた。ロシア更紗を大別すれば，多色刷更紗と赤更紗の二つに分けられるが，ここで赤更紗に着目したい。この赤更紗の「赤」は茜で染色されるが，赤更紗は，ロシアが以前に中央アジアから輸入代替した更紗である。ロシアでも，中央アジアでも，赤は聖なる色であり，ロシア革命時に赤軍が掲げた旗は，赤更紗だった。17

---

　19）　カザンとブハラの歴史的関係については，2012年12月に筆者がカザンを訪れた際，タタールスタン共和国・科学アカデミー・歴史研究所のサリホフ副所長から直接お話を伺った。

世紀から3世紀を経て赤更紗は，ロシアから中央アジアに逆輸出される。

## 2．憧憬：革新の原動力

　従来，工業化は，ヨーロッパから科学技術を導入して，実現すると考えられた。この見解の代表は発展段階論であり，英国を最初の工業国家と捉え，先行モデルに追いつくのが工業化だと説明された。しかし，なぜヨーロッパは工業化を推進する必要があったのかという問は，発せられなかった。欧米で工業化は，アプリオリに善であることが前提にされる。そのため，常識から外れる問いは，発せられなかった。なぜロシアが工業化に成功したか，という問いを発すれば，ヨーロッパの遠隔地貿易システムと科学技術を利用したことが，要因として挙げられる。では，なぜロシアは工業化する必要があったのか，と問われると，先進工業国に追いつくため，と説明される。だが，それは歴史現象の半分のみを説明したに過ぎない。ロシアが自然環境の制約を克服し，憧れの商品を輸入代替したいという願望が，もう半分の説明になる。ロシアが憧れた商品は明らかに，中央アジア製の赤更紗だった。

　18世紀以降，ロシアは中央アジア製の赤更紗を輸入代替するため，ブハラの捺染技術を導入した。ロシアで生産した赤更紗は，主にロシア農民の衣服に利用される。18世紀末，英国綿工業の成功を受けて，ロシアで更紗生産が始まるが，更紗の柄は，ヨーロッパ風と中央アジア風の，二つが存在した。ヨーロッパ風の更紗模様は，英国あるいはアルザス地域（ミュルーズ）の製品から借用したものであり，中央アジア風は，以前ロシアが輸入した，中央アジアの赤更紗を模倣したものである。ロシアが中央アジアに綿織物を輸出した際，ヨーロッパ風更紗と中央アジア風更紗の両方が中央アジアに輸出されたが，ソ連民族学の研究によれば，中央アジア風の赤更紗が現地市場で受け入れられ，ハラート（長い上衣）の裏地に使われた[20]。この赤更紗の輸入代替には3世紀を要した。ロシアはヨーロッパの経験知を活用して，綿織物を生産する際の，自然環境の制約から解放され，300年を経て，憧憬の対象だった中央アジア

---

20）　第6章を参照。

の赤更紗を輸入代替した後，ロシア製赤更紗を中央アジアに逆輸出した。

　ヨーロッパの工業化の背景にも，インド更紗への憧れが存在したことを強調しておきたい。ヨーロッパの自然環境も本来，棉花栽培に適さず，ヨーロッパでは綿織物生産は困難だったが，インド更紗への憧憬が，国際水平分業システムの構築や，科学技術の発展に繋がったと思われる。ヨーロッパのインド更紗の輸入代替過程は緩慢であり，300年を要したため，ヨーロッパの工業化に到る因果関係は見えにくい。しかし，ヨーロッパが自然環境を克服するため，中近東や米国に綿織物原料を求めたこと，捺染技術向上のため，化学を導入したこと，捺染工程の生産性を改善するため，ローラー捺染機を開発したことなど，一連の革新を包括的に捉えるなら，ヨーロッパの工業化は，インド更紗の輸入代替を実現するために準備されたとも解釈できる。実際に，19世紀初頭でさえ，英国の更紗デザイナーはインド更紗の模様を参考にした。

　19世紀にロシアが近代的綿工業を確立し，アジア市場に製品を輸出するが，ロシアはヨーロッパ市場に綿織物を輸出できなかった。この事実に対して，ロシアの技術が西欧より劣っていたため，ロシア製品は，ヨーロッパ市場に輸出できなかったと説明された。当時の技術では，ロシアがヨーロッパより劣ったのは事実であるが，元来ロシアがインド更紗に憧憬を抱かず，その模倣も念頭になかったならば，技術の問題以前に，インド更紗に似た更紗を生産する意欲は生じない。ロシアは歴史的に，中央アジアの綿織物に憧憬を抱き，18世紀以降，赤更紗を輸入代替するために尽力した。19世紀以降，ロシアはヨーロッパの技術と原料を輸入し，アジア市場向け綿織物輸出に努めた結果，ロシア製品は，アジア市場で受容される。ロシアの輸出市場となるペルシア，中央アジア，清は，ロシアが以前綿織物を輸入した地域であった。ロシアは以前に憧れた地域に，綿織物を逆輸出したと考えられる。その際に貿易ルートを提供したのは，近隣商業圏のアジア商人だった。

　19世紀後半に，蒸気機関を輸送手段に応用した，蒸気船と鉄道が登場する。これにより，生産領域の革新が流通領域の革新に繋がる。流通領域の変革は，畜力や自然エネルギーを中心とする，遠隔地貿易のあり方を根本的に変えた。19世紀前半にロシアは，近隣商業圏に存在する，アジア商人の商業ネットワークを通じて，アジア向け綿織物輸出を行った。

だが，流通領域に蒸気機関が導入可能になると，ロシアは商品流通の高速・大量化を推進する。19世紀後半に鉄道網が内外に敷設されると，従来の自然環境と畜力を利用した，アジア商人の年周期の貿易は次第に活力を失い，近代的流通網に代替される。アジア商人によるロシア製綿織物輸出は，蒸気機関が流通領域に導入される以前の，過渡的な貿易形態であったと結論づけられる。19世紀後半にロシアは米国棉花を中央アジアに移植し，棉花の自給化を試み，成功する。以後，中央アジアの棉花は鉄道でモスクワに運ばれる。

　本書の一連の研究から導出できるのは，ヨーロッパも，ロシアも，アジアから輸入したモノ（更紗）に当初憧憬を抱いたが，自国で綿織物を生産するには，自然環境の制約が障害となったことである。ヨーロッパは複数の商業圏を繋ぐ，遠隔地貿易システムの構築と，自然科学の応用を通じて，自然環境の制約を克服し，以前に憧れた商品を輸入代替することに成功した。近代ヨーロッパの優位を確立したのは，蒸気機関の応用と，自然エネルギーから化石燃料への転換だった。この転換により，ヨーロッパは生産性と輸送能力を向上させ，過剰な供給能力を持つに到り，外国に資源と販売市場を求めた。ロシアはヨーロッパの経験（貿易システムと科学技術）を活かし，19世紀半ばに初期工業化を遂げた後，同様に，外国に販売市場と資源を求めた。ロシアは中央アジア地域を併合し，ヨーロッパの遠隔地貿易システムへの依存から離れ，ロシア帝国内で完結する閉鎖経済を指向する。

　19世紀に工業化を実現した国々は，中央ユーラシアのアジア地域（インドや清）に比べると，自然環境に恵まれなかった。例えば，最初の工業国家である，英国の地理的条件では，棉花も茶も栽培できない。だが，ヨーロッパはアジアのモノに憧憬を抱き，それを輸入代替するための様々な方法を模索する過程で，科学技術を向上させ，遠隔地海上貿易システムを構築し，インド更紗の輸入代替を実現した。ロシアも，中央アジア製更紗の輸入代替を進める過程で，初期工業化を実現したと思われる。長期の視点（300年程度）に立てば，集団意識として，ある種の憧憬が長期に持続する場合，その集団に不都合な自然環境が存在したとしても，その人間集団は障害を克服する方法を必ずや見出し，直接の形ではないにせよ，自分達が憧れる対象を実現する。そのため，自然環境に恵

まれない地域では，モノ（文化）に対する人間集団の憧れは，革新の原動力になる。ロシアの場合，中央アジアの赤更紗への憧れが，近代的綿工業を確立する契機になったと考えられる。

## あ と が き

　本書は，2012年10月に大阪市立大学大学院・経済学研究科に提出した博士論文に，加筆・修正を行ったものである。論文の審査に当たられた，田畑理一先生，大島真理夫先生，脇村孝平先生には，大学院以来の御指導と審査の労を取っていただいたことに，感謝を申し上げる。本書の執筆責任が著者にあるのは明らかだが，多くの人々との出会いや御支援がなければ，本書に結実しなかったことも事実である。全ての方々の御名前を挙げるのは多数にのぼるため不可能だが，代表的な人々の御名前を挙げて感謝の意を示したい。

　本書のモチーフは，ロシアのアジア的側面に着目し，それを明らかにすることであった。チャイコフスキーの音楽やバレエ，トルストイの小説等から，ロシアはヨーロッパ文化に属すものと私は当初考えていたが，1991年9月から翌年3月までロシア語留学のため，モスクワで生活した際，アジア的特徴がロシア社会に多分に存在することを実感した。ロシア料理のペリメニ（水餃子）や，バザールに立つコーカサス系商人，ロシア人の人間関係の在り方等に，ヨーロッパと異なる特徴を見出し，ロシアのアジア的側面に関心を持った。モスクワ滞在中，偶然にもソ連が崩壊し，新生ロシアが市場経済化に舵を切る場面に遭遇した。その後，ロシアは激動の時代を迎えたため，帰国後，長期の歴史の中で，ロシアのアジア的側面に着目し，それを解明したいと考えた。

　滋賀大学の学生の頃，長期休暇になると，しばしば海外旅行に出かけた。1980年代後半の日本はバブル経済の真っただ中にあり，円高の進行のため，アジア地域ならアルバイトで稼いだ資金で十分に旅行できた。私はシンガポール，マレーシア，韓国，タイ，インドを友人と旅行した。私は学生新聞を編集していたため，ルポルタージュや旅行記をよく読んだ。中でも，朝日新聞記者だった，本多勝一氏の著作からは，多大な影響を受けた。彼の『日本語の作文技術』は繰り返し読んだ。彼はエッセ

イの中で学生時代の恩師に触れることがあり，彼の文章を通じて，今西錦司氏や梅棹忠夫氏等を含む，新京都学派の存在を知った。そのうち梅棹忠夫氏の著作を集中して読むようになり，巨視的な視点で人類史を透徹する，彼の視座に惹かれた。『文明の生態史観』と『情報の文明学』は何度も読み返した。彼の人類史の見取り図は，ソ連崩壊後に揺らぐどころか，その重要性が益々高まったように思う。

　1992年6月頃，梅棹氏の「文明の生態史観モデル」に触れられていたこともあり，川勝平太氏の『日本文明と近代西洋』を拝読した。西ヨーロッパとの比較の上で，日本が通説と異なる形で位置づけられており，その内容に感銘を受けた。川勝氏は早稲田大学の御出身だが，今西錦司氏を始めとする新京都学派の学風と，経済史研究を融合させ，新たな世界史像を展開された。当時，ロシア経済史の研究を志し，将来的に梅棹氏の「文明の生態史観モデル」を経済史研究と結び付けたいと考えていた私にとって，川勝氏の著作は重要な導き手となった。彼の歴史叙述の中で，ヨーロッパとアジアの関係が逆転する経緯が，最も印象に残っている。ヨーロッパが優位でアジアが劣位にあるのは，近代以降の現象であり，近代以前は逆にアジアが優位で，ヨーロッパが劣位だったと説かれていた。更紗（綿織物）は，このヨーロッパとアジア間の逆転の象徴であった。工業化を通じてヨーロッパは，アジアとの関係を逆転させたのである。

　1993年に大阪市立大学大学院・経済学研究科に進学し，田畑理一先生のゼミ（比較経済体制論）に所属し，指導を受けた。田畑先生は現代ロシア経済を専門とする経済学者であり，ソ連崩壊後，ロシア経済の現状分析に従事され，多忙を極められた。田畑ゼミには，先輩の堀江典生氏や藤原克美氏がおられ，研究の手解きをしていただいた。後に，後輩として道上真有氏が田畑ゼミに入られた。大学院時代には，田畑ゼミ以外に大島真理夫先生や朴一先生，脇村孝平先生等のゼミで鍛えられた。塩沢由典ゼミの先輩，福留和彦氏や，同期の西山朗氏との議論を通じて学ぶことも多かった。私は現代ロシア経済のゼミに所属したため，ロシア史研究について助言していただく先生が，もう一人必要だった。修士論文を準備していた頃，小島修一先生の御著書に出合い，脇村先生を通じてお目にかかった。

小島先生は大阪市立大学大学院の先輩であり，甲南大学でロシア経済思想史を研究されていた。1994年4月に小島先生の研究室に御挨拶に伺うと，温かく迎えていただき，ロシア史研究について懇切丁寧に助言された。多くのロシア語文献を貸していただいただけでなく，京都を中心に行われる「ロシア・東欧研究会」や，東京を中心に行われる「ロシア史研究会」も紹介された。その他にも，小島先生の研究者仲間である，肥前栄一先生や鈴木健夫先生にも御紹介いただいた。田畑先生と小島先生の御指導により，「プロト工業化論のロシアへの適用の試み」というテーマで修士論文を完成させた。修士論文では，ロシアのアジア的側面や，「文明の生態史観」と関連づける余裕はなかった。

　1995年に博士課程に進学した後，研究方向に迷いが生じた時，田畑先生から関心を持つ研究者について，ゼミで報告するよう助言を受けた。その際，川勝平太氏の一連の論文を読んで報告を行い，ロシア史研究への応用可能性について考察した。この作業の中で，自然環境と植物（棉花）の関係に着目することが，川勝氏の重要な視点であることが明確に理解できた。この視点は，梅棹氏の視座にも共通するが，経済史研究では余り着目されない。自然環境に着目すれば，気候的に棉花栽培はロシアで不可能であるため，ロシアが綿工業を発展させるには，外国から棉花，あるいは，綿糸を輸入する必要があることが自ずと導き出せる。ロシア近隣で棉花栽培が可能な地域は，イラン，中央アジア，中国（新疆ウイグル）に限られる。川勝氏は『日本文明と近代西洋』で，英国とインドの関係逆転や，日本と中国・朝鮮の関係逆転を論じられた。この構図は，ロシアと中央アジアの関係にも応用可能と考えた。その後，ロシア綿工業の発展とアジア向け綿織物輸出に焦点を当て，研究を開始した。

　1996年の夏，小島先生の助言もあり，イリノイ大学・アーバナシャンペーン校のサマー・プログラムに二週間参加した。これは初めての米国旅行であった。イリノイ大学の宿舎に泊まり，ロシア綿工業に関する英語及びロシア語文献を大学図書館で渉猟した。相部屋になったカナダ人のロバート・カプリャク氏（ウォータールー大学）と知り合い，昼食や夕食でロシア研究や様々な点について語り合ったが，この時，学問に国境がないことを実感した。サマー・プログラム終了後，ワシントンD.C.の米国議会図書館でロシア語文献を閲覧し，その後，ボストンとポ

ートランドを回って帰国した。ポートランドでは，当時，大阪市立大学の大島ゼミに留学していた，マーク・メツラー氏の御自宅を訪ねた。ちょうど，現在の奥様（日本人女性）と婚約された時期だった。この米国旅行で同じ国土でも，地域により異なる文化が存在し，多様な文化が米国にあることを知った。

　大阪市とサンクト・ペテルブルク市は，姉妹都市関係にある。両市長の主導により，1985年に大阪市立大学とサンクト・ペテルブルク大学の学術協定が結ばれ，両大学の教員の交流が始まった。その後，1997年に学生の短期交換留学制度が始まる。田畑先生が，この制度を発ち上げた教員の一人だったこともあり，私は大阪市立大学の第一期派遣学生の一人に選ばれ，1997年9月から一月間，サンクト・ペテルブルク大学に滞在した。この留学は私にとって転機となる。1995年以降，ロシア経済史家のボリス・ミローノフ氏の研究に関心を持ち，彼の論文や著書を読んだ。ミローノフ先生は，ロシア科学アカデミー・ペテルブルク支部の歴史研究所で，経済史の研究に従事されていた。彼はソ連時代に研究を開始したものの，唯物史観と距離を置き，欧米の研究手法をロシア経済史研究に積極的に導入したため，長い間ロシア史研究者の傍流にいた（今では彼はロシア史研究の大家である）。

　サンクト・ペテルブルク大学に派遣が決まった後，小島先生にミローノフ先生の連絡先を教えていただき，ロシア語で研究計画書を書き，アドヴァイスを御願いしたいと手紙を添え，ロシアに送った。ロシアに出発する直前，電子メールでミローノフ先生から返信が届いた。ペテルブルク到着後，ミローノフ先生に電話をかけ，御自宅でお目にかかった。私の研究計画書について懇切・丁寧に助言され，「公共図書館」（現在のロシア国立図書館）と「ロシア科学アカデミー図書館」で，総合カタログを利用して必要な文献を探すよう指導された。18世紀以降から現在に到るロシアの代表的文献は，この二つの図書館の何れかに所蔵されている。「公共図書館」では専門家の司書が配置され，不明な点があれば，司書からアドヴァイスが受けられる。1997年に初めてお会いして以来，ペテルブルクを訪問する度に，私はミローノフ先生から助言・指導を受け続けている。

　1998年6月に社会経済史学会の自由論題で，学会報告を初めて行った。

アフターセッションで中島俊克氏にお目にかかり，中島氏から紹介される形で玉木俊明氏と知り合った。『社会経済史学』に掲載された，玉木氏のバルト海貿易に関する論文を以前に拝読し，重要な示唆を受けたため，この出会いは予想外の嬉しい出来事だった。その後，玉木氏が主催する北欧史研究会に参加し，玉木氏から入江幸二氏，柏倉知秀氏，谷澤毅氏，根本聡氏，山本大丙氏等，学問と真剣に向き合う西洋史研究者を紹介された。北欧史研究会のメンバーは興味深い方々ばかりで，研究会の議論だけでなく懇親会の場でも，話題は尽きなかった。このメンバーから私は啓発された。北欧史研究会の仲間は現在でも良き友人であり，今でも研究会等でお目にかかる。彼らは，後に触れる国際商業史研究会のメンバーでもあった。

1999年2月に，東北大学東北アジア研究センターに就職し，関西から仙台に拠点を移した。東北大学は西澤潤一総長の時代から，ソ連科学アカデミー・シベリア支部と学術交流を活発に行っていた。理工系を中心とした日ソの共同研究が，仙台とノヴォシビルスク間で行われた。1998年に東北大学が，そのシベリア支部の本部がある，ノヴォシビルスク市に連絡事務所を開設した。田畑ゼミの先輩，堀江典生氏が当初，その連絡事務所を運営された。堀江氏が富山大学に移られるに伴い，私は彼の後任として東北アジア研究センターに着任し，同僚の徳田由佳子氏と共に連絡事務所の運営に当たった。以後，1999年から2007年までの8年間，シベリアで一年の半分を，後の半年を仙台で過ごした。連絡事務所はシベリア支部の無機化学研究所の一室に置かれたが，その研究所のフョードル・クズネツォフ所長の支援に助けられた。このシベリア滞在は，私のロシア理解を豊かなものにし，ロシア経済史研究に間接的に寄与した。当時，日常業務を支援してくださった，無機化学研究所の皆様に感謝を示したい。

2002年に玉木俊明氏と共訳で，『20世紀のヨーロッパ経済』を出版したが，その共同翻訳作業中に玉木氏を通じて，国際商業史研究会に誘われた。国際商業史研究会は，フランス史家の深沢克己先生が主催される，一国史観を超えて複数の国に跨る，商業史研究に取り組む研究会だった。この研究会に若き学徒が集い，深沢先生の御指導を受けて，様々な地域の商業史に取り組んでいた。私はそれまでロシア史研究者の集まりや，

社会経済史学会の研究会等に参加したが，国際商業史研究会の雰囲気は，従来の研究会とは全く異なり，多様な地域の歴史研究者が集まり，国際的視野で商人の活動や貿易の歴史を研究する場となっていた。この研究会を通じて，大峰真理氏，川分圭子氏，齊藤寛海氏，堀井優氏，水田正史氏，森永貴子氏等，優れた研究者と知り合い，様々な研究手法や地域情報を知り得た。2004年に大阪市立大学で社会経済史学会が開催された際，深沢先生にパネルの組織を御願いし，大峰氏，川分氏と私の三人で報告を行ったが，この経験は有意義なものとなった。

　私はロシア製更紗の生産～流通～消費の研究を行ったが，資料の読解だけでは満足できず，流通ルート沿いの街や消費地がどのような地理的特徴を持つのか見てみたいと考え，資料が示す現地に赴くのを常とした。ロシア国内や中央アジアの諸都市は比較的容易に訪問できたが，イランへの訪問は難しかった。この件で，イラン史が御専門の黒田卓氏に御協力を仰いだ。2005年に黒田氏が長期にイランに滞在される間，イランへの訪問をお世話いただくよう御願いした。私はイランに出張する前，文化女子大学の道明三保子氏，銀座でアンティーク店を経営する，山本理香氏（Gallery Tulip）から，イランの織物の知識を教えていただいた。また，ペルシャ絨毯の輸入商，アリ・ソレマニエ氏（千代田トレーディング）にはテヘランの御自宅で，ペルシャの伝統芸術の歴史について御教示いただいた。テヘランやタブリーズでは古物商を何軒か訪ね，黒田氏の通訳でロシア製更紗についてヒアリングを行った。

　「モノ研究」を意識したのは，赤嶺淳氏の共同研究会に参加したことが契機となった。2005年～2008年に国立民族学博物館・地域交流センターの公募研究で，赤嶺氏が「地域研究における記述」という共同研究を起ち上げた際，彼の友人の高倉浩樹氏から共同研究に参加するよう誘われた。赤嶺氏は鶴見良行氏の直弟子であり，鶴見氏のナマコ研究を継承されている。この共同研究で様々な地域研究の実践が報告されたが，鶴見氏の研究史に関する報告も行われた。2006年3月に，私もその研究会で報告を行った際，私の研究手法が「モノ研究」に属すものであり，時代や地域は異なるものの，鶴見氏から続く研究手法に近い，と赤嶺氏から指摘を受けた。それまで自身の研究を，地域研究の方法論の一つ，「モノ研究」と結び付けたことはなかったが，以後，私は「モノ研究」

を意識して，ロシア経済史を研究するようになった。

　2007年6月下旬，バイカル湖近郊の街，ウラン・ウデで国際学術コンファレンス「中央アジアの世界」が開催された。私はキャフタを訪れたかったこともあり，参加した。シベリアのノヴォシビルスクから約3日間，シベリア鉄道で移動し，ウラン・ウデに到着した。コンファレンスで，ロシア科学アカデミー・シベリア支部・モンゴル学―仏教学―チベット学研究所のバザロフ所長等，馴染みのある人々に再会した。日本からは言語学者の田中克彦氏と，モンゴル史研究者の橘誠氏が参加され，様々な話題について議論した。コンファレンス終了後，タクシーを予約し，ウラン・ウデからキャフタに向かった。キャフタは現在，ロシアとモンゴル国境の境にある小さな街だが，かつてここで露清貿易が活発に行われた。しかし現在は，かつての面影はなく，ロシア軍とモンゴル軍の存在が際立つ。当時の商人の家が博物館になっており，博物館の展示物が当時の貿易の風景を再現していた。

　2008年3月に東北アジア研究センターで同僚の先生方の御協力を得て，シンポジウム「帝国の貿易――18〜19世紀ユーラシアの流通とキャフタ」を開催した。このシンポジウムではロシア史研究者，モンゴル史研究者，中国史研究者を招聘し，キャフタを中心に行われた露清貿易について，跨境史の観点から議論を行った。高宇氏，澁谷浩一氏，濱下武志氏，森川哲雄氏，森永貴子氏，劉建生氏に御参加いただいた。このシンポジウムを主催することで多くのことを学んだ。とりわけ，高宇氏と劉建生氏とお目にかかれたのは幸いであった。露清貿易が中国側からどう見えるか，北方貿易が中国の安全保障政策の一環だったこと等は，両先生との会話の中で初めて理解できた。このシンポジウムの報告書は，東北アジア研究シリーズ⑪として刊行され，国立国会図書館等に所蔵されている。

　私は著作を通じて梅棹忠夫氏から多くのことを学んだが，実際にお目にかかる機会はなかった。しかし，友人の阪原淳氏（映画監督）が，著作だけで学ぶのでは不十分であり，実際に梅棹氏に会って，彼の息遣い等からも学ぶべきとの助言を受けた。2008年7月下旬，国立民族学博物館の梅棹資料室に伺い，梅棹氏に初めてお会いした。その際，梅棹資料室の三原喜久子氏にお世話になった。梅棹先生にお目にかかる直前，御病気で国立民族学博物館に出勤できない状況が続き，久しぶりに梅棹資

料室に出て来られたばかりであるにもかかわらず，2時間程お付き合いくださった。私がロシア研究者だと自己紹介すると，ロシア語で返されたことを憶えている。最初は初対面のため距離感を感じたが，私が京都出身と申し上げると柔和な姿勢に変わられた。88歳と思えない程，過去の経験を詳細に憶えておられ，明解に説明された。「文明の生態史観モデル」で，乾燥地帯を中心に位置づけられたことを卓見だと述べると，「私は乾燥地帯（内モンゴル）の研究から始めたんや」と回答された。対話を通じて梅棹氏の文明論は，人類史を俯瞰的に究める試みだと理解できた。2010年に梅棹先生は天寿を全うされたが，先生との対話は私の記憶に鮮明に活きている。

　私はロシア製更紗の消費地となった，ブハラ（中央アジア）やタブリーズ（イラン）を訪れたが，清朝の最終消費地である山西省を訪ねる機会は無かった。シンポジウムが縁で知り合った，高宇氏と劉建生氏の御招待により，2009年8月に中国を訪れ，張家口から山西省の太原まで，山西商人がかつて通ったルートを自動車で移動し，その都度，劉氏が歴史的解説をされた。高氏は中国語から日本語に通訳してくださった。山西省には，山西商人に関わる博物館がいくつか存在し，また，以前の山西商人の自宅が公開された例もある。山西商人を扱ったテレビドラマが，中国で人気を博したこともあり，博物館は賑わっていた。「常家」という山西商人の豪邸を訪れた時は，衝撃を受けた。「常家」は，露清貿易で茶の輸出に従事し富を築いたが，展示されている写真や模型等に，貿易の様子が示されていた。この時の経験は，本書の研究に反映されている。

　私はシベリアやサンクト・ペテルブルクを用務や研究で頻繁に訪れたが，モスクワの学術機関と交流する機会はなかった。しかし2009年以降，東北大学が「グローバル30」という文部科学省のプログラムを受け，ロシアとの学術交流を強化するためモスクワ大学に拠点を築いた。私も本務校の関係からモスクワ大学と交流を始め，モスクワを訪れる機会が増えた。私はモスクワ大学を訪れると，自身の研究にも繋がるよう歴史学部のレオニード・ボロドゥキン氏を訪ねた。彼は「ロシア経済史研究センター」の代表であり，ロシア全土で経済史研究者のネットワークを組織している。彼の勧めもあり，2010年12月に「ロシア経済史研究センタ

ー」の研究会で，私はロシア語で研究報告を行った。本書の概要を報告したところ，好意的な評価が得られた。ロシア人研究者の質問やコメント等からも多くを学んだ。私が提示した数量データやグラフに驚く人もいたため，唯物史観が19世紀前半のロシア経済の評価に，依然として影響を及ぼしていることが理解できた。

　鶴見良行氏以降の「モノ研究」を，本書の方法論として採用し，ロシア更紗の生産〜流通〜消費を検討してきた。この「モノ研究」の手法は，渋澤敬三氏の方法論と関連することを，本書の執筆後に知った。渋澤氏は日銀総裁や大蔵大臣として活躍される一方，学者のパトロンや民俗学の振興者として多大な貢献をされた。2013年は渋澤氏没後50年に当たり，様々な記念行事が開催される。9月に東京大学で行われたシンポジウムを聴講した際，経済史研究は民俗学（モノ研究）と合わせて行うのが良いと，渋澤氏が提唱していたことを知り，私の研究は渋澤学派の系譜に連なると悟った。渋澤氏の周囲から宮本常一氏，速水融氏，網野善彦氏等，優れた研究者が多数輩出した。渋澤氏はまた，今西錦司氏や梅棹忠夫氏等，新京都学派とも親密であった。渋澤氏の周囲に俊英が集ったが，彼らは決して学会の主流派ではなかったと思われる。彼らは時代の流行と距離を置き，歴史に残る地道な研究を行った学者群だったのではないか，と考えている。今後，私は渋澤学派の末裔に連なることを意識し，研究に取り組んで行きたいと思う。

　本書の研究を遂行するに当たり，複数の団体から研究資金を御支援いただいた。JFE21世紀財団，トヨタ財団，日本学術振興会，文部科学省の御協力に感謝申し上げる。また，本書の出版に当たり，玉木俊明氏，知泉書館に御支援いただいた。まず，玉木俊明氏に御礼を申し上げたい。玉木氏は私の博士論文の出版を心配してくださり，知泉書館からの出版を以前から勧められていた。東北アジア研究センターの出版助成の目処が立った段階で，玉木氏が知泉書館の小山光夫社長を紹介してくださった。小山社長には御多忙の中，博士論文の段階で目を通していただき，出版上の助言をしてくださった。無名の研究者の研究書の出版を決断されたことに感謝を申し上げたい。長年，速水融氏の著作を編集された小山社長に，出版の労を取っていただいたことを光栄に思う。

　本書は，東北アジア研究センターの助成のもとに「東北アジア研究専

書」の1冊として刊行された。同センターの編集出版委員会をはじめとする関係諸氏に御礼を申し上げる。最後に，本書を執筆中，休日を返上することが多かったけれども，仕事の重要性を理解し協力してくれた，妻なほと究に「ありがとう」と言いたい。

2013年11月

杜の都，仙台にて

塩 谷 昌 史

# 参 考 文 献

## 一次史料（定期刊行物）

Владимирская Губерния, *Владимирские Губернские Ведомости*, Владимир, 1838–1860.

Департамент внешней торговли, *Государственная внешняя торговля в разных ее видах, за 1831–1860*, Санкт-Петербург, 1832–1861.

Департамент Внещней Торговли, *Коммерческая Газета*, Санкт-Петербург, 1825–1860.

Департамент Внешней Торговли, *Журнал Мануфактур и Торговли*, Санкт-Петербург, 1825–1866.

Министерство Внутренних Дел, *Журнал Министерства Внутренных Дел*, Санкт-Петербург, 1829–1861.

## 英語文献

Aghassian, M. and Kevonian, K., "The Armenian merchant network: overall autonomy and local integration", Chaudhury, S. and Morineau, M. (eds.), *Merchants, Companies and Trade: Europe and Asia in the early modern era*, New York: Cambridge University Press, 1999, pp. 74–94.

Akamatsu K., "A Historical Pattern of Economic Growth in Developing Countries", *Developing Economies*, Preliminary Issue 1, Tokyo, 1962, pp. 3–25.

Attman, Artur, "The Russian market in world trade, 1500–1860", *Scandinavian Economic History Review*, vol. XXIX, No. 3, 1981, pp. 177–202.

Bier, C., *Woven from the soul, Spun from the Heart, Textile Arts of Safavid and Qajar Iran $16^{th}$–$19^{th}$ Centuries*, Washington, D. C.: The Textile Museum, 1987.

Blackwell, W. L., *The Beginnings of Russian Industrialization 1800–1860*, Princeton: Princeton University Press, 1968.

Burnes, A., *Travels into Bokhara: A Voyage on the Indus*, Karachi: Oxford University Press, 1973.

Burton, A., Bukharan Trade 1558–1718, *Paper on Inner Asia*, No. 23, Indiana: Indiana University Research Institute for Inner Asian Studies, 1993.

Burton, A., *The Bukharans, A Dynastic, Diplomatic and Commercial History 1550–1702*, Richmond: Curzon, 1997.

Chapman, S.D., "Quantity versus Quality in the British Industrial Revolution: The Case of Printed Textiles", *Northern History*, Vol. 21, 1985, pp. 175–192.

Chaqueri, C. (ed.), *The Armenians of Iran, The Paradoxical Role of a Minority in a Dominant Culture: Articles and Documents*, Cambridge: Harvard University

Press, 1998.
Chenciner, R., *Madder Red, A history of luxury and trade*, London: Routledge Curzon, 2011.
Clark, H., "The Design and Designing of Lancashire Printed Calicoes during the First Half of the 19<sup>th</sup> Century", *Textile History*, 15 (1), 1984, pp. 101-118.
Clark, R., *Central Asian Ikats, from the Rau Collection*, London: V&A Publications, 2007.
De Tegoborski, M. L., *Commentaries on the productive forces of Russia*, Vol. II, London: Green and Longmans, 1856.
Farnie, D. A. and Jeremy, D. J., *The Fibre that changed the world, The Cotton Industry in International Perspective, 1600-1990s*, New York: Oxford University Press, 2004.
Fitzpatrick, A. L., *The Great Russians Fair Nizhnii Novgorod, 1840-90*, Hampshire: Macmillan, in association with St. Antony's College, Oxford, 1990.
Foust, C. M., *Muscovite and Mandarin: Russia's Trade with China and its Setting, 1727-1805*, Chapel Hill: The University of North Carolina Press, 1969.
Gately, M. O., The Development of the Russian Cotton Textile Industry in the Pre-Revolution years, 1861-1913, dissertation of the Graduate school of the University of Kansas, 1968.
Gerschenkron, A., *Economic Backwardness in historical perspective: a book of essays*, Cambridge: Belknap Press of Harvard University Press, 1962.
Gereffi, G. and Korzeniewicz, M., *Commodity Chains and Global Capitalism*, Westport: Praeger, 1994.
Gluck, J. and Gluck, S. H., *A Survey of Persian Handicraft*, Tehran: The Bank Melli Iran, 1977.
Guroff, G. and Carstensen, F. V. (eds.), *Entrepreneurship in Imperial Russia and the Soviet Union*, Princeton: Princeton University, 1983.
Harvey, J., *Traditional Textiles of Central Asia*, London: Thames & Hudson, 1996.
Kahan, A., *The Plow, The Hammer and The Knout: an economic history of eighteenth-century Russia*, Chicago: University of Chicago Press, 1985.
Kardasis, V., *Diaspora Merchants in the Black Sea: the Greeks in Southern Russia, 1775-1861*, Lanham: Lexington Books, 2001.
Levi, S. C., *India and Central Asia, Commerce and Culture, 1500-1800*, New Delhi: Oxford University Press, 2007.
Meller, S., *Russian Textiles, Printed cloth for the bazaars of Central Asia*, New York: Abrams, 2007.
O'Neil, J., Building Better Global Economic BRICs, *Global Economics Paper*, No.66, Goldman Sachs, November, 2001.
Owen, T. C., "Entrepreneurship and the Structure of Enterprise in Russia, 1800-1880", in Guroff, G. and Carstensen, F. V. (eds.), *Entrepreneurship in*

*Imperial Russia and the Soviet Union*, Princeton University Press, 1983, pp. 59-83.
Payaslian, S., *The History of Armenia from the Origins to the Present*, New York: Macmillan, 2007.
Panossian, R., *The Armenians: from kings and priests to merchants and comissars*, New York: Columbia University Press, 2006.
Papazian, K.S., *Merchants from Ararat, a Brief Survey of Armenian Trade through the Ages*, New York: Ararat Press, 1979.
Pope, A. U., *A Survey of Persian Art, from prehistoric times to the present*, Vol. 5, Tehran: Soroush Press, 1977.
Rosovsky, H., "The Serf-Entrepreneur in Russia", *Explorations in Entrepreneurial History*, Vol. 6, Harvard University Research Center in Entrepreneurial History, 1953, pp. 207-233.
Stephan, F. D., *Indian Merchants and Eurasian Trade, 1600-1750*, Cambridge: Cambridge University Press, 2002.
Thompstone, S., "Ludwig Knoop, 'The Arkwright of Russia'", *Textile History*, 15 (1), 1984, pp. 45-73.
Topic, S., Marichal, C. and Frank, Z., *From Silver to Cocaine, Latin American Commodity Chains and the Building of the World Economy, 1500-2000*, Durham: Duke University Press, 2006.
Yatsunsky, V. K., "The Industrial revolution in Russia", in Blackwell, W. L. (ed.), *Russian Economic Development from Peter the Great to Stalin*, New York: New Viewpoints, 1974, pp. 110-135.

### ロシア語文献

Александров, В. А., *Русские, Серия, Народы и Культуры*, Москва: Наука, 2005.
Ананьич, Б. В., Дальман, Д. и Петров, Ю. А., *Частное Предпринимательство в Дореволюционной России: этноконфессиональная структура и региональное развитие, XIX-начало XXв.*, Москва: РОССПЭН, 2010.
Арсеньева, Е. В., *Ивановские Ситцы XVIII-начала XX века*, Ленинград: Художник РСФСР, 1983.
Балдин, К. Е. и Кохова, Л. А., *От кустарного села к индустриальному Мегаполис, Очерки истории текстильной промышленности в селе Иванове-Городе Иваново-Вознесенске*, Иваново: Новая Ивановская газета, 2004.
Барышников, М. Н., *Деловой Мир России, Историко-биографический справочник*, Санкт-Петербург: Искусство-СПБ, 1998.
Безобразов, Б. П., *Избранные Труды*, Москва: Наука, 2001.
Богородицкая, Н. А. *Нижегородская Ярмарка-Крупнейший Центр Внутренней и Международной Торговли в Первой Половине XIX века*, Горький: Нижегородский государственный Университет, 1989.

Богородицкая, Н. А., *Нижегородская ярмарка в воспоминаниях современников*, Нижний Новгород, 2000.

Бородкин, Л. И. и Коновалова, А. В., *Российский фондовый рынок в начвле XX века, факторы курсовой динамики*, Санкт-Петербург: Алтейя, 2010.

Брокгауз, Ф. А. и Ефрон, И. А., *Энциклопедический Словарь Россия*, Санкт-Петербург, 1898.

Возилов, В. В., Федор Гавлиолович Журов и Тейково, *История Тейкова в лицах*-2007, http://liga-ivanovo.narod.ru/istalm07-04.htm

Галаган, А. А., *История Предпринимательства Российского–от Купца до Банкира*, Москва: Ось-89, 1997.

Гарелин, Я. П., *Город Иваново-Вознесенск или Бывшие село Иваново и Вознесенский посад (Владимирской Губерний)*, Часть I, Шуя: Лито-типография Я. И. Борисоглебского, 1884.

Гациский, А. С., *Нижегородский Сборник*, Том1, Нижний Новгород, 1867.

Департамент Внешней Торговли, *Журнал мануфактур и торговли*, 'О Нижегородской ярмарке 1828г', 1828, ч. 4, No. 11.

Зияев, Х. З., *Экономические связи Средней Азии с Сибирью в XVI-XIX вв.*, Ташкент: Издательство «фан», 1983.

Индустрия, *Текстильное Дело в России*, Одесса: Порядок, 1910.

Ковальченко, И. Д. и Милов, Л. В., *Всеросийский аграрьный рынок, XVIII-начало XX века, опыт количественного анализа*, Москва: Наука, 1974.

Корсак, А., *Историко-Статистическое обозрение торговых сношений России с Китаем*, Казан: Издание книгопродавца Ивана Дубровина, 1857.

Крита, П., *Будущность кяхтинской торговли*, Санкт-Петербург, 1862.

Кузнецовая, Н. П. и Рихтер, К., *Очерки Истории Бизнеса*, Санкт-Петербург: Издательство Санкт-Петербургского университета, 2001.

Куканова, Н. Г., *Русско-иранская торговля, 30-50е годы XIX века*, Москва: Наука, 1984.

Кяхтинское купечество, *Краткий Очерк возникновения, развития и теперешнего состояния наших торговых с Китаем сношений через Кяхту*, Москва: Издание кяхтинское купечество, 1896.

Лебедева И. И. и Маслова, Г. С., 'Русская крестиянская одежда XIX-начала XXв.', Адексанров, В. А., *Русские, Историко-этнографические атлас, земледелие, крестьянское жилище, крестьянская одежда, (середина XIX–начало XX века)*, Москва: Наука, 1967, с. 193-267.

Мельников, П., *Нижегородская Ярмарка в 1843, 1844 и 1845 годах*, Нижний-Новгород: Губернская типография, 1846.

Миллер, Л. К., *Лейпцигская Ярмарка*, Санкт-Петербург, 1900.

Министерство Внутренных Дел, *Очерк Нижегородской Ярмарки*, Санкт-Петербург, 1858.

Миронов, Б.Н., *Внутренный рынок России во второй половине XVIII–первой половине XIXв.*, Ленинград: Наука, 1981.

Миронов, Б. Н., *Социальная история России*, том. 1 и 2, Санкт-Петербург: Дмитрый Буланин, 1999.

Миронов, Б. Н., *Благосостояние населения и революции в имперской России*, Москва: Новый Хронограф, 2010.

Неболсин, Г., *Статистические записки о внешней торговле России*, Санкт-Петербург: Департаменита внешней торговли, 1835.

Неболисин, П., *Очерки Торговли России с странами Средней Азии, Хивой, Бухарой и Коканом*, Санкт-Петербург, 1856.

Остроухов, П. А., 'К вопросу о кредитных и платежных отношениях на Нижнегородской ярмарке в первой половине XIX столетия', *Сборник статьей посвященных П.Б.Струве*, Прага, 1925, с. 325–340.

Остроухов, П. А., 'Из истории Государственных Кредитных Установлений России', *Сборник Русского института в Праге*, Прага, 1931, с. 111–123.

Остроухов, П. А., 'К вопросу о значений русско-китайской меновой торговли в Кяхте для русского рынка в первой половине XIX-го века', *Записки Научно-Исследовательского обьединения*, Прага: Русский свободный университет, 1939, Т. IX, с. 207–251.

Остроухов, П. А.,'Нижегородская Ярмарка в 1817–1867гг', *Исторические Записки*, 90, Москва, 1972, с. 209–242.

Платонов, О., *1000 лет русского предпринимательства, Из истории купеческих родов*, Москва: Современик, 1995.

Потанин, Г. Н., *О Караванной Торговле с Джунгарской Бухарией в XVIII столетии*, Москва: Университетская типография, 1868.

Прохоров, С. И., Материалы к истории кумачевого производства в России, *Известия общества для содеиствия улучшению и развитию мануфактурной промышленности*, Москва, 1892, с. 1–10.

Работнова, И. П., *Русская народная одежда*, Москва: Издательство легкая индустрия, 1964.

Рабышников, М. Н., *Деловой мир России, Историко-Биографический справочник*, Санкт-Петербург: Искусство-СПБ, 1998.

Райкова, Л. И., *Русский Народный Костюм*, Оренбург: Оренбургское книжное издательство, 2008.

Рожкова, М. К., 'Русские фабриканты и рынки среднего востока во второй четверти 19 века', *Исторические Записки*, т. 27, 1948, с. 142–169.

Рожкова, М. К., *Экономическая политика царского правительства на среднем востоке во второй четверти XIX века и русская буржуазия*, Москва: Издательства Академии Наук СССР, 1949.

Рожкова, М. К., *Очерки экономической истории России первой половины XIX века*, *сборник статей*, Москва: Издательство Социально-Экономической литературы, 1959.

Рожкова, М. К., *Экономические связи России со Средней Азией 40-60е годы 19 века*, Москва: Академии Наук СССР, 1963.

Российская национальная библиотека, *Газеты Дореволюционной России 1703-1917 Каталог*, Санкт-Петербург, 2007

Рындин, В., *Русский Костюм 1750-1830*, выпуск первый, Москва: Всероссийское театральное общество, 1960.

Рындин, В., *Русский Костюм 1830-1850*, выпуск второй, Москва: Всероссийское театральное общество, 1961.

Рындин, В., *Русский Костюм 1850-1870*, выпуск третий, Москва: Всероссийское театральное общество, 1963.

Рындин, В., *Русский Костюм 1870-1890*, выпуск четвертый, Москва: Всероссийское театральное общество, 1965.

Сазанова, М. В., *Традиционная одежда народов Средней Азии и Казахстана*, Москва: Наука, 1989.

Силин, Е. П., *Кяхта в 18 веке,* Иркутск: Иркутское областное издательство, 1947.

Скачков, П. Е., *Библиография Китая, систематический указатель книги журнальных статей о книге на русском языке 1730-1930*, Москва: Государственное Социальное-Экономическое Издательство, 1932.

Сладковский, М. И., *История Торгово-Экономических отношений народов России с Китаем*, Москва: Наука, 1974.

Сметанин, С. И., *История Предпринимательства в России*, Москва: Логос, 2004.

Соболев, Н. Н., *Очерки по истории украшения тканей*, Москва: Akademia, 1934.

Соловьев, В. Л. и Болдырева, М. Д., *Ивановские Ситцы*, Москва: Легпромбытиздат, 1987.

Соснина, И. и Шагина, И., *Русский традиционный костюм, иллюстрированная энциклопедия*, Санкт-Петербург: Искусство-СПБ, 1998.

Спаский, П. Х., *Исторический обзор развития мануфактурной промышленности в России*, Санкт-Петербург: Императорское училище глухонимых, 1914.

Струве, П. Б., *Торговая Политика России*, Челябинск: Российская Таможная Академия, 2007.

Сухарева, О.А., *Костюм народов Средней Азий, Историко-этнографические очерки*, Москва: Наука, 1979.

Сухарева, О. А., *История среднеазиатского костюма, Самарканд (2-я половина XIX-начало XXв.)*, Москва: Наука, 1982.

Сыромятников, Б. И., *Очерк Истории Русской Текстильной Промышленности в связи с историей русского народного хозяйства*, Иваново-Вознесенск: Основа, 1925.

Тагирова, Н.Ф., *Рынок Поволжья (Вторая половина XIX-начало XX вв.)* , Москва: Издательский центр научных и учебных программ, 1999.

Тарасова, С. А., 'Очерк кяхтинской торговли', *Журнал Мануфактур и Торговли*, Т. 1, N1-3, отд. 5, Санкт-Петербург, 1858, с. 79-128.

Тарасова Ст., *Очерк Кяхтинской Торговли*, Санкт-Петербург: Департамент внешней торговли, 1858.

Тер-Авнесян, Д. В., 'К истории Хлопководство в СССР', Греков, Б. Д. (редактор), *Материалы по истории земледелия СССР*, Москва: Издательство Академии Наук СССР, Сборник 2, 1956, с. 561-622.

Туган-Барановский, М. И., *Избранное-Русская фабрика в прошлом и настоящем, Историческое развитие русской фабрики в XIX веке*, Москва: Наука, 1997.

Фехнер, М. В., *Торговля Русского Государства со странами востока в XVI веке*, Москва: Государственное издательство культурно-просветительной литературы, 1936.

Филатов, Н. Ф., *Три века Макарьевско-Нижегородской ярмарки*, Нижний Новгород: Книги, 2003.

Хакимова, А., *Шедевры Самаркандского Музея*, Ташкент, 2004.

Хромов, П. А., *Экономическое Развитие России в XIX-XX веках, 1800-1917*, Москва: Государственное Издательство политической литературы, 1950.

Шульце-Геверниц, Г., *Крупное производство в России, Московско-Владимирская хлопчатобумажная промышленность)*, Москва; Книжное Дело, 1899.

Шунков, В. И., *Переход от феодализма к капитализму в России, Материалы Всесоюзной дискуссии*, Москва: Наука, 1969.

Юхт, А. И., *Торговля с восточными странами и внутренный рынок России (20-60е годы XVIII века)*, Москва: Институт Экономики, Академии Наук СССР, 1994.

Яцунский, В. К., 'Крупная промышленность России в 1790-1860гг,' Рожкова, М. К., *Очерки экономической истории России первой половины 19 века*, Москва: Издательство Социально Экономической литературы, 1959, с. 118-220.

### 邦語及び中国語文献

青木昌彦『経済システムの進化と多元性：比較制度分析序説』東洋経済新報社，1995年。

赤坂憲雄『異人論序説』筑摩書房，1992年。

網野善彦『日本中世の民衆像――平民と職人』岩波書店，1980年。

網野善彦『古文書返却の旅』中央公論新社，1999年。

有馬達郎『ロシア工業史研究』東京大学出版会，1973年。

有馬達郎「19世紀末のロシアの貿易構造の特質」，『新潟大学教養部紀要』第12集，1981年，13-82頁。

石川栄吉等編『文化人類学事典』弘文堂，1987年。

石坂昭雄「ジョン・コックリル株式会社の創生期――ベルギー産業革命と国際的企業者活動」，『経営史学』第4巻第2号，1969年，61-91頁。

岩間徹編『ロシア史』山川出版社，1979年。

上山春平編『照葉樹林文化-日本文化の深層』中央公論新社，1969年。
梅棹忠夫『文明の生態史観』中央公論社，1967年。
大島真理夫編著『土地希少化と勤勉革命の比較史：経済史上の近世』ミネルヴァ書房，2009年。
大塚久雄『近代欧州経済史入門』講談社，1996年。
籠谷直人・脇村孝平編『帝国とアジア・ネットワーク――長期の19世紀』世界思想社，2009年．
蒲生禮一『イラン史』修道社，1957年。
川勝平太「一九世紀末葉における英国綿業と東アジア市場」，『社会経済史学』第47巻，第2号，1981年，123-154頁。
川勝平太『日本文明と近代西洋――「鎖国」再考』日本放送出版会，1991年
川勝平太「日本の工業化をめぐる外圧とアジア間競争」，濱下武志・川勝平太編『アジア交易圏と日本工業化1500-1900』リブロポート，1991年，155-193頁。
川北稔『砂糖の世界史』岩波書店，1996年。
京都造形芸術大学編『織りを学ぶ』角川書店，1999年。
小島修一『ロシア農業思想の研究』ミネルヴァ書房，1987年。
小島修一『二〇世紀初頭のロシアの経済学者群像』ミネルヴァ書房，2008年。
小松久男「ブハラとカザン」，護雅夫編『内陸アジア・西アジアの社会と文化』山川出版社，1983年，481-500頁。
左近幸村編，『近代東北アジアの誕生――跨境史への試み』北海道大学出版会，2008年。
佐野眞一『旅する巨人――宮本常一と渋澤敬三』文芸春秋，1996年。
佐野敬彦『ミュルーズ染織美術館』第1巻，フランスの染織Ⅰ，学習研究社，1978年。
佐野敬彦『ミュルーズ染織美術館』第3巻，染織デザイン集，学習研究社，1978年。
佐野敬彦『ヴィクトリア＆アルバート美術館』イギリスの染織，第2巻，ロココ-ヴィクトリア朝（1750-1850)，学習研究社，1978年。
佐野敬彦『織りと染めの歴史　西洋編』1999年，昭和堂。
沢井実「第一次大戦後における日本工作機械工業の本格的展開」，『社会経済史学』，第47巻，第2号，1981年，155-180頁
塩谷昌史「19世紀前半におけるロシア綿工業の発展とアジア向け綿織物輸出」，『経済学雑誌』，第99巻第3・4号，大阪市立大学経済学会，1998年，38-59頁。
塩谷昌史「19世紀前半のアジア綿織物市場におけるロシア製品の位置」，『ロシア史研究』No.70，2002年，16-29頁。
塩谷昌史「19世紀半ばのニジェゴロド定期市における商品取引の構造変化」，『社会経済史学』72巻4号，社会経済史学会，2006年，45-68頁。
塩谷昌史「19世紀前半におけるロシアの綿織物輸出とアジア商人の商業ネットワーク」，『歴史と経済』第214号，政治経済学・経済史学会，2012年，32-47頁。
渋澤敬三（網野善彦他編）『渋澤敬三著作集』平凡社，1992～93年。
庄司麟次郎，『棉花』日本紡績研究所，1938年。

参 考 文 献

杉原薫『アジア間貿易の形成と構造』ミネルヴァ書房，1996年。
杉山正明・北川誠一『大モンゴルの時代』世界の歴史9，中央公論社，1997年。
杉山正明『クビライの挑戦』講談社，2010年。
鈴木健夫「イギリス産業革命と英露貿易」，『「最初の工業国家」を見る目』鈴木健夫他著，早稲田大学出版部，1987年，145-178頁。
田畑理一『比較経済研究——計画経済の理論的・実証的検討』晃洋書房，1990年。
玉木俊明『北方ヨーロッパの商業と経済，1550-1815』知泉書館，2008．
玉木俊明『近代ヨーロッパの誕生——オランダからイギリスへ』講談社，2009年。
角山栄『茶の世界史——緑茶の文化と紅茶の社会』中央公論社，1980年。
中尾佐助『栽培植物と農耕の起源』，岩波書店，1966年。
速水融『歴史人口学の世界』岩波書店，1997年。
深沢克己『商人と更紗——近世フランス＝レヴァント貿易史研究』東京大学出版会，2007年。
鶴見良行『バナナと日本人』岩波書店，1982年。
鶴見良行『ナマコの眼』筑摩書房，1990年。
鶴見良行『鶴見良行著作集1～10』みすず書房，1998～2002年。
永田雄三編『西アジア史Ⅱ』山川出版社，2002年。
野中郁次郎・竹内弘高（梅本勝博訳），『知識創造企業』東洋経済新報社，1996年。
羽田明『中央アジア史研究』臨川書店，1982年。
包慕萍『モンゴルにおける都市建築史研究』東方書店，2005年。
馬場耕一『コットンの世界』日本綿業振興会，1988年。
濱下武志『中国近代経済史研究——清末海関財政と開港場市場圏』東京大学東洋文化研究所，1989年。
濱下武志『近代中国の国際的契機』東京大学出版会，1990年。
広重徹『近代科学再考』朝日新聞社，1979年。
前嶋信次編『西アジア史』世界各国史11，山川出版社，1987年。
増田富壽『ロシヤ農村社会の近代化過程』御茶の水書房，1858年。
宮本常一『宮本常一著作集』未来社，1967～2008年。
宮本常一『塩の道』講談社，1985年。
森永貴子『ロシアの拡大と毛皮貿易，16～19世紀シベリア・北太平洋の商人世界』彩流社，2008年。
森永貴子『イルクーツク商人とキャフタ貿易——帝政ロシアにおけるユーラシア商業』北海道大学出版会，2010年。
柳田國男『柳田國男全集』筑摩書房，1997年。
柳田國男『海上の道』岩波書店，1978年。
山内昌之『スルタンガリエフの夢——イスラム世界とロシア革命』岩波書店，2009年。
吉田金一『近代露清関係史』近藤出版社，1974年。
吉井昌彦・溝端佐登史編著『現代ロシア経済論』ミネルヴァ書房，2011年。
劉建生『山西典商研究』山西経済出版社，2008年。

劉建生・豊若非「山西商人と清露貿易」,塩谷昌史編『帝国の貿易——18~19世紀ユーラシアの流通とキャフタ』東北アジア研究シリーズ11,東北大学東北アジア研究センター, 2009年, 97-138頁。

**邦訳文献**

ウォーラーステイン,I.(川北稔訳)『近代世界システムⅠ・Ⅱ』岩波書店,1981年。
ヴルフ,H.E.(原隆一他訳)『ペルシアの伝統芸術——風土・歴史・職人』平凡社,2001年。
ソウル,S.B.(堀晋作・西村閑也訳)『世界貿易の構造とイギリス経済:1870-1914』法政大学出版局,1974年。
チャップマン,S.D.(佐村明知訳)『産業革命のなかの綿工業』晃洋書房,1990年。
ノース,D.C.(竹下公視訳)『制度・制度変化・経済成果』晃洋書房,1994年
フランク,A.G.(西川潤訳)『世界資本主義とラテンアメリカ:ルンペン・ブルジョワジーとルンペン的発展』岩波書店,1978年。
フランク,A.G.(山下範久訳)『リオリエント:アジア時代のグローバル・エコノミー』藤原書店,2000年。
ブローデル,F.(浜名優美訳)『地中海1~10』藤原書店,1999年。
ブローデル,F.(村上光彦訳)『物質文明・経済・資本主義15-18世紀,Ⅲ-2,世界時間2』みすず書房,1999年。
マッキンダー,H.J.(曽村保信訳)『マッキンダーの地政学——デモクラシーの理想と現実』原書房,2008年。
マルクス,K.,エンゲルス,F.(大内兵衛,向坂逸郎訳)『共産党宣言』岩波書店,1951年。
マルクス,K.,エンゲルス,F.編(向坂逸郎訳)『資本論』岩波書店,1969-1970年。
メンデルスゾーン,K.(常石敬一訳)『科学と西洋の世界制覇』みすず書房,1980年。
ランデス,D.S.(石坂昭雄・富岡庄一訳)『西ヨーロッパ工業史Ⅰ——産業革命とその後 1750-1968』みすず書房,1980年。
ロストウ,W.W.(木村健康他訳)『経済成長の諸段階』ダイヤモンド社,1961年。

# 人名索引

赤坂憲雄　217
赤松要　17
網野善彦　10,11,241
有馬達郎　35,39,41,42,45,47,51,53,
　　　92,166
ウォーラーステイン　17,20
梅棹忠夫　12,234,239,241
大島真理夫　233,234
大塚久雄　16,17

ガーシェンクロン　17
カレトニコフ　87,88
ガレリン　67,69,73,74,86,87,90
川勝平太　15,92,166,215,216,234,
　　　235
川北稔　14,17
カンクリン　53
キセリョフ　72
クノープ　85,87
グラチョフ　67,69
ゲッベル　73
コヴァリチェンコ　28
小島修一　27,98,234
コックリル　72
コドルベーエフ　56

佐野眞一　10
シェレメチェフ　68,69,86
渋澤栄一　8
渋澤敬三　8-11,241
ズーボフ　56
杉原薫　18,19
鈴木健夫　42,235
ソウル　19

玉木俊明　218,237,241
田畑理一　233,234

デ・ジャージー　85
角山栄　14
鶴見良行　7,9,238,241
トンプソン　73

ナポレオン　71,72,153,223
中尾佐助　15

濱下武志　18,92,239
速水融　10,11,241
バルーク　73
バラノフ　56,57,88
広重徹　93
深沢克己　11,93,190,237
フランク　20,92
ブルグスドルフ　73
ブローデル　13,14,92
ペトロフ　27
ポシーリン　86,87,170,173,175,176,
　　　178,185
ポポフ　87
ボロドゥキン　28,240

マルクス　5,22,23,25,97,98
宮本常一　8-11,241
モロゾフ　85,88,89
ミローノフ　28,100,236

ヤツンスキー　100
柳田國男　7,8
吉田金一　116,131

レーニン　5,23,26,97,98
ロシュコヴァ　26,45,98,99
ロストウ　17

脇村孝平　134,233,234

# 地名索引

## ア 行

アストラハン　31, 36, 37, 56, 65-67, 102, 103, 113, 138, 144-47, 154, 167, 174, 177, 194, 195, 197, 204, 222
アフガニスタン　57, 58, 130, 194, 202, 204
アムステルダム　218
アラス川　137
アルザス地域　189, 219, 228
アレクサンドロフ　79, 88
アルハンゲリスク　81, 92, 147, 196, 197, 220
イヴァノヴォ　56, 61-63, 65-67, 69, 73, 75, 79, 86, 90, 195, 200, 222, 223
イスタンブル　138, 139, 141, 142, 172
イスファハーン　135, 136, 167, 169, 171, 208
イラン　31, 120, 135, 168, 204, 208, 235, 238, 240
イルクーツク　105, 116, 151, 154, 155, 182, 183
イルビット定期市　65, 80, 81, 101, 102, 147, 153, 154
インダス川　209
インド　11, 12, 16, 19, 57, 58, 144, 160, 170, 172, 173, 190, 192, 194, 202, 203, 209, 215, 216, 218, 230, 233, 235
インド洋　216
ヴォルガ川　14, 37, 38, 65-67, 69, 78, 101-03, 128, 138, 145, 147, 150, 154, 177, 194, 195, 197, 211, 220, 222
ヴォログダ　81, 197
ヴォロネジ　102, 196, 197
ウクライナ　72, 80, 81, 86, 153, 180
ウスチュグ　197

ウズベキスタン　31, 147, 202, 204
ウラジーミル県　25, 38, 39, 56, 57, 60-76, 78-94, 149, 175, 185, 195, 200, 211, 222, 223
ウラン・ウデ　31, 154, 239
ウルガ　151-53, 154, 167
庫倫　151, 154
英国　16, 17, 19, 37, 38, 41, 42, 52, 54, 57, 69, 71-74, 85-87, 108, 141, 169-71, 176, 181, 183, 184, 188-93, 211, 219, 228-30, 235
オカ川　78, 102, 103
オーストリア　41, 106
オスマン帝国　13, 37, 53-56, 135, 137-41, 144, 192, 194, 196, 209, 218
オデッサ　102, 105, 130, 142, 157, 167, 197
オランダ　17, 106, 108, 126, 128, 217, 218
オレンブルク　65, 81, 102, 103, 145-47, 150, 154, 167, 177

## カ 行

カザフスタン　58-60, 204
カザン　37, 65, 66, 91, 92, 102, 103, 113, 127, 138, 145-47, 151, 154, 167, 177, 195, 197, 220-22, 227
カスピ海　37, 55, 65, 66, 102, 103, 136, 138, 145, 146, 154, 167, 194, 197, 204
カシミール　57
カシュガル　206, 208
カブール　57, 167, 204
カムチャッカ　152, 155
カリョナヤ定期市　101, 102
漢口　153, 154, 156, 158
広東　131, 156, 157

キャフタ　　55,103,105,113,116,124,
　　131,151-58,167,168,178-85,239
クリャズマ川　　78,79
コーカサス　　77,81,82,86,88,113,114,
　　130,136,137,142,171,233
コーカンド　　55,56,59,60
コミ川　　103

## サ　行

サマルカンド　　142,146,150,174,202,
　　204-06,209
サンクト・ペテルブルク（ペテルブル
　　ク）　　25,28,38-40,61,65,66,68-70,
　　72,74,85,91,100,101,103,105,131,
　　138,146,147,155,167,181,197,220,
　　222,223,236,240
シベリア　　29,80,82,83,113,116,127,
　　144-47,151,155,174,179,180,220,
　　237,239,240
照葉樹林文化圏　　15
シューヤ　　64,72,79,84,86,87,170,
　　175,185
シュリッセルブルク　　67,68
ジョルファー　　135
清　　18,44,48,50,54,55,59,103,105,
　　108,110,113-17,120,124,125,128,
　　129,131,133,134,144,148-60,165-
　　68,178-85,224,225,227,229,230,
　　239,240
新ジョルファー　　135,136
シンビルスク定期市　　80,81
スウェーデン　　136,220
スズダリ　　64,79

## タ　行

大西洋経済圏　　17
太原　　31,154,240
タシケント　　56,60,146,147,154,167,
　　204,205,207
タブリーズ　　31,135,137-42,167-71,
　　173,175,176,184,185,192,194,204,
　　209,238,240
タンボフ　　196,197
チェルニゴフ県　　77
チベット　　152,155
中央アジア　　19,21,36-38,54-60,66,
　　67,70,72,77,80,88,91-94,103,105,
　　107,108,110,113-15,117-19,121,
　　122,124,127-29,133,136,139,142-
　　45,147-50,155,159,165-68,173-78,
　　184,187,189,194-96,201-09,211,
　　212,216,221,222,224-31,235,238-
　　40
中央工業地域　　38-40,60,61,196,211
張家口　　158,240
ティフリス　　103,130,137-39,167
デザ川　　78,79
チュメニ　　65,182
デルベント　　77,88
天津　　158
ドイツ　　17,42,67,68,74,76,85,86,
　　105,139,172,222
トボリスク　　116,144-47
トムスク　　103,144,154,182
トリエステ　　130,138,139
トレビゾンド　　130

## ナ　行

ニコリスコエ　　88
西アジア　　136,137,209,216,221
ニジェゴロド県　　75,79
ニジェゴロド定期市　　62,72,78,80,82,
　　97-109,112-18,121,122,124,125,
　　127-31,133,138,139,145-47,149,
　　153,154,172,183,221,225,226
ニジニ・ノヴゴロド　　31,65,98,99,
　　102,103,105,106,116,147,154,167,
　　200,220,221
ノヴゴロド　　196,197

## ハ　行

ハリコフ定期市　　101,102
バルト海　　66,138,146,197,237
ヒヴァ　　55,56,59,60,77,80,114,146,174,177
フェルガナ　　150,205,206
ブハラ　　31,37,55,56,59,60,66,67,69,70,80,105,113,114,128,142-47,167,168,173-78,184,185,195,202,204,207,209,211,220,222,223,227,228,240
フランス　　11,13,21,41,83,93,105,106,108,110,112,126,128,189-92,203,211,218,219,223,237
福建　　156
ブレーメン　　85
米国　　17,19,21,41,148,150,165,171,219,225,229,230,235,236
ベッサラビア　　80
ベラルーシ　　180
ベルギー　　72,74-76,88
ペルシア　　11,37,53-56,60,66,67,86,88,103,105,108,114,115,119-21,124,127-31,133,135-42,144,149,159,165-73,175-78,184,185,192,194-96,203,205,207-11,222,224,225,227,229
ペルミ　　80,102,154
ベルリン　　86
ペンザ　　81,102
ポーランド　　46,80-82,106,107,113,180
ホルイ定期市　　78,79,82

## マ　行

マイマチェン　　151
買売城　　151-154
マカリエフスク定期市　　101,102,128,131,221
マシュハド　　175,204
マルセーユ　　190,218
マンチェスター　　141
ミュルーズ　　189,191-93,203,211,219,228
モスクワ　　27,28,38-40,56,61,64-66,71,72,76,78,79,81,82,85,86,88,90,101-05,125,138,139,142,146,147,150,151,153,154,157,167,172,181-85,194,197,200,201,211,220,223,230,233,240
モンゴル　　13,151-53,155,156,158,178,239,240
モンゴル帝国　　142,197,198,220,221

## ヤ〜ワ　行

ヤクーツク　　152
ヤロスラヴリ　　81,194
ユーラシア大陸　　12,103,128,158,216
ヨーロッパ　　11-14,17,19-21,25,29,35-38,42-44,48,52,64,66,68-74,77,82,85,86,88,91-94,103-06,107,108,116,119,121,122,124-28,130,131,138-42,144,145,153,155,156,165,166,168,172,180,183,184,188-91,193-97,199,200,203,209-12,216-20,222,223,225,228-30,233,234,237
ライプツィヒ定期市　　103,106,107,139,172
リガ　　105
ロストフ定期市　　80,81,101,102
ロンドン　　106
ワルシャワ　　106

# 事項索引

## ア 行

赤更紗（クマーチ） 122-24, 166, 195, 200, 207, 210-12, 222, 226-29, 231
茜　73, 74, 76, 77, 80, 88, 119, 121, 193, 202, 206, 209, 211, 216, 227
麻織物　63, 66-69, 89, 147, 196, 198-201, 211, 219, 220, 222, 223, 225, 226
アジア
　――間貿易　19
　――市場　29, 35, 36, 52, 53, 62, 67, 88, 103, 129, 133, 134, 149, 166, 167, 211, 224, 225, 229
　――商人　1, 66, 80, 105, 133, 158-61, 215, 221, 224, 225, 229, 230
　――的システム　18
　――綿　16
アシグナツィア・ルーブル　43, 46, 49, 51, 55, 59, 82, 104, 108, 110, 111, 112, 114, 118, 120, 123, 125
アチックミューゼアム　8
アドリアノープル風（トルコ赤）　73, 74, 77, 192, 203, 211, 212, 223
亜麻　43, 44, 111-13, 147, 175, 180, 198, 220
アメリカン　171
アリザリン　77
アルメニア商人　11, 12, 81, 105, 106, 134-43, 158, 159, 172, 208, 209, 217, 222, 224
アレクサンドル工場　38, 40
硫黄　76, 77
イカト　202, 203, 209, 227
イコン画　62-64, 66, 78, 195, 222
イスラム教　91, 94, 143, 202, 227
イスラム教徒　13, 58, 127, 143, 177

遺伝子　15
衣料資源　187, 188, 225
イノベーション　83, 86, 88, 161
インディゴ　80, 112, 194, 202
インド更紗　20, 21, 168, 173, 185, 190, 192, 195, 209, 218, 219, 229, 230
インド商人　37
裏地　94, 140, 175, 206-08, 212, 227, 228
エジプト綿　16
エスニック集団　136, 140, 141, 143, 158, 159
江戸時代　11, 22
遠隔地市場　7, 78, 81, 83, 188, 201, 216
遠隔地貿易　145, 188, 189, 195, 202, 215-17, 221, 226, 228-30
卸売商人　78-83

## カ 行

階級闘争　23, 24, 25
海上の道　8
海上貿易　142, 216, 217, 219, 225, 230
回転銅　74, 75, 83, 84, 191, 219, 223
価格競争力　57
化学　63, 70, 73, 75-77, 80, 90, 91, 93, 191, 193, 195, 203, 218, 219, 223, 229, 237
　――反応　93, 218
科学技術　91, 93, 195, 211, 219, 223, 225, 228-30
革新　83, 90, 161, 227, 228, 229, 231
貨幣　52, 82, 83, 199, 217, 226
カルムイク　174
跨境史　12, 13, 16, 62, 134, 239
化石燃料　93, 160, 161, 219, 224, 227, 230

皮製品　　44-47,109,110
雁行形態論　　17
関税　　106,128,129,130,139,143,144,
　　　147,156,177,181,182
完成品　　44-50,67
乾燥果物　　115,119-21,148,215
乾燥地帯　　12,13,240
漢民族　　13
官僚制　　12,30
企業家　　6,25-27,30,53,56,57,60,67,
　　　69-72,74,80,81,85-88,90,91,97,98,
　　　125,149,157,170,173,175,180-82,
　　　184,185
気候条件　　36,188,211,216,218,225
キサンチン　　77
技術革新　　38,63
絹織物　　16,44,56,66,88,89,111,112,
　　　119,120,187,188,190,192,202,203,
　　　206,209,211,212,221,226
キャフタ条約　　150,151
キャラコ　　69,71,92,122-24,126,127,
　　　166,168,170,171,173-75,180,199,
　　　200,205,207,208
キャラバン　　115, 138, 142, 145-47,
　　　149-53,156,160,177,221
教会　　62,64,90,136,179,188,194,216,
　　　222
行商人　　78,80-83
ギリシア商人　　140-42,172
キルギス族　　177
金属　　42,44-47,66,109,110,147,148,
　　　194,195,216,221
近代化　　7,9,13,52,87,223
近代世界システム　　16-20
近代ヨーロッパ　　8,19-21,92,218,230
近隣商業圏　　159,161,224,229
銀ルーブル　　43,46,49,51,54,55,59,
　　　82,104,108,110-12,114,118,120,
　　　123,125
クマーチ　　→赤更紗
クラップ　　73,77,88
グローバル企業　　18

グローバル・ヒストリー　　133
計画経済　　5,26,97
経済学　　7,20,22,25,27,62,66,98,148,
　　　165,233,234
経済構造　　14
経済発展　　19,20
経路依存性　　22,23
毛織物　　17,44-47,50,106,111-13,123,
　　　124,147,156,157,174,190,198-200,
　　　207,208,219
毛皮　　21, 45, 66, 106, 107, 109, 110,
　　　116-20,147,148,152,154,155,174,
　　　178,183,187,194,215,216,220,221,
　　　225,226
──獣　　116,155,216,225
現金決済　　105,106
現地体験　　29,31
交換　　102,106,131,155,199,215,217,
　　　226,227,236
──価値　　25
工業製品　　15,24,42,44,45,53,56,57,
　　　79,106,131,148,156,157,166,178,
　　　184,210
工業化　　5,8,15-17,20,24,29,35,42,
　　　44,50,83,84,92-94,100,160,165,
　　　187,204,210,212,215,216,219,220,
　　　222,225,228-30,234,235
紅茶　　14,116,158
後進国型貿易構造　　42,43
後発工業国　　29,92,166
高度経済成長　　17
ゴールドマン・サックス　　19
国内市場　　29,37,52,53,56,67,71,73,
　　　88,99,101,124,125,128,129,133,
　　　149,189,190,192,196,222,226
国際経済史学会　　28
国民　　9,12,17,52,158
──統合　　9
国立商業銀行　　105
コチニール　　149,202,209
ゴレスターン条約　　137

事項索引 259

## サ 行

栽培植物　15
『雑誌・工場と貿易』　100
『雑誌・内務省』　100, 134
サプライ・チェーン　18
更紗　1, 11, 12, 33, 53, 56-58, 61-63, 67, 71, 73, 74, 77, 81, 82, 88, 92-95, 122-27, 129, 139-41, 149, 157, 163, 166, 168-70, 174-76, 179-81, 183, 188-93, 196, 198-203, 206-08, 210-12, 215, 216, 218, 219, 223, 226-30, 234, 238, 240, 241
――市場　59, 60, 169, 170, 184, 185, 191
サラファーン　57, 127, 198-201
産業革命　24, 29, 42, 72, 74, 85, 99, 188, 210
山西商人　152-54, 156-60, 180, 182, 183, 222, 224, 225, 240
三部門結合工場　86, 87
塩の道　8
識字能力　89, 90
市場経済　5, 6, 22, 23, 26, 52, 97, 199, 207, 226
――化　6, 23, 27, 207, 233
自然エネルギー　93, 160, 216, 219, 223, 224, 229, 230
自然科学　223, 230
自然環境　12-15, 31, 115, 157, 160, 161, 187, 188, 193, 215, 216, 218, 219-21, 225, 228-30, 235
シビル・ハン　144, 145
シベリア商人　80, 105, 116, 134, 152, 154, 183
資本家　23-26
資本主義　5, 20, 23-26, 92, 98
社会主義　5, 6, 23, 24, 26, 27, 98
宗教　15, 26, 64, 78, 89, 103, 127, 140, 143, 158, 216, 217, 227
従属理論　17

集団意識　230
宗門改帳　11
熟練技能　89, 90, 218, 223
使用価値　25
蒸気機関　21, 72-76, 83, 84, 86-91, 93, 160, 161, 191, 211, 219, 223, 224, 227, 229, 230
蒸気船　141, 142, 229
『商業新聞』　100, 134, 135
商業ネットワーク　66, 133, 135, 137, 142, 150, 159-61, 172, 188, 221, 222, 224, 225, 229
憧憬　93, 212, 228-30
消費者の嗜好　56, 60, 170, 177, 184, 204, 207, 218
商品の回転　7, 9, 160
商品連鎖　18
照葉樹林文化　15
初期工業化　29, 30, 44, 46, 47, 50, 53, 61, 89, 99, 100, 121, 128, 129, 133, 148, 156, 198, 203, 211, 220, 225, 226, 230
触媒　63
植民地　20, 57, 60, 106, 108, 208, 219
食料品　44, 48-50
庶民の生活史　7, 9, 10, 31
人口動態　11
新制度派経済学　22, 27
シンボル的機能　188, 190
信用取引　105, 106
人類史　12, 13, 15, 216, 234, 240
数量経済史　11
ステップ　116, 127, 142, 145, 149, 160, 174, 177, 202
生産関係　23, 26
生産余剰　53, 129, 224, 227
生産領域　25, 26, 160, 161, 224, 229
政治史　12, 14
聖書　64, 222
西欧中心史観　20
染色
――技術　62, 63, 67, 68, 72, 73, 76, 93, 181, 190, 191, 210, 219, 222, 223

——工程　　61-63,70,83,87,89,121,
　　　218,223
　　——業　　66,68-71,83,86,87,93,189,
　　　190-93,202,218,223
染料　　63,66,67,72,75-77,88,112,115,
　　　117-21,148,149,188,190,191,193,
　　　194,202,206,209-11,215,216,218,
　　　219,223,225
先進国型貿易構造　　42,43
贈与　　215
ソ連　　5,6,8,22-29,45,94,97-100,131,
　　　173,206,210,233,234,236,237
　　——民族学　　204,212,228

## タ　行

ターバン　　58,127,175,205-07
ダイオウ　　148,155
体制転換　　22,97
大西洋貿易　　217,218
多国籍企業　　17
タタール商人　　81,177
断絶説　　22-24
地域研究　　7,238
畜力　　93,160,216,219,223-25,229,
　　　230
チベット商人　　152
長期変動　　30
朝貢貿易　　18
定期市　　78,80-82,101-03,121,128,
　　　133,167,196,216,225,226
定期刊行物　　27,28,30
帝国　　12,14,25,30,131,134,135,158,
　　　230,239
帝政ロシア　　5,6,16,23,25-27,29-31,
　　　94,97-100,151,167
手形　　105
デザイナー　　192,193,229
デザイン　　31,56,57,60,62,84,127,
　　　140,149,161,169,170,173,188,189,
　　　192,193
天津条約　　131,157

天文・測量技術　　217
トランジット貿易　　130,139,140
奴隷解放　　219
トルコ赤　→アドリアノープル風
トルコマンチャーイ条約　　137

## ナ　行

捺染技術　　11,12,21,190,209,218,223,
　　　228,229
ナマコ　　9,238
南京木綿　　122-24,157,166,180,181,
　　　183,208
日本常民文化研究所　　10
人間集団　　12,13,230,231
認識基盤　　6
年周期　　84,161,221,225-27,230
濃化剤　　191
農耕文化複合　　15,16
農村工業　　17
農奴解放　　24,52,63,68,98,219
農奴企業家　　52,68,69
農奴制　　24,25,30,52,98-100,133,198
農民層　　52,198,201

## ハ　行

ハーバード・ビジネスレビュー　　27
バーター貿易　　116,151,155
媒染剤　　75-77,89,90,193,194
発展段階論　　17,92,211,212,228
バナナ　　9,18
ハラート（長い上衣）　　94,127,128,
　　　205-08,212,227,228
晴着　　189,198-201,206,226
東インド会社　　21,92,190,192,195,
　　　218
非文字資料　　9-11,29,31
漂白技術　　73
ファスチアン織　　69
服飾文化　　126,174,187,189,194,196,
　　　198,199,201,205,209

事項索引

複数市場　166,167
物産複合　16
普段着　189,198,199,201,203,206-08,226
船　14,66,93,101,141,142,160,188,216,217,221,229
ブハラ商人　105,106,134,142-47,149,150,158,159,177,221,222,224,225,227
ブリックス（BRICs）　19
文化勲章　11
文明の生態史観　12,234,235,240
米国棉花　148,150,165,171,225,230
ペイズリー　192,203,211
ペロチン捺染機　83,86,88
貿易赤字　21,92,157,190,218
貿易構造　19,42-44,156
貿易統計　19,43,45,46,49,51,55,59
紡績工場　38-40,56,70,85-88,100,129,150,171,174,223
紡績業　38-40,118,129
牧畜　14,160,161,207
保護関税　107,140,156,182
北方貿易　13,239

マ　行

マイノリティ集団　217
マーケティング　26,184,185
マルクスの経済学　22
明礬　76,77,194
民族　8,57,91,134,137,140,143,158,198,205,217
民俗学　7-12,29,30,241
民族学　8,9,12,29,30,204,212,228,238,239
ムスリム商人　177,195,202,221,222,227
明治維新　22
メドレセ（神学校）　227
綿工業　16,25,29-31,35-42,47,48,50-53,57,58,61-64,69-71,74,83,85,88,89,91-93,100,117,121,125,129,133,148,149,160,161,165,166,180,187,189,195,196,199,210-12,219,223,225,228,229,231,235
棉花　15,16,21,36,37,67,70,72,117-19,145,148-50,165,168,171,173,174,179,187,188,190,199,201,206,208,209-11,215,216,218,219,222,223,225,229,230,235
綿糸　35-41,44,48,49,57,67,69-73,76,80,84-89,113,117-21,124,125,129,149,165,171,173-76,187,195,196,199,204,205,209,211,218,222-26,235
綿布消費量　52
綿ビロード　122-25,157,166,180-85,199,201,203,208,227
木版捺染　83,192,193
モスクワ大学歴史学部　28
モスリン　58,59,122-26,149,175,176,199,205,207
モノ研究　3,6-9,30,238,241
モンゴル商人　152
モンゴルの頸木　13
モンスーン　216

ヤ　行

唯物史観　5,6,23-28,236,241
遊牧民　12,13,21,116,127,142,145,158,206,208,212,221,224
ユダヤ商人　107,143,172,202,217
輸入代替　21,41,92-94,125,129,165,171,190,195,205,211,212,218,219,222,224,227-30
余剰綿織物　52,53,54
ヨーロッパ市場　35,103,166,190,192,218,229
ヨーロッパ商品　93,103,108,109,112,113,128,130,139,140,194

## ラ　行

ラクダ　　115,138,145-47,153,154,156,
　　160,161,177,216,221
ラバ　　138,145,160
力織機　　85,223
陸上貿易　　216
硫酸　　63,73,76,77,80
流通領域　　25,160,161,229,230
領主　　23,24,26,52,69,86
ルバーハ　　198,199-201
レイマン工房　　68
歴史学　　7,9,10,17,28,29,240
連続説　　22-24
労働運動　　24
労働価値説　　25,98
労働者　　23-26,40,47,89,90
ローラー捺染機　　84,88,191-93,219,
　　223,229
露英競争　　57
ロシア
　——大蔵省　　25,100,134
　——革命　　23-27,97,98,221,227
　——経済史センター　　28
　——史研究　　5,6,14,23-30,63,94,
　　165,234-37,239
　——商品　　66,103,108-10,116,130,
　　137,140,150,152,153,224
　——正教　　27,62,64,127,177,179,
　　222
露清貿易　　13,105,116,150-56,158,
　　180,183,239,240
露米会社　　155

# The Development of the Cotton Industry in Russia

Russian printed cotton and the Asian merchants

Masachika SHIOTANI

Chisenshokan, Tokyo
2014

# CONTENTS

## Part One
### The study of "commodities"

*Introduction*    5
- I   Beginnings    5
- II   The method of analysis    7
  1. Folklore and the study of history    7
     - a) Folklore and the study of "commodities"
     - b) The history of the ordinary person
  2. Man and nature    12
     - a) Natural circumstances and the study of history
     - b) The relation between nature and man from the perspective of "commodities"
  3. Borderless history and the recognition of Asia    16
     - a) The Modern World-System and Asia
     - b) The rise of Asia and the relativity of post-industrial Europe
- III   Russian economic history    22
  1. Continuity and discontinuity    22
  2. Historical materialism and the historical view of the Russian Revolution    24
  3. Collapse of the Soviet Union and aftermath    26
- IV   Literature and research methodologies    29

## Part Two
### The production of printed cotton

*Chapter 1*
The development of the Russian cotton industry and export of cotton fabrics to Asia    35
- I   Introduction    35
- II   The development of the Russian cotton industry    36
  1. Astrakhan: birthplace of the Russian cotton industry    36
  2. Growth of the cotton industry in St. Petersburg and Russia's central industrial regions    38
- III   Trade between Russia and Asia (1800–1860)    42

|     |                                                                                   |     |
| --- | --------------------------------------------------------------------------------- | --- |
|     | 1. The structure of Russian trade in the first half of the 19$^{th}$ century      | 42  |
|     | 2. Trade between Russia and Asia                                                  | 44  |
|     | a) Exports from Russia to Asia in the early 19$^{th}$ century                     |     |
|     | b) Russian imports from Asia in the early 19$^{th}$ century                       |     |
| IV  | Exportation of Russian cotton fabrics to Asia                                     | 51  |
|     | 1. Background                                                                     | 51  |
|     | 2. The increase in exports of Russian cotton fabrics to Asia                      | 54  |
|     | 3. Competition between Russia and England for the cotton fabric markets in Central Asia | 57  |
| V   | Conclusion                                                                        | 60  |

## Chapter 2
### The development of printed cotton production in Vladimir Prefecture (Ivanovo)
—Industrialization and innovation of the dyeing industry—  61

|     |                                                                                   |     |
| --- | --------------------------------------------------------------------------------- | --- |
| I   | Introduction                                                                      | 61  |
| II  | Vladimir Prefecture before printed cotton                                         | 64  |
|     | 1. The geography of Vladimir Prefecture                                           | 64  |
|     | 2. The adoption of German dyeing methods                                          | 67  |
| III | Dyeing and chemistry in the 19$^{th}$ century                                     | 70  |
|     | 1. Russian imports of cotton yarn and the development of the dyeing industry in Vladimir Prefecture | 70  |
|     | 2. The steam engine and the dyeing industry                                       | 72  |
|     | 3. Mordants and dyestuffs                                                         | 75  |
| IV  | Distribution of Vladimir Prefecture cotton fabrics                                | 78  |
|     | 1. Manufacturing businesses and wholesale merchants in Vladimir Prefecture        | 78  |
|     | 2. The peddlers and their distant markets                                         | 81  |
| V   | Manufacturing innovation pioneered by the dyeing industry                         | 83  |
|     | 1. Integration of spinning and weaving processes                                  | 83  |
|     | 2. Three examples of processes-integration factories                              | 86  |
|     | 3. The beginnings of education: skills and knowledge                              | 89  |
| VI  | Conclusion: Russia and Central Asia                                               | 91  |

**Part Three**
**The distribution of Russian printed cotton**

## Chapter 3
Cotton fabric trade via the Nizhny Novgorod Fair  97

|     |                                |     |
| --- | ------------------------------ | --- |
| I   | Introduction                   | 97  |
| II  | The Nizhny Novgorod Fair       | 101 |

    1. The Nizhny Novgorod Fair and Russian foreign trade         101
    2. The position of the Nizhny Novgorod Fair in the
       international trade network                                105
 III  Trading of commodities at the Nizhny Novgorod Fair          107
    1. Russian commodities                                        109
    2. European commodities                                       112
    3. Asian commodities                                          114
 IV   The Nizhny Novgorod Fair as a trade hub between Russia and Asia  116
    1. Chinese commodities                                        116
    2. Central Asian commodities                                  117
    3. Persian commodities                                        119
 V    Cotton textiles in relation to trade volume at the Nizhegorod Fair  121
    1. Cotton fabric trade volume for each region                 121
    2. Russian cotton fabrics                                     122
    3. European cotton fabrics                                    124
    4. Asian cotton fabrics                                       127
 VI   Conclusion                                                  128

*Chapter 4*
The network of Asian merchants and the exportation of
Russian cotton fabrics                                            133
 I    Introduction                                                133
 II   Trade links between Russia and Persia                       135
    1. Trade between Russia and Persia before cotton fabrics      135
    2. Exportation of Russian cotton fabrics to Persia            137
    3. The rise of Greek merchants and the spread of
       English printed cotton in Persia                           140
 III  The trade network between Russia and Central Asia           142
    1. Trade between Russia and Bukhara prior to cotton fabrics   142
    2. The trade routes between Russia and Central Asia           145
    3. Exportation of Russian cotton fabrics to Central Asia      148
 IV   The trade network between Russia and China                  150
    1. Trade between Russia and China prior to cotton fabrics     150
    2. The trade route between Russia and China                   153
    3. Exportation of Russian cotton fabrics to China             156
 V    Conclusion                                                  158

CONTENTS 267

## Part Four
## The consumption of Russian printed cotton

*Chapter 5*
The position of Russian cotton fabrics in Asian markets — 165
  I   Introduction — 165
  II  The cotton fabric markets in Tabriz (Persia) — 168
    1. The Chintz market of Tabriz — 169
    2. The Calico market of Tabriz — 170
    3. The merchants who brought Russian cotton fabrics to the Persian markets — 172
  III  The cotton fabric markets of Bukhara (Central Asia) — 173
    1. Bukhara's traditional cotton fabric market — 174
    2. The entry of Russian cotton fabrics into the Bukhara market — 175
    3. The arrival of English cotton fabrics — 175
    4. The merchants who supplied Russian cotton fabrics to Bukhara — 177
  IV  The cotton fabric markets of Kyafta (China) — 178
    1. Kyafta and other cotton fabric markets in China — 179
    2. The Russian cotton fabric market — 180
    3. The British cotton fabric market — 181
    4. The merchants who exported Russian cotton fabrics to Kyafta — 182
  V  Conclusion — 184

*Chapter 6*
The cotton fabrics that transformed clothing culture in Russia and Central Asia — 187
  I   Introduction — 187
  II  The experience of Europe — 189
    1. The development of the dyeing industry in France — 189
    2. Progress, productivity and the exportation of printed cotton — 191
  III  The transformation of clothing culture in Russia — 194
    1. The influence of Asian fabrics in Russia — 194
    2. The transformation of clothing culture in the first half of the 19$^{th}$ century — 196
    3. The transformation of clothing culture in the second half of the 19$^{th}$ century — 199
  IV  The transformation of clothing culture in Central Asia — 201
    1. The textile industry in Central Asia — 201
    2. The consumption of Russian printed cotton in Central Asia — 204
      a) The case of Samarkand

        b) The case of Turkestan
        c) The case of Tashkent
        d) The case of Kirgiz
    3. The consumption of Russian printed cotton in Persia    208
IV  Conclusion    210

## Part Five
## Conclusion

*Conclusion*
Russian printed cotton and Asian merchants
—The beginnings of the modern era—    215
  I   The transformation of a distant foreign trade    215
    1. Foreign trade before the Industrialization: Commodities based on the difference of natural circumstances    215
    2. Foreign trade and the Industrialization: The system of horizontal international specialization    217
  II  Initial industrialization in Russia    220
    1. Russia before industrialization    220
    2. Russia after industrialization    222
  III  The significance of the first half of the 19$^{th}$ century: The beginning of the modern era in Russia    225
    1. Industrialization: The conquest of natural circumstances    225
    2. The engine of innovation    228

Acknowledgement    233
Bibliography    243
Summary    253

# Acknowledgements

This study was based on a Ph.D. dissertation that was presented to the Graduate School of Economics, Osaka City University (OCT) in October 2012. Prof. Riichi Tabata (OCT), Prof. Mario Oshima (OCT) and Prof. Kohei Wakimura(OCT) as discussants examined this dissertation, and I thank them for their subsequent advice.

In revising this dissertation, I have paid closer attention to initial Russian industrialization in the first half of the 19$^{th}$ century, especially in relation to the development of the Russian cotton industry within the scope of industrialization in Imperial Russia. In the first half of the 19$^{th}$ century, when serfdom was still widespread, the productive forces of the Russian cotton industry soon increased to international levels. In the present study, I tackle the central question of why the Russian cotton industry developed in the early 19$^{th}$ century, within the context of Russian cotton fabric exports to Asia. I thank Prof. Shuichi Kojima (Konan University) and Prof. Takeo Suzuki (Waseda University) for advising me on this central problem and supporting me with my research in grappling with this subject.

For 'the study of a commodity', we adopted the method that was cultivated in the study of Japanese folklore, choosing one commodity as the object of our research and taking into account all processes, from production to consumption of the commodity as a series in a cycle. We not only highlight trade relations between regions, but also examine the relationship between man and nature from the perspective of 'a commodity'. This methodology was inspired by the works of Prof. Tadao Umesao (National Museum of Ethnology), Prof. Heita Kawakatsu (International Research Center for Japanese Studies), Prof. Katsumi Fukasawa (The University of Tokyo) and Prof. Yoshiyuki Tsurumi (Ryukoku University).

My research was carried out in various Russian regions for extended periods of time and I wish to thank a number of people for their support. In Novosibirsk, Academician F. A. Kuznetsov (Institute of Inorganic Chemistry, SB RAS), Prof. V. R. Belosludov (Institute of Inorganic Chemistry, SB RAS), Director V. A. Lamin (Institute of History, SB RAS), and Dr. S. P. Zokovryashin (SB RAS) supported my research, and I thank them wholeheartedly. In St. Petersburg, Prof. B. N. Mironov (Institute of History, St. Petersburg, RAS), Director N. N. Smirnov (Institute of History, St. Petersburg, RAS), Ms. I. I. Alaeva (Institute of History, St. Petersburg, RAS), S. N. Tutolmin (Institute of

History, St. Petersburg, RAS) also supported my research efforts, and I thank them for their invaluable cooperation. In Moscow, Vice-rector N. V. Semin (MSU), Prof. A. N. Vasilyev (Faculty of Physics, MSU) and Prof. L. I. Borodkin (Faculty of History, MSU) took care of me and I would like to express my gratitude. In Kazan, Vice-director R. R. Salikhov (Institute of History, Academy of Science, Republic of Tatarstan) instructed me on the history of relations between Kazan and Bukhara, and I would like to thank him for his time and patience.

In studying the exportation of Russian cotton fabrics to Asia, I visited various Asian cities mentioned in the historical literature. For my visit to Iran, I was greatly aided by Prof. Takashi Kuroda (Tohoku University), Prof. Mihoko Domyo (Bunka Gakuen University), Dr. Rika Yamamoto (Gallery Chulip) and Dr. Ali Soleymanieh (Chiyoda Trading). For my visit to the city of Shanxi in China, I was looked after by Prof. Gao Yu (Shanxi University) and Prof. Liu Jiansheng (Shanxi University) and I would like to acknowledge their hospitality and kindness.

The publication of this study was supported by the Center for Northeast Asian Studies (CNEAS), Tohoku University. Prof. Toshiaki Tamaki (Kyoto Sangyo University) and the president Mitsuo Koyama (Chisen Shokan), have also supported the publication. I thank them for their assistance. Lastly, I am grateful for the loving support of my wife Nao and my son Motomu.

# Summary

*Introduction*

In the first half of the 19$^{th}$ century, when serfdom still existed in Russia, the productive forces of the Russian cotton industry grew to international levels. I examine the problem of why the Russian cotton industry developed in the first half of the 19$^{th}$ century. Viewing production, distribution, and consumption of cotton fabrics as a series in a cycle, I examine the production of cotton fabrics by entrepreneurs, the trade in cotton fabrics by merchants, and the utilization of cotton fabrics by consumers, on the basis of the available historical literature. I also take into consideration the trade relations between regions and the relationship of man and nature from the perspective of cotton fabrics.

*Chapter 1*

By the mid-19$^{th}$ century, Russia had a firm foothold in the central Asian markets for cotton fabrics. This was not so much because the Russian products were superior to their British equivalents, but rather Russian merchants had a better understanding of consumer taste in Central Asia and produced cotton commodities that appealed to these markets. It was mainly the central industrial regions of Russia that exported their products, manufacturing cotton fabrics tailored to the tastes of Central Asia, which differed from that of Russia. Reviewing the historical facts, we can examine why Russian cotton fabrics were supported by Asian consumers. .

*Chapter 2*

In the first half of the 19$^{th}$ century, the Vladimir Prefecture introduced chemical processes and the steam engine from Europe in order to develop its cotton industry through new dyeing techniques. Over the short and middle term, it seems that the industrialization of Vladimir Prefecture was the result of import substitution through European commodities. However, if we examine the history of the Prefecture over a longer period, we see that industrialization in this region was in fact due to a process of import substitution of commodities from Central Asia. When cotton fabrics were mass-produced in this region, the products of Vladimir Prefecture were soon exported to Central Asia, which subsequently became the principal market for Russian cotton fabrics.

*Chapter 3*

The Nizhny Novgorod Fair, the largest of its kind in Russia in the 19th century, inherited many of the functions of the Makarievsk Fair. The Nizhny Novgorod Fair exploited its geographical location close to the Volga River to accumulate European and Asian commodities. The fair became a hub for Eurasian trade, a bridge between Europe and Asia. The character of the Nizhny Novgorod Fair was gradually transformed by foreign trade from 1828 to 1860, with the fair becoming more and more oriented toward internal markets. There were two factors behind this transformation: the Initial Industrialization in Russia, and the modification of the Russian tariff policy concerning trade with Persia.

*Chapter 4*

Once steam engines and fossil fuels were introduced to the Russian cotton industry, and mass production of cheap cotton fabrics became a reality, Russia soon began utilizing its network of Asian merchants and regional spheres of influence to promote and export her cotton fabrics to Asia. In those days, Armenian merchants controlled Persian trade routes. Bukharan merchants controlled the commercial sphere of Central Asia while Shanxi merchants dominated Chinese activities. Since each Asian merchant group occupied a dominant role in Russia's neighboring regions, it was only natural that each group played a significant role in the trade dynamics between Russia and Asia.

*Chapter 5*

Even though the quality of Russian cotton fabrics was in general inferior to that of British products in the first half of the 19th century, Russian entrepreneurs collected information about the various Asian markets and, within the technological limits of the time, invented new products tailored to the tastes of these Asian consumers. The Russians succeeded in the key markets of Bukhara (Central Asia) and Kyafta (China). The Russian entrepreneurs, however, largely failed in Persia, which, like England, had a long history of importing Indian cotton and cotton products. However, Russia was not interested in Indian printed cotton and had no reason to imitate Indian products either. This was one of the main reasons why Russian cotton products did not flourish in Persia.

*Chapter 6*

Once we understand the history of the Russian cotton industry, it becomes clear that her dyeing industry was the key, especially the colors and designs of this industry. Indeed, if we pay close attention to red dyeing techniques, it becomes easier to understand the Russian cotton industry as a whole. The color of red can be divided into Turkish Red and the Red of Kumach. In regard to Turkish Red, one could say that Russian printed cotton was being produced in imitation of European commodities. However, if we focus on the Red of Kumach, Russian printed cotton seems heavily influenced by commodities from Central Asia. The truth is somewhere in the middle: the emerging Russian cotton industry was a product of both European sensibilities and Central Asian traditions.

*Conclusion*
Although Europe and Russia both underwent industrialization in the 19$^{th}$ century, Russia somewhat later, both regions were unfavorable for the cultivation of cotton, at least in comparison to central Eurasian regions such as India and China. Europeans appreciated Asian commodities and in the process of finding methods for import substitution of these Asian commodities, Europeans developed their natural sciences and technologies, in addition to expanding their sea trade. As a result, they accomplished the import substitution of Asian printed cotton. Russia also realized initial industrialization through import substitution of printed cotton from Central Asia. In those regions with unfavorable natural resources or circumstances, the appreciation for foreign commodities, or cultures, becomes the engine of innovation. In the case of Russia, the appreciation for printed cotton (Kumach) from Central Asia became the driving force behind her of modern cotton industry.

塩谷 昌史（しおたに・まさちか）
1968年京都市生まれ。1993年滋賀大学経済学部卒業。
1999年大阪市立大学大学院経済学研究科後期博士課程単位取得退学。現在東北大学東北アジア研究センター助教。
博士（経済学）
専攻：ロシア経済史，ユーラシア商業史。
〔主要業績〕「19世紀半ばのニジェゴロド定期市における商品取引の構造変化」『社会経済史学』72巻4号，2006年。『帝国の貿易：18〜19世紀ユーラシアの流通とキャフタ』東北アジア研究シリーズ11，2009年。「19世紀前半におけるロシアの綿織物輸出とアジア商人の商業ネットワーク」『歴史と経済』第214号，2012年。「19世紀前半のウラジーミル県における綿工業の発展──染色工程が牽引する工業化」『経営史学』第47巻第4号，2013年。

〔ロシア綿業発展の契機〕　　　　　ISBN978-4-86285-179-6
2014年2月20日　第1刷印刷
2014年2月25日　第1刷発行

著　者　塩　谷　昌　史
発行者　小　山　光　夫
印刷者　藤　原　愛　子

発行所　〒113-0033 東京都文京区本郷1-13-2
電話03(3814)6161振替00120-6-117170
http://www.chisen.co.jp
株式会社　知泉書館

Printed in Japan　　　　　　　　印刷・製本／藤原印刷